大数据与人工智能产教融合系列丛书

数据库原理与应用
（SQL Server）

主　编◎罗养霞　冯庆华

电子工业出版社
Publishing House of Electronics Industry
北京·BEIJING

内 容 简 介

本书全面系统地讲述数据库的基本理论和具体应用。本书共 13 章，以通俗易懂的语言及实用的案例，结合 SQL Server 2016 应用，详细讲解了数据库的相关知识。本书内容翔实、体系完整，有助于读者掌握要点，攻克难点，快速、轻松地掌握数据库知识及其应用。

本书每章均明确学习目标、学习重点并附有思政导学，配套的教学 PPT、源代码、习题、在线资源等教辅材料齐全，方便读者学习和参考。本书可以作为高等院校计算机类、信息技术类、大数据类等相关专业教学用书，也可以作为培养数据库系统工程师的培训教材，还可以作为数据库应用开发人员的参考用书。

未经许可，不得以任何方式复制或抄袭本书之部分或全部内容。
版权所有，侵权必究。

图书在版编目（CIP）数据

数据库原理与应用：SQL Server / 罗养霞，冯庆华主编．—北京：电子工业出版社，2024.8
ISBN 978-7-121-47895-6

Ⅰ．①数… Ⅱ．①罗… ②冯… Ⅲ．①SQL 语言—数据库管理系统 Ⅳ．①TP311.132.3

中国国家版本馆 CIP 数据核字（2024）第 102261 号

责任编辑：康　静
印　　刷：三河市君旺印务有限公司
装　　订：三河市君旺印务有限公司
出版发行：电子工业出版社
　　　　　北京市海淀区万寿路 173 信箱　　邮编：100036
开　　本：787×1092　1/16　印张：15.75　字数：373 千字
版　　次：2024 年 8 月第 1 版
印　　次：2025 年 7 月第 2 次印刷
定　　价：54.80 元

凡所购买电子工业出版社图书有缺损问题，请向购买书店调换。若书店售缺，请与本社发行部联系，联系及邮购电话：(010) 88254888，88258888。
质量投诉请发邮件至 zlts@phei.com.cn，盗版侵权举报请发邮件至 dbqq@phei.com.cn。
本书咨询联系方式：liujie@phei.com.cn。

前言

数据库技术产生于 20 世纪 60 年代末,随着计算机技术的发展,数据库技术及其应用发展迅速,普遍应用于高校、银行、政府、企业等行业和领域,已成为信息系统的核心技术和重要基础。

本书内容涉及理论、技术和应用三个方面,是一本理论和实践并重的技术类应用教材。通过学习本书,学生能够掌握基础理论和方法,并掌握数据库设计与实现的技术、过程和工具,为进一步设计与实现大型信息系统打下基础。

本书适用于计算机类、信息技术类、大数据类等相关专业的必修课程,同时适用于统计、会计、管理等相关专业的选修课程。本书的特点主要包括以下几点。

(1) 内容全面,案例贯穿,易于理解。本书博采众家之长,参考了很多优秀的国内外经典教材,如王珊、萨师煊主编的《数据库系统概论》、斯坦福大学的 *A First Course in Database Systems* 等。本书注重基础理论与实践结合,引入了大量的实例,在全面系统地讲解数据库基础理论和基本原理的基础上,以"大学生项目管理"数据库为案例导入,使学生能够在实践应用中更好地理解和掌握所学知识。

(2) 思政导学,易于切入。本书每章开章即给出学习目标、学习重点和思政导学(包括关键词、内容要意、思政点拨和思政目标),结合具体案例的应用,融入思政元素,增强课程内容的代入感,培养学生良好的职业道德和创新实践能力,提升学生的家国情怀、爱国热情、工匠精神及团结协作精神等。

(3) 以学生为中心提供丰富的教学资源,便于实施线上线下教学翻转。本书资源丰富,包含参编教师在线录制的 47 个教学视频,以及每章的单元测试和期末测试等,便于教学翻转的实施。

本书的编写是由"数据库原理与应用"省级课程教学团队完成的,同时该课程被认定为省级本科一流课程及省级课程思政示范课程。本书由罗养霞、冯庆华统稿;第 1 章和第 2 章由罗养霞编写;第 3 章和第 10 章由冯庆华编写;第 7 章和第 8 章由史西兵编写;第 6 章和第 9 章由李薇编写;第 4 章、第 5 章和第 13 章由殷亚玲编写;第 11 章和第 12 章由刘通编写。

本书的出版得到了西安财经大学信息学院的大力资助，在此表示诚挚感谢。同时，感谢西安财经大学教务处、马克思主义学院的帮助，以及电子工业出版社的大力支持。

多位专家老师对本书的编写提出了宝贵的意见和建议，在此向这些老师表示诚挚的谢意！同时，感谢学生们的帮助和反馈，如吴燕玲、王佳怡等，在此一并表示感谢。

由于编者水平有限，书中难免有不足之处，望广大读者给予批评指正。编者电子邮箱为 yxluo8836@163.com。

请扫描二维码查看配套资源

编者

目录

第 1 章 数据库概述 1
    1.1 数据库基本概念 2
    1.2 数据管理技术的发展 4
    1.3 数据库系统的特点 6
    1.4 数据独立性 10
    1.5 数据库系统的组成 11
    习题 12

第 2 章 数据模型与数据库结构 13
    2.1 数据模型 14
        2.1.1 数据与信息 14
        2.1.2 数据模型的类型 15
        2.1.3 数据模型的组成要素 16
    2.2 概念数据模型 17
        2.2.1 基本概念 17
        2.2.2 E-R 模型 18
    2.3 逻辑数据模型 19
        2.3.1 层次模型 19
        2.3.2 网状模型 22
        2.3.3 关系模型 24
    2.4 数据库系统结构 25
        2.4.1 模式的基本概念 26
        2.4.2 三级模式结构 26
        2.4.3 模式映像与数据独立性 28

习题 29

第 3 章 关系数据库 30

3.1 关系数据结构 31
3.1.1 关系的定义与性质 31
3.1.2 关系模式 33
3.1.3 关系数据库 33

3.2 关系操作 33
3.2.1 基本的关系操作 34
3.2.2 关系数据语言的分类 34

3.3 关系的完整性 34
3.3.1 实体完整性 34
3.3.2 参照完整性 35
3.3.3 用户定义的完整性 36

3.4 关系代数 36
3.4.1 传统的集合运算 37
3.4.2 专门的关系运算 38

习题 44

第 4 章 关系数据库标准语言 SQL 46

4.1 SQL 概述 47
4.1.1 SQL 的产生与发展 47
4.1.2 SQL 的特点 48
4.1.3 数据类型 49
4.1.4 T-SQL 语句 50

4.2 数据定义 51
4.2.1 数据库的定义与删除 51
4.2.2 基本表的定义、删除与修改 53
4.2.3 索引的建立与删除 55

4.3 数据查询 56
4.3.1 单表查询 57
4.3.2 连接查询 65

		4.3.3 嵌套查询	69
		4.3.4 集合查询	76
		4.3.5 基于派生表的查询	77
	4.4	数据更新	78
		4.4.1 插入数据	78
		4.4.2 修改数据	79
		4.4.3 删除数据	80
	4.5	空值的处理	81
	4.6	视图	82
		4.6.1 定义视图	83
		4.6.2 查询视图	85
		4.6.3 更新视图	87
		4.6.4 视图的作用	88
	习题		89
第 5 章	数据库完整性		91
	5.1	实体完整性	92
		5.1.1 定义实体完整性	92
		5.1.2 实体完整性检查和违约处理	92
	5.2	参照完整性	93
		5.2.1 定义参照完整性	93
		5.2.2 参照完整性检查和违约处理	93
	5.3	用户定义的完整性	95
		5.3.1 属性上的约束条件	96
		5.3.2 元组上的约束条件	97
	5.4	完整性约束命名子句	97
	习题		99
第 6 章	关系数据库规范化理论		101
	6.1	问题的提出	102
		6.1.1 关系模式的形式化定义	102
		6.1.2 数据依赖的基本概念	102

  6.1.3 不规范的数据库设计可能存在的问题 103
 6.2 规范化 104
  6.2.1 函数依赖 104
  6.2.2 码 105
  6.2.3 范式 106
  6.2.4 1NF 106
  6.2.5 2NF 107
  6.2.6 3NF 108
  6.2.7 BCNF 109
  6.2.8 多值依赖与 4NF 110
 6.3 函数依赖的公理系统 113
  6.3.1 函数依赖集的完备性 113
  6.3.2 函数依赖的推理规则 114
  6.3.3 属性集闭包与 F 逻辑蕴涵的充分必要条件 115
  6.3.4 最小函数依赖集 116
 6.4 关系模式分解 118
  6.4.1 无损分解 118
  6.4.2 保持函数依赖 122
 6.5 关系模式规范化步骤 123
 习题 124

第 7 章 数据库设计 126

 7.1 数据库设计概述 127
  7.1.1 数据库设计的特点 127
  7.1.2 数据库设计方法 129
  7.1.3 数据库设计的基本步骤 129
  7.1.4 数据库设计过程中的各级模式 132
 7.2 需求分析 133
  7.2.1 需求分析的任务 133
  7.2.2 需求分析的方法 133
  7.2.3 数据字典 134

7.3 概念结构设计 136
7.3.1 概念数据模型 136
7.3.2 E-R 模型 136
7.3.3 概念结构设计 140
7.4 逻辑结构设计 141
7.4.1 E-R 图向关系模型转换 142
7.4.2 数据模型的优化 143
7.5 物理结构设计 144
7.5.1 数据库物理结构设计的内容和方法 144
7.5.2 关系模式存取方法的选择 145
7.5.3 确定数据库物理结构 146
7.5.4 评价物理结构 147
7.6 数据库的实施和维护 147
7.6.1 数据的载入、应用程序的编码和调试 147
7.6.2 数据库的试运行 148
7.6.3 数据库的运行和维护 149
习题 150

第 8 章 数据库编程 151
8.1 嵌入式 SQL 152
8.1.1 嵌入式 SQL 的处理过程 152
8.1.2 嵌入式 SQL 语句与主语言之间的通信 153
8.1.3 不用游标的 SQL 语句 155
8.1.4 使用游标的 SQL 语句 156
8.2 过程化 SQL 157
8.2.1 过程化 SQL 的块结构 157
8.2.2 变量和常量的定义 158
8.2.3 流程控制 158
8.3 存储过程和触发器 159
8.3.1 存储过程 160
8.3.2 触发器 161

8.4 ODBC 编程 163
8.4.1 ODBC 概述 163
8.4.2 ODBC 工作原理概述 163
8.4.3 ODBC API 基础 165
8.4.4 ODBC 的工作流程 166
习题 171

第 9 章 数据库安全性 172
9.1 数据库安全性概述 173
9.1.1 数据库的不安全因素 173
9.1.2 数据库安全控制 173
9.2 数据库安全控制方法 174
9.2.1 用户身份鉴别 174
9.2.2 存取控制 175
9.2.3 视图机制 175
9.2.4 审计 176
9.2.5 数据加密 176
9.3 存取控制 177
9.3.1 登录名和用户管理 177
9.3.2 自主存取控制 178
9.3.3 授权与收回权限 178
9.3.4 角色管理 180
9.3.5 强制存取控制 181
习题 182

第 10 章 数据库查询优化 184
10.1 关系数据库管理系统的查询处理 185
10.1.1 查询处理步骤 185
10.1.2 实现查询操作的算法示例 186
10.2 关系数据库管理系统的查询优化 188
10.2.1 查询优化概述 188
10.2.2 查询优化实例 189

10.3 代数优化 191
10.3.1 代数优化的等价变换规则 191
10.3.2 查询树的启发式优化 192
10.4 物理优化 194
10.4.1 基于启发式规则的存取路径选择优化 195
10.4.2 基于代价估算的优化 195
习题 196

第 11 章 并发控制 198
11.1 事务的基本概念 199
11.2 并发操作带来的问题 200
11.3 封锁 201
11.3.1 锁的主要类型 202
11.3.2 封锁粒度 203
11.3.3 多粒度封锁 203
11.4 封锁协议 204
11.5 活锁与死锁 206
11.5.1 活锁 206
11.5.2 死锁 206
11.6 并发调度可串行性 208
11.7 两段锁协议 210
习题 212

第 12 章 数据库恢复技术 213
12.1 故障的种类 214
12.2 恢复技术的实现 216
12.3 恢复策略 219
12.4 具有检查点的恢复技术 220
12.5 数据库镜像 222
习题 223

第 13 章 数据库技术发展概述 224
13.1 数据库技术发展历史回顾 225
13.2 数据库技术发展的三个阶段 225

- 13.2.1 第一代数据库系统 ... 225
- 13.2.2 第二代数据库系统 ... 226
- 13.2.3 新一代数据库系统 ... 227
- 13.3 数据库系统的特点及开源数据库 ... 228
  - 13.3.1 数据模型的发展 ... 228
  - 13.3.2 数据库技术与相关技术相结合 ... 230
  - 13.3.3 开源数据库 ... 232
- 13.4 数据管理技术的发展趋势 ... 235
  - 13.4.1 数据管理技术面临的挑战 ... 235
  - 13.4.2 数据管理技术的发展与展望 ... 236
- 习题 ... 238

参考文献 ... 239

第 1 章 数据库概述

学习目标

- ✓ 掌握数据库基本概念。
- ✓ 了解数据管理技术的发展历程。
- ✓ 理解数据库系统的特点和组成。
- ✓ 学习数据独立性内容。

学习重点

- ✓ 使用数据库技术的原因。
- ✓ 数据管理技术的发展历程。
- ✓ 数据库系统的功能及重要性。
- ✓ 数据库两层独立性含义。

思政导学

✓ **关键词**：数据库、数据库技术、数据库系统、数据独立性。

✓ **内容要意**：数据库是数据管理的有效技术，是计算机科学的重要分支。数据库已经成为每个人生活中不可缺少的部分，熟悉数据管理技术的发展历程，理解数据库基本概念等为后续数据库应用与开发奠定基础。

✓ **思政点拨**：从数据管理技术的发展经历的三个阶段，联系与衣食住行相关的数据库应用，强调数据库技术的重要性；从数据库系统的结构化特点、安全性、正确性要求，理解工程师的职业素养与开拓精神的重要意义。

✓ **思政目标**：在我国数据库发展史的学习中激发学生自豪感，提升道路自信，强化学生对专业未来发展的使命担当，培养爱国主义情怀。

1.1 数据库基本概念

数据（Data）、数据库（DB）、数据库管理系统（DBMS）、数据库系统（DBS）和数据库管理员（DBA）是与数据库技术相关的几个基本概念。

1．数据

数据是数据库中存储的基本对象。早期的计算机系统主要用于科学计算，处理的数据是数值型数据，如整数、实数、浮点数等。现在计算机存储和处理的对象十分广泛，表示这些对象的数据也随之变得越来越复杂。

描述事物的符号的记录称为数据。描述事物的符号既可以是数字，也可以是文本（Text）、图形（Graph）、图像（Image）、音频（Audio）、视频（Video）等。数据有多种表现形式，它们都可以经过数字化后存入计算机。在现代计算机系统中数据的概念是广义的。

因此，狭义的各类数据，如学号、分数、金额等，其表现形式有2024、95.5、-130.86、¥80等，广义上的数据，包括图形、图像、音频、视频、文本，其表现内容有学生信息、商品图片、项目信息、订单信息等，这些都是数据。

数据的表现形式还不能完全表达其内容，需要经过语言解释。例如，85这个数据，可以是一个学生某门课程的成绩，也可以是某个人的体重，还可以是计算机学院2024级的学生人数。数据的解释是指对数据含义的说明，数据的含义称为数据的语义，数据与其语义是不可分的。在日常生活中，人们可以直接用自然语言（如汉语）来描述事物。

例如，李辉同学，学号：S202301011，性别：男，年龄：20岁，所在学院：计算机学院。在数据库中，通常将姓名、学号、性别、年龄、所在学院等组织在一个记录中，如（李辉，S202301011，男，20，计算机学院），这里的一个记录就是描述一个学生的信息，这样的数据是有结构的。记录是计算机中表示和存储数据的一种格式或一种方法。

2．数据库

数据库，顾名思义，是指存放数据的仓库。只不过这个仓库是将数据按一定的格式存储在计算机存储设备中。

目前，科学技术飞速发展，相关应用行业越来越多，范围越来越广，对数据的访问、存储越来越频繁，数据量急剧增加。过去人们将数据存放在文件中，现在人们将数据存放在数据库中，便于对文件的保存、访问、分享和管理。对于大量复杂的数据，还需要进一步加工处理、分析汇总，以抽取有用的信息。借助计算机和数据库技术，可永久保存这些宝贵的数据资源。

数据库是长期存储在计算机内、有组织的、可共享的大量数据的集合。数据库中的数据按一定的数据模型组织、描述和存储，具有较小的冗余度、较高的数据独立性和可扩展性，并可为各种用户所共享。概括地讲，数据库数据具有永久存储、有组织和可共享三个基本特点。

3．数据库管理系统

数据库管理系统位于操作系统与应用开发工具之间，如图 1.1 所示，它同操作系统一样是计算机的基础软件，也是一个大型复杂的软件系统。它的主要功能包括以下几个方面。

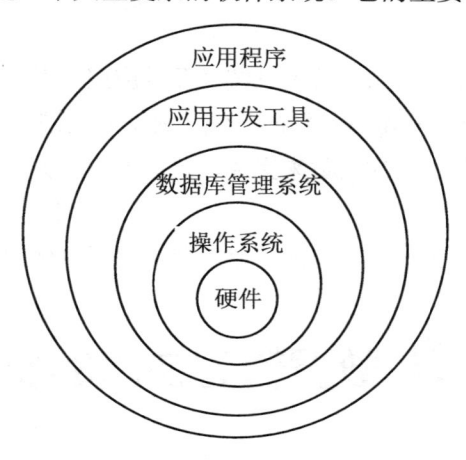

图 1.1　数据库管理系统所处的位置

1）数据库的建立和维护功能

数据库的建立和维护功能包括数据库初始数据的输入、转换功能，数据库的转储、恢复功能，以及数据库的重组织功能、性能监视、分析功能等。这些功能通常是由一些实用程序或管理工具完成的。

2）数据定义功能

此功能用于数据库中对对象的定义，包括对表、视图、存储过程等的定义，一般由数据定义语言（Data Definition Language，DDL）来完成。

3）数据组织、存储和管理功能

此功能用于对数据的分类组织、存储和管理，包括数据字典、用户数据、数据的存取路径等。如何实现数据之间的联系，需要确定以何种文件结构和存取方式在存储级上组织这些数据。数据组织和存储的基本目标是提高方便存取和存储空间利用率，提供多种存取方法（如索引查找、Hash 查找、顺序查找等）来提高存取效率。

4）数据操作功能

此功能用于对数据的操作，包括对数据的查询、插入、删除和修改操作等。此功能由数据库管理系统提供的数据操作语言（Data Manipulation Language，DML）来完成。

5）事务管理和运行管理功能

事务是数据库处理一系列操作的一个逻辑工作单元。此功能保证事务的统一管理和控制，以保证数据库正确运行，以及保证数据的安全性、完整性、多用户对数据的并发使用和发生故障后的系统恢复。

6）其他功能

其他功能包括数据库管理系统与网络中其他软件系统的通信功能、一个数据库管理系统与另一个数据库管理系统或文件系统的数据转换功能，以及异构数据库之间的互访和互操作功能等。

4．数据库系统

数据库系统是由数据库、数据库管理系统（及其应用开发工具）、应用程序和数据库管理员组成的存储、管理、处理和维护数据的系统。数据库系统的建立、使用和维护等工作除数据库管理系统外，还需要专门的人员来完成，这些人被称为数据库管理员。本书将在1.5节中介绍数据库系统的组成。

一般在不引起混淆的情况下，人们常常把数据库系统简称为数据库。

1.2 数据管理技术的发展

数据管理是指对数据进行分类、组织、编码、存储、检索和维护等处理过程。数据管理技术是随着数据管理任务的需要而产生的，包括对各种数据进行收集、存储、加工和传播的一系列活动的总和。随着计算机硬件、软件的发展，数据管理技术历经了人工管理、文件系统、数据库系统三个阶段。

1．人工管理阶段

20 世纪 50 年代中期以前，计算机主要用于科学计算。当时的硬件状况是，外存只有纸带、卡片、磁带，没有磁盘等直接存取的存储设备，也没有操作系统和专门管理数据的软件，数据处理方式是批处理。人工管理数据具有如下特点。

1）应用程序管理数据

数据需要由应用程序自己设计、说明（定义）和管理，没有相应的软件负责数据的管理工作。应用程序不仅要规定数据的逻辑结构，而且要设计物理结构，包括存储结构、存取方法、输入方式等。因此，程序员负担很重。

2）数据无法永久保存

由于当时计算机主要用于科学计算，一般不需要将数据长期保存，只是在计算某一问题时将数据输入，用完就撤走。不仅对用户数据如此处置，对系统软件有时也这样。

3）数据无法共享

数据是面向应用程序的，一组数据只能对应一个应用程序。当多个应用程序涉及某些相同的数据时必须各自定义，无法互相利用、互相参照，因此应用程序与应用程序之间有大量的冗余数据。

4）数据不具有独立性

在人工管理阶段，应用程序与数据之间是一一对应的关系。这就增加了程序员的负担。

数据的逻辑结构或物理结构发生变化后，必须对应用程序做相应的修改，数据完全依赖于应用程序，称为数据缺乏独立性。

2. 文件系统阶段

20 世纪 50 年代后期—60 年代中期，在硬件方面已有了磁盘、磁鼓等直接存取存储设备；在软件方面，操作系统中已经有了专门的数据管理软件，一般称为文件系统；在处理方式上，不仅有了批处理，而且能够联机实时处理。用文件系统管理数据具有如下特点。

（1）数据可以长期保存。由于计算机大量用于数据处理，因此数据需要长期保留在外存上反复进行查询、修改、插入和删除等操作。

（2）由文件系统管理数据。由专门的软件，即文件系统进行数据管理，文件系统把数据组织成相互独立的数据文件，利用"按文件名进行访问，按记录进行存取"的管理技术，提供对文件进行打开与关闭功能、对记录进行读取和写入等存取方式。文件系统实现了记录内的结构性。

但是，文件系统仍存在以下缺点。

（1）数据共享性差，冗余度大。在文件系统中，一个（或一组）文件基本上对应于一个应用程序，即文件仍然是面向应用的。当不同的应用程序具有部分相同的数据时，必须建立各自的文件，而不能共享相同的数据，因此数据冗余度大，浪费存储空间。同时由于相同数据的重复存储、各自管理，容易造成数据的不一致性，给数据的修改和维护带来困难。

（2）数据独立性差。文件系统中的文件是为某一特定应用服务的，文件的逻辑结构是针对具体的应用来设计和优化的，因此要想对文件中数据再增加一些新的应用会很困难。而且，当数据的逻辑结构改变时，应用程序中文件结构的定义必须修改，应用程序中对数据的使用也要改变，因此数据依赖于应用程序，缺乏独立性。可见，文件系统仍然是一个不具有弹性的、无整体结构的数据集合，即文件之间是独立的，不能反映现实世界事物之间的内在联系。

3. 数据库系统阶段

20 世纪 60 年代后期以来，计算机管理的对象规模越来越大，应用范围越来越广泛，数据量急剧增长，同时多种应用、多种语言互相覆盖地共享数据集合的要求越来越强烈。

这时硬件已有大容量硬盘，硬件价格下降；软件价格上升，编制和维护系统软件及应用程序所需的成本相对增加。在处理方式上，联机实时处理要求更多，并开始提出和考虑分布处理。在这种背景下，以文件系统作为数据管理手段已经不能满足应用的需求，于是为满足多用户、多应用共享数据的需求，使数据为尽可能多的应用服务，数据库技术便应运而生，出现了统一管理数据的专门软件系统——数据库管理系统。

用数据库系统来管理数据比文件系统具有更明显的优点，从文件系统到数据库系统标志着数据管理技术的飞跃。数据管理技术三个阶段的比较如表 1.1 所示。

表 1.1 数据管理技术三个阶段的比较

		人工管理阶段	文件系统阶段	数据库系统阶段
背景	应用背景	科学计算	科学计算、数据管理	大规模数据管理
	硬件背景	无直接存取存储设备	磁盘、磁鼓	大容量磁盘、磁盘阵列
	软件背景	没有操作系统	有文件系统	有数据库管理系统
	处理方式	批处理	联机实时处理、批处理	联机实时处理、分布处理、批处理
特点	数据的管理者	用户（程序员）	文件系统	数据库管理系统
	数据的结构化	无结构	记录内有结构、整体无结构	整体结构化、用数据模型描述
	数据面向的对象	某一应用程序	某一应用	现实世界中的某个场景
	数据的共享程度	无共享、冗余度极大	共享性差、冗余度大	共享性高、冗余度小
	数据的独立性	不独立、完全依赖于程序	独立性差	具有高度的物理独立性和一定的逻辑独立性
	数据控制能力	应用程序自己控制	应用程序自己控制	保证数据的安全性、完整性，并发和恢复管理

1.3 数据库系统的特点

下面首先通过一个简单的例子——大学生项目管理系统，比较文件系统和数据库系统的差异，从而阐述数据库系统的特点。

假设 P1 为实现"学生基本信息管理"功能的应用程序，P2 为实现"项目管理"功能的应用程序，P3 为实现"学生获奖情况管理"功能的应用程序。文件 F1、F2 和 F3 分别包含以下信息。

文件 F1：学号、姓名、性别、年龄、所在学院。

文件 F2：项目号、项目名称、项目类型。

文件 F3：学号、姓名、年龄、所在学院、项目名称、项目类型、时间、奖项。

（1）采用文件系统实现学生项目管理。

首先应用程序编写者必须清楚知道所用文件的逻辑结构和物理结构，即存取方式，如图 1.2 所示。

```
应用程序P1        应用程序P2        应用程序P3
学生基本信息管理   项目管理         学生获奖情况管理
              \    |    /
               存取方式
              /    |    \
"学生信息"      "项目信息"      "学生参加项目获奖
文件F1          文件F2          情况"文件F3
```

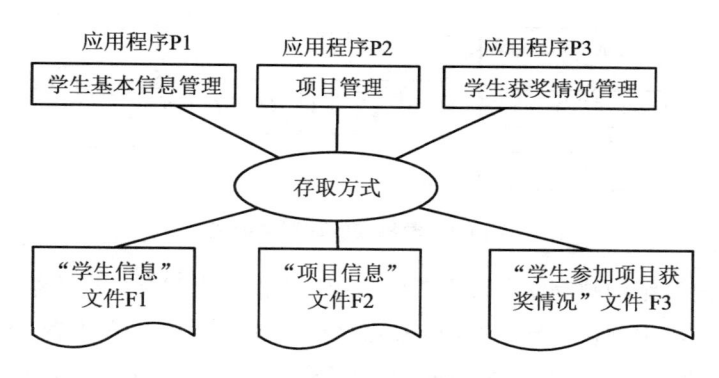

图 1.2　文件存储与管理系统模式

当记录学生获奖情况时,只能使用文件系统提供的 Fopen(打开)、Fread(读)、Fwrite(写)、Fseek(移动读写位置)、Fclose(关闭)等几个底层的文件操作命令,而对文件的录入和查询等操作,在确定了学生数据的存取方式后,都必须在应用程序中编程实现。录入功能的基本过程包括先通过键盘写入学生信息,然后把基本信息写到"学生信息"文件 F1 中,把项目情况写到"项目信息"文件 F2 中。特别要注意的是,为了能正确地表达"学生信息"文件 F1 中的记录和"项目信息"文件 F2 中的记录的对应关系,生成"学生参加项目获奖情况"文件 F3,并且在程序中要记录项目情况在"学生参加项目获奖情况"文件 F3 中的开始位置和长度,再写回"学生信息"文件 F1 中,查询功能采用顺序查找方法。首先从"学生信息"文件 F1 中读入第一条记录,然后比较学号字段的值是否和要查找的学号相同。如果相同,则读出该学生的信息,并根据存取方式中的位置和长度字段,在"项目信息"文件 F2 中读出该学生的项目信息,直到查找过程结束。

"学生信息"文件 F1 中有学生的信息,"学生参加项目获奖情况"文件 F3 中也有学生的信息,造成数据的重复,称为数据冗余;在存取和读写时,不仅存在存储空间的浪费,还会造成数据的不一致性(Inconsistency)。

在文件管理中,每次修改或删除数据,或者定义数据的结构,都要更新应用程序,使得应用程序对文件的物理结构特性过度依赖,即用文件管理数据时,数据的独立性(Independence)较差。

在文件管理中,当打开"学生参加项目获奖情况"文件 F3 时,与 Word 文件操作类似,其他应用程序只能以只读方式打开,不能对文件进行操作,也不能写入"学生信息"文件 F1 的数据,并且并发访问操作无法进行。

在文件管理中,很难控制某个人对文件的权限管理,如学生只能查看自己的"学生信息"文件 F1,不能查看"学生参加项目获奖情况"文件 F3;或者只能查看获奖情况,但不能修改获奖信息,缺少对数据的安全控制能力。

(2)采用数据库系统实现学生项目管理。

用数据库技术管理数据时,所有的数据都被存储在一个数据库中,如图 1.3 所示。

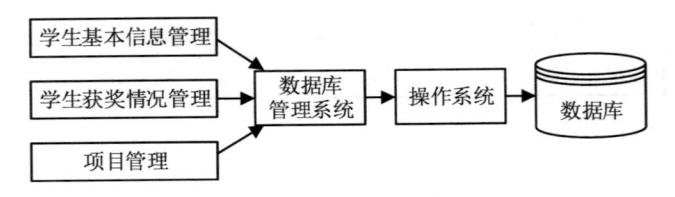

图 1.3 数据库管理系统模式

数据按照一定的结构被存储在数据库的表中，不仅表内部有一定的结构，表之间也按照一定方式关联。大学生项目管理系统用 Create 命令创建三个表：学生表 F1 存放学生的基本信息，项目表 F2 存放项目信息，参与表 F3 存放学生的获奖情况，如图 1.4 所示。

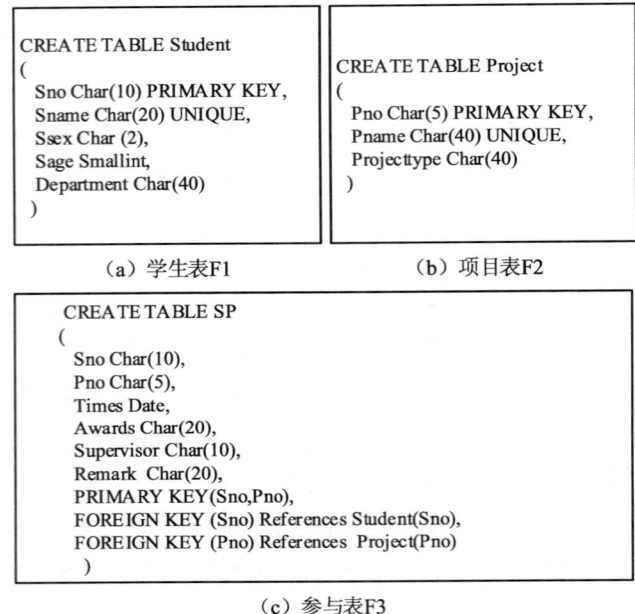

```
CREATE TABLE Student
(
  Sno Char(10) PRIMARY KEY,
  Sname Char(20) UNIQUE,
  Ssex Char (2),
  Sage Smallint,
  Department Char(40)
)
```

（a）学生表F1

```
CREATE TABLE Project
(
  Pno Char(5) PRIMARY KEY,
  Pname Char(40) UNIQUE,
  Projecttype Char(40)
)
```

（b）项目表F2

```
CREATE TABLE SP
(
  Sno Char(10),
  Pno Char(5),
  Times Date,
  Awards Char(20),
  Supervisor Char(10),
  Remark Char(20),
  PRIMARY KEY(Sno,Pno),
  FOREIGN KEY (Sno) References Student(Sno),
  FOREIGN KEY (Pno) References Project(Pno)
)
```

（c）参与表F3

图 1.4 数据库管理系统中的表结构

学生表 F1（<u>学号</u>，姓名，性别，年龄，所在学院）
项目表 F2（<u>项目号</u>，项目名称，项目类型）
参与表 F3（<u>学号</u>，<u>项目号</u>，时间，奖项，指导教师，备注）

用户对数据的操作全部通过数据库管理系统来实现，不需要知道数据的逻辑结构和物理结构，以及数据的物理存储位置，只需知道存放数据的场所——数据库即可。

数据库管理系统提供了强大的操作功能，如增、删、改、查操作，使程序员的开发效率大大提高。与人工管理和文件系统相比，数据库系统的特点主要有以下几个方面。

1. 相互关联结构化的数据

数据库系统实现整体数据的结构化，是数据库的主要特征之一，也是数据库系统与文件系统的本质区别。不仅数据内部是结构化的，而且整体也是结构化的，数据之间是具有联系的。例如，学生表 F1 中的学号与参与表 F3 中的学号是有关联关系的，参与表 F3 中的学号的取值范围要在学生表 F1 中学号的取值范围内。数据的整体结构化，体现在描述数据时不仅要描述数据本身，还要描述数据之间的联系。在关系数据库中，数据之间的关联关系有一对一、一对多、多对多的形式，它们均是通过参照完整性来实现的。

2．较少的数据冗余

由于数据被统一管理，因此可以从全局对数据进行合理的组织。例如，将文件 F1、F2 和 F3 的重复数据挑选出来，进行合理的管理，形成关系数据库中的学生表 F1、项目表 F2 和参与表 F3。消除学生基本信息的重复存储，在修改学生的项目获奖情况时，不需要更改学生的基本信息表。当所需要的信息来自不同的关系表时，如学号、姓名、项目名称、项目类型、时间来自三个表，可通过学号和项目号的关联，将信息组织在一起。删除获奖情况或项目，也不影响学生的基本信息。

3．程序与数据相互独立

程序与数据的独立有两层含义：一是当数据的存储方式发生变化时（这里包括逻辑存储方式和物理存储方式），如从链表结构改变为散列结构，或者从顺序存储改变为非顺序存储，这些变化是由数据库管理系统负责维护的，用户并不知道，应用程序也不必做任何修改；二是当数据所包含的数据项发生变化时，如给参与表 F3 增加指导教师数据项，如果应用程序与这些修改的数据项无关，则不用修改，只修改与其变化相关的部分即可。

在关系数据库中，数据库管理系统通过逻辑上划分的三级模式和二级映像来实现程序与数据的相互独立，第 2 章将详细介绍数据库的三级模式结构。

4．数据共享及数据的一致性

数据库中的数据可以被多个用户、多个应用共享使用，允许多个用户同时操作相同的数据，这是由数据库的并发（Concurrency）控制机制完成的。当多个用户的并发进程同时存取、修改数据库时，可能会发生相互干扰而得到错误的结果，或者使数据库的完整性遭到破坏，因此必须对多用户的并发操作加以控制和协调。

数据库的这个特点是针对支持多用户的大型数据库管理系统而言的，对于只支持单用户的小型数据库（如 Access），任何时候最多只允许一个用户访问数据库。大型数据库多用户共享是由数据库管理系统完成的，对用户是不可见的，完成多个用户之间对相同数据的操作不会产生矛盾和冲突，保证了数据的一致性。

5．数据的安全性、正确性与数据恢复

数据库的共享会给数据库带来安全隐患，导致不同用户间相互干扰访问。为此，数据库管理系统提供数据的安全性（Security）保护，有效防止数据库中的数据被非法使用和非法修改；数据库管理系统完整的备份和恢复机制，可以保证当数据因软件故障、硬件故障而被破坏时，能够很快地将数据恢复到正确状态，并使数据不丢失或少丢失，从而保证系统能够连续、可靠地运行。

保证数据的安全性是通过数据库管理系统的安全控制机制实现的；保证数据的可靠性是

通过数据库管理系统的备份和恢复机制实现的。

计算机系统的硬件故障、软件故障、操作员的失误及故意破坏会影响数据库中数据的正确性，甚至造成数据库部分或全部数据的丢失。数据库管理系统必须具有将数据库从错误状态恢复到某一已知的正确状态（也称为完整状态或一致性状态）的功能，即数据库的恢复（Recovery）功能。

综上所述，数据库是长期存储在计算机中的有组织的、大量的、共享的数据集合。它可以供各种用户共享，具有最小冗余度和较高的数据独立性。数据库管理系统在数据库建立、运行和维护时对数据库进行统一控制，以保证数据的完整性和安全性，并在多用户同时使用数据库时进行并发控制，在发生故障后对数据库进行恢复。数据库系统的出现使信息系统从以加工数据的程序为中心转向以共享的数据库为中心的新阶段。这样既便于数据的集中管理，又能简化应用程序的研制和维护，提高了数据的利用率和相容性，以及决策的可靠性。

目前，数据库已经成为现代信息系统的重要组成部分。具有数百吉字节、数百太字节，甚至数百拍字节的数据库已经普遍存在于科学技术、工业、农业、商业、服务业和政府部门的信息系统中。

1.4 数据独立性

数据独立性是数据库系统的最基本的特征之一。要准确理解数据独立性的含义，可先了解什么是非数据独立性。

在数据库技术出现前，也就是文件管理数据时，实现的应用程序常常是数据依赖的。也就是说，数据的物理存储方式和有关的存取技术都要在应用程序中加以考虑，有关物理存储的方式和访问技术直接体现在应用程序的编码中。例如，如果数据文件使用了索引，那么应用程序必须知道索引存在，也要知道数据是按索引排序的，应用程序内部结构就是基于这些知识而设计的。一旦数据的物理存储方式发生改变，应用程序就不得不做大的修改。

数据独立性包括数据的物理独立性和逻辑独立性。

物理独立性是指用户的应用程序与数据库中数据的物理存储是相互独立的。也就是说，数据在数据库中怎样存储是由数据库管理系统管理的，不管是应用 SQL Server 还是应用 Oracle 数据库进行数据存储，用户程序不需要了解存储方式，应用程序要处理的只是数据的逻辑结构，只要逻辑结构未发生变化，当数据的物理存储改变时应用程序也不用改变。

逻辑独立性是指用户的应用程序与数据库中数据的逻辑结构是相互独立的。也就是说，数据的逻辑结构改变时，用户的应用程序也可以不变。例如，对于大学生项目管理系统数据库，当现实世界的信息内容发生变化时，如增加一个学院信息表，或者给参与表 F3 增加一个备注列，或者删掉一些无用列，都不影响应用程序的特性，只需调整与更改相关的应用程序即可。

数据独立性是由数据库管理系统提供的二级映像功能来保证的，这些将在第 2 章内容中讨论。

数据与程序的独立把数据的定义从程序中分离出去，加上存取数据的方法又由数据库管理系统负责提供，从而简化了应用程序的编制，大大减少了应用程序的维护和修改。

1.5 数据库系统的组成

数据库系统一般由数据库、数据库管理系统、应用程序和数据库管理员等组成，如图1.5所示。

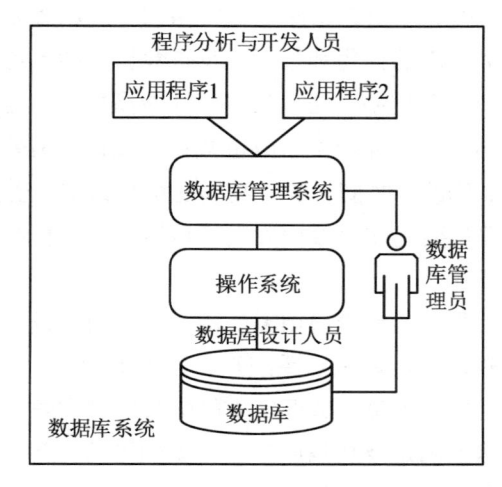

图 1.5　数据库系统组成示意图

1. 硬件

由于数据库系统的数据量很大，加之数据库管理系统丰富的功能使得其自身的规模也很大，因此整个数据库系统对硬件资源提出了较高的要求（例如，SQL Server 2016要求最少6GB的可用硬盘空间，x64处理器速度达到1.4GHz、2.0GHz或更快），这些要求如下。

（1）有足够大的内存存放操作系统、数据库管理系统的核心模块、数据缓冲区和应用程序。

（2）有足够大的磁盘或磁盘阵列等设备存放数据库，并且有足够大的磁带（或光盘）用于数据备份。

（3）有较高的通道能力，以提高数据传输速率。

2. 软件

数据库系统的软件主要包括以下内容。

（1）数据库管理系统。它是数据库系统的核心，是建立、使用和维护数据库的系统软件。

（2）支持数据库管理系统运行的操作系统。

（3）具有与数据库接口的高级语言及其编译系统，便于开发应用程序。

（4）以数据库管理系统为核心的应用开发工具。应用开发工具是系统为应用开发人员和最终用户提供的高效率和多功能的应用生成器、第四代语言开发环境等各种软件工具。它们为数据库系统的开发和应用提供了良好的环境。

（5）针对特定应用环境开发的数据库应用系统。

3．人员

数据库系统中包含的人员主要有数据库管理员、程序分析与开发人员、数据库设计人员和最终用户。

（1）数据库管理员负责整个系统的正常运行，保证数据库的安全和可靠。数据库管理员必须参加数据库设计的全过程；决定数据库的存储结构和存取策略；定义数据的安全性要求和完整性约束条件；监控数据库的使用和运行；负责数据库的改进、重组和重构；还负责在系统运行期间监测系统的空间利用率、处理效率等性能指标，对运行情况进行记录、统计分析，依靠工作实践并根据实际应用环境不断改进数据库设计。另外，在数据运行过程中，大量数据不断被插入、删除、修改，时间一长，数据的组织结构会受到严重影响，从而降低系统性能。因此，数据库管理员要定期对数据库进行重组，以改善系统性能。修改数据库部分设计，即可完成数据库的重构。

（2）程序分析与开发人员主要负责应用系统的需求分析、设计和实现，参与应用程序整个开发过程和程序使用与规范说明，确定系统软、硬件配置。

（3）数据库设计人员主要负责决定数据库中的信息内容和结构；参与用户需求调查和系统分析；负责数据库中数据的确定及数据库各级模式的设计，并与用户、应用程序员、系统分析员密切合作、协商，做好数据库设计。

（4）最终用户是数据库应用程序的使用者，他们通过应用程序提供的人机交互界面来操作数据库中的数据，并通过应用系统的用户接口使用数据库。常用的接口方式有浏览器、菜单驱动、表格操作、图形显示、报表书写等。

习题

1．试述数据、数据库、数据库管理系统、数据库管理员、数据库系统的概念。
2．使用数据库系统有什么好处？
3．试述文件系统与数据库系统的区别与联系。
4．试述数据库系统的特点。
5．什么是数据独立性？如何实现？
6．数据库系统的组成有哪些？

第 2 章

数据模型与数据库结构

学习目标

- ✓ 掌握数据模型构建方法。
- ✓ 掌握概念数据模型的内涵。
- ✓ 熟悉逻辑数据模型的组成。
- ✓ 熟悉数据库系统的结构。

学习重点

- ✓ 理解数据模型的作用和组成。
- ✓ 掌握概念数据模型和 E-R 图表示方式。
- ✓ 掌握关系模型的优缺点。
- ✓ 理解三级模式和二级映像的含义。

思政导学

- ✓ **关键词**：数据模型、数据库技术的发展。
- ✓ **内容要意**：针对如何从现实世界到计算机世界，本章将介绍模型的基本概念、概念数据模型、逻辑数据模型，以及数据库系统结构、模式映像与数据独立性。本章内容是理解数据库开发技术的基础。
- ✓ **思政点拨**：通过大学生项目管理数据库案例，理解数据库组成和结构，遵循约束条件，强调行业标准化，体会数字与数字管理的重要意义。
- ✓ **思政目标**：分析数字社会、数字中国中的实体属性与联系，梳理关系、贯穿数字中国建设中的数据模型；通过了解我国数据库的飞速发展历程，增强学生自信心，培养学生坚持不懈的毅力及爱国敬业的精神。

2.1 数据模型

现实世界存在大量数据，这些数据散乱存在，不利于数据的访问、组织与管理，因此，必须把现实数据按照一定的方式组织起来，便于对其进行操作和使用，这些组织的形式被称为模型。

2.1.1 数据与信息

在介绍数据模型之前，先了解数据与信息的关系。在 1.1 节介绍了数据的概念，说明数据是数据库中存储的基本对象。现实世界人们需要描述各种事物，用自然语言直接描述过于烦琐，也不利于用计算机来表达。因此，人们通过只抽取事物的特征或属性进行各种事物的描述。例如，一名计算机专业的学生李辉，他是信息学院计本 2023 级、2301 班、20 岁、北京生源的学生。可以用提取的如下特征（S202301011，李辉，男，20，计本 2301，信息学院，北京）来描述。这样的一行数据称为一条记录，描述事物的符号称为数据，从数据中获得的有意义的内容称为信息。数据有一定的格式，如姓名是不超过 10 个汉字的字符串，性别是一个汉字的字符。此格式是数据的语法，而数据的含义是数据的语义。因此，数据是信息存在的一种形式，数据只有通过解释或处理，才能成为有意义的信息。

一般来说，数据库中的数据具有静态特征和动态特征。

（1）静态特征。数据的静态特征包括数据的基本结构、数据间的联系，以及对数据的取值范围的约束。例如，在 1.3 节介绍的大学生项目管理系统中，学生信息包含学号、姓名、年龄、性别、所在学院，这些是学生具有的基本性质，是学生数据的基本结构。项目信息包含项目号、项目名称、项目类型，这些是学生项目具有的基本性质，是项目的基本结构。学生的学号和项目信息中的项目号，与参与表中的学号和项目号有一定的关联，即参与表中的学号的取值范围只能在学生信息中的学号的取值范围内。同样，参与表中的项目号的取值范围也只能在项目信息中的项目号的取值范围内。这样的约束才符合现实世界的实际，例如，不能记录不存在的学生参与了项目。再看数据的取值范围，例如，性别的取值只能是男或女，课程学分一般是大于 0 的整数，成绩一般在 0~100 分，等等，这些是对数据库的数据取值范围进行的限制，目的是保证数据库中存储正确的、有意义的数据。

（2）动态特征。数据的动态特征是指对数据可以进行的操作及其规则。对数据库数据的操作主要有查询、插入、删除和更新，一般由 SELECT、INSERT、DELETE 和 UPDATE 命令实现。

在描述数据时，数据结构、数据操作和完整性约束条件，称为数据模型的三要素。其中，数据结构和完整性约束条件属于静态特征，数据操作属于动态特征。

2.1.2 数据模型的类型

一个具体的模型对人们来说并不陌生，如一个汽车模型、一张地图、一组建筑沙盘、一架精致的航模飞机都是具体的模型，人们可以从模型联想到真实生活中的事物。模型是对现实世界中某个对象特征的模拟和抽象。数据模型（Data Model）也是一种模型，它是对现实世界数据特征的抽象，用来描述现实中数据的组织方式和操作方式，是现实世界的模拟。

在数据库领域，数据模型用于表达现实世界中的对象，即将现实世界中杂乱的信息用一种规范的、便于计算机处理的方式表达出来。这种数据模型既要面向现实世界（表达现实世界信息），又要面向机器世界（在计算机上实现），因此要求数据模型满足三个方面的要求：第一，能比较真实地模拟现实世界；第二，容易被人们理解；第三，便于在计算机上实现。

用一种数据模型很好地、全面地满足这三个方面的要求在目前是比较困难的，因此，在数据库系统中针对不同的使用对象、应用目的、应用领域，应采用不同的数据模型实现，如教务管理数据库、银行管理数据库等。

如何将现实世界抽象并创建到数据库中，如同建筑过程中在设计和施工不同阶段需要不同的图纸一样，在开发数据库应用系统的不同阶段也需要使用不同的数据模型。按应用层次的不同，数据模型可分为三种类型，分别是概念数据模型（Conceptual Data Model）、逻辑数据模型（Logical Data Model）、物理数据模型（Physical Data Model），如图2.1所示。

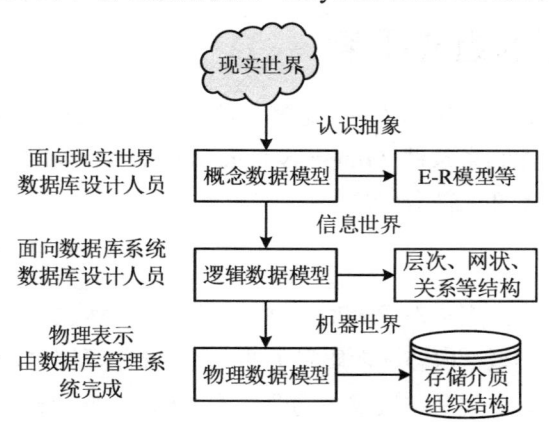

图 2.1 数据模型抽象过程中的三种类型

第一类是概念数据模型，也称为概念模型或信息模型，主要用来描述世界的概念化结构。它是数据库设计人员在设计的初始阶段，为了摆脱计算机系统及数据库管理系统的具体技术问题，集中精力分析数据及数据之间的联系等的模型，与具体的数据库管理系统无关，是一种面向用户、面向客观世界的模型。

第二类是逻辑数据模型，也称为逻辑模型，主要用来描述数据的逻辑关系，是为了在数据库系统实现的模型，如层次模型（Hierarchical Model）、网状模型（Network Model）、关系模型（Relational Model）等。此模型既要面向用户，又要面向系统。概念数据模型必须转换成逻辑数据模型，才能在数据库管理系统中实现。

第三类是物理数据模型，也称为物理模型，它是对数据底层的抽象，是面向计算机物理表示的模型，即存储方式。它描述了数据在存储介质上的组织结构。它不仅与具体的数据库管理系统有关，还与操作系统和硬件有关。每种逻辑数据模型在实现时都有其对应的物理数据模型。为了保证数据库管理系统的独立性与可移植性，大部分物理数据模型的实现工作由系统自动完成，设计人员只设计索引、聚集等特殊结构，了解和选择物理数据模型，而最终用户则不必考虑物理层的细节。

数据模型是数据库系统的核心和基础。各种机器上实现的数据库管理系统软件都是基于某种数据模型进行建模的。

为了把现实世界中的具体事物抽象、组织为某一种数据库管理系统支持的数据模型，人们常常首先将现实世界抽象为信息世界，然后将信息世界转换为机器世界。也就是说，首先把现实世界中的客观对象抽象为某一种信息结构，这种信息结构并不依赖具体的计算机系统，也不与具体的数据库管理系统有关，而是概念意义上的模型，即概念数据模型，此过程由数据库设计人员完成；然后把概念数据模型转换为具体的数据库管理系统支持的组织形式或逻辑关系，即转换为计算机上某一种数据库管理系统支持的逻辑数据模型（如关系模型），此过程由数据库设计人员完成，也可以用数据库设计工具协助数据库设计人员完成；最后由数据库管理系统完成数据库的创建，即从逻辑数据模型到物理数据模型的转换。

2.1.3 数据模型的组成要素

一般地讲，数据模型是严格定义的一组概念的集合。这些概念精确地描述了系统的静态特征、动态特征和完整性约束条件（Integrity Constraints）。因此数据模型通常由数据结构、数据操作和完整性约束条件三部分组成。

1．数据结构

数据结构描述数据库的组成对象及对象之间的联系。也就是说，数据结构描述的内容有两类：一类是与对象的类型、内容、性质有关的，如网状模型中的数据项、记录，关系模型中的域、属性、关系等；另一类是与数据之间联系有关的，如网状模型中的关系型（Set Type）。数据结构是所描述的对象类型的集合，是对系统静态特征的描述。

数据结构是刻画一个数据模型性质最重要的方面。因此在数据库系统中，人们通常按照数据结构的类型来命名数据模型。例如，层次结构、网状结构和关系结构的数据模型分别命名为层次模型、网状模型和关系模型。

2．数据操作

数据操作是指对数据库中各种对象（型）的实例（值）允许执行的操作的集合，包括操作及其有关的操作规则。数据操作是对系统动态特征的描述。

数据库主要有查询和更新（包括插入、删除、修改）两大类操作。数据模型必须定义这些操作的确切含义、操作符号、操作规则（如优先级）及实现操作的语言。

3. 完整性约束条件

完整性约束条件是一组完整性规则，是对系统静态特征的描述，是数据模型中数据及其联系所具有的制约和依存规则，用于限定符合数据模型的数据库状态及状态的变化，以保证数据的正确、有效和相容。

数据模型应该反映和规定其必须遵守的基本和通用的完整性约束条件。例如，在关系模型中，任何关系必须满足实体完整性约束、参照完整性约束和用户定义的完整性约束。

实体完整性约束，例如，在学生表中必须有一个学号用来唯一区分学生实体，在项目表中必须有一个项目号用来唯一区分项目实体；参照完整性约束，例如，参与表中的学号必须参照学生表中的学号，参与表中的项目号必须参照项目表中的项目号；用户定义的完整性约束，例如，约定学生的身份证号必须为 18 位，手机号必须为 11 位。

2.2 概念数据模型

由图 2.1 可以看出，概念数据模型实际上是从现实世界到机器世界的一个中间层次。本节介绍概念数据模型的基本概念和 E-R 模型。

2.2.1 基本概念

概念数据模型是从现实世界到信息世界的第一层抽象，是面向用户、面向现实世界的数据模型，与具体的数据库管理系统无关。设计人员可以在设计数据库的开始把主要精力放在了解现实世界上，而把涉及数据库管理系统的一些技术问题推迟到后面再考虑。

概念数据模型既要有较强的语义表达能力，又要简单、清晰、易于用户理解。常用的概念数据模型有实体-联系（Entity-Relationship，E-R）模型、谓词模型和语义对象模型等。本书仅对 E-R 模型进行介绍，这也是最常使用的一种概念数据模型。

概念数据模型主要涉及以下一些基本概念。

1. 实体

将客观存在并可相互区别的事物称为实体（Entity）。实体可以是具体的人、事、物，也可以是抽象的概念或联系，例如，学生、项目、参与事件、部门、购物订货等都是实体。实体在 E-R 图中，用矩形框表示，如图 2.2 所示。

2. 属性

实体所具有的某一特性称为属性（Attribute）。一个实体可以由若干属性来刻画，例如，学生实体可以由学号、姓名、性别、年龄、所在学院、生源地等属性组成，是学生这个实体的实体型（Entity Type）。同一类型实体的集合称为实体集，例如，全体学生就是一个实体集。属性组合（S202301011，李辉，男，20，信息学院）表示一个学生，它是学生实体集中的一个实例。

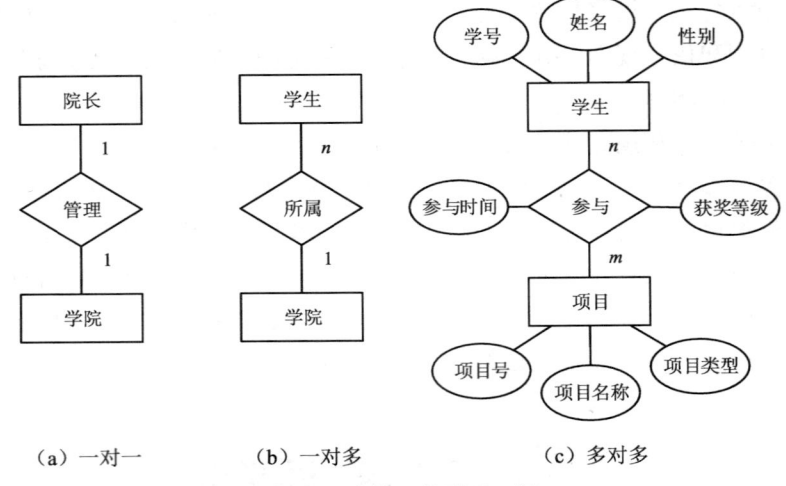

（a）一对一　　　（b）一对多　　　（c）多对多

图2.2　实体及其联系示例

在实体的属性中，必须有能唯一标识这个实体的属性，称为码（Key），例如，学号是学生实体的码。属性在 E-R 图中，用椭圆形框表示（有的文献上用圆角矩形框表示），图2.2中学生的学号、姓名等即是。

3．联系

在现实世界中，事物内部及事物之间是有联系（Relationship）的，这些联系在信息世界中反映为实体（型）内部的联系和实体（型）之间的联系。实体内部的联系通常是指组成实体的各属性之间的联系，实体之间的联系通常是指不同实体集之间的联系。

联系在 E-R 图中用菱形框表示，图2.2中的管理、参与等即是，通常有一对一（1∶1）、一对多（1∶n）和多对多（m∶n）三种方式的联系。

2.2.2　E-R 模型

概念数据模型是对信息世界的建模，所以其描述形式要能方便、准确地表示出信息世界的内容。概念数据模型中最为常用的一种表示方法是 P.P.S.Chen 于1976年提出的 E-R 方法。该方法用 E-R 图来描述现实世界的概念数据模型，E-R 方法也称为 E-R 模型。

（1）一对一联系。如果实体 A 中的每个实例在实体 B 中至多有一个（也可以没有）实例与之关联，反之亦然，则称实体 A 与实体 B 具有一对一联系，记作1∶1。

（2）一对多联系。如果实体 A 中的每个实例在实体 B 中有 n 个实例（$n≥0$）与之关联，而实体 B 中的每个实例在实体 A 中最多只有一个实例与之关联，则称实体 A 与实体 B 具有一对多联系，记作1∶n。

（3）多对多联系。如果实体 A 中的每个实例在实体 B 中有 n 个实例（$n≥0$）与之关联，而实体 B 中的每个实例在实体 A 中也有 m 个实例（$m≥0$）与之关联，则称实体 A 与实体 B 具有多对多联系，记作 $m∶n$。

实体之间的联系的种类是与语义相关的，由实际情况来决定。例如，如果一个学院的院长只有一个，则学院和院长之间的联系是一对一联系。而如果一个学院的院长有两个以上，分管教学与科研，则学院和院长之间的联系是一对多联系。

E-R 图不仅能描述两个实体之间的联系，还能描述三个及以上实体之间的联系。例如，工程、零件、供应商三个实体，语义是每个供应商给每个工程供应不同的零件，根据供应时间的不同，供应的零件价格也不同，如图 2.3 所示。

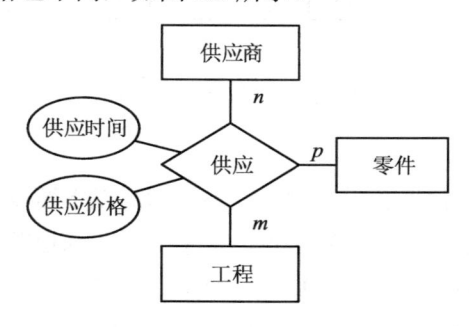

图 2.3 多个实体联系示例

E-R 图广泛应用于数据库设计概念数据模型阶段，易于理解，方便直观，而且所设计的 E-R 图与具体的组织方式无关，可以方便地转换为关系数据库中的关系表。有关如何认识和分析现实世界，从中抽取实体之间的联系，建立概念数据模型，得出 E-R 图的方法等内容将在第 7 章详细讲解。

2.3 逻辑数据模型

逻辑数据模型从数据的组织形式来描述信息。目前数据库领域中主要的逻辑数据模型有层次模型、网状模型、关系模型、面向对象模型（Object Oriented Model）和对象关系模型（Object Relational Model）。为了使学生对逻辑数据模型有一个基本的认识，下面着重介绍层次模型、网状模型和关系模型的数据结构。

2.3.1 层次模型

层次模型是数据库系统中最早出现的数据模型，层次数据库系统采用层次模型作为数据的组织方式。层次数据库系统的典型代表是 IBM 公司的 IMS（Information Management System），这是 1968 年 IBM 公司推出的第一个大型商用数据库管理系统。

层次模型用树形结构来表示各类实体，以及实体之间的联系，如图 2.4 所示。现实世界中许多实体之间的联系本来就呈现出一种很自然的层次关系，如行政机构、家族关系等。

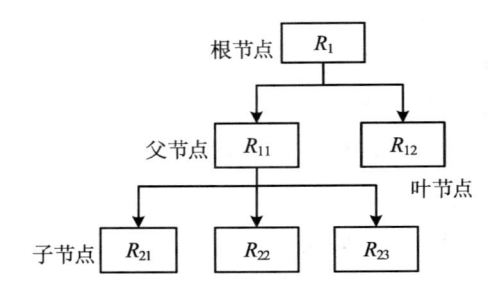

图 2.4 层次模型示意图

1. 层次模型的数据结构

层次模型可以直接、方便地表示一对多联系，满足以下两点限制的集合称为层次模型。

（1）有且只有一个节点，没有双亲节点，这个节点称为根节点。

（2）根节点以外的其他节点，有且只有一个双亲节点。

层次模型的一个基本特点是：任何一个给定的记录值只有从层次模型的根节点开始，按路径查看时，才能明确其含义，任何子节点都不能脱离父节点而存在。

在层次模型中，每个节点表示一个记录类型，记录类型之间的联系用节点之间的连线（有向边）表示，这种联系是父子之间的一对多联系。这就使得层次数据库系统只能处理一对多的实体联系。

每个记录类型可包含若干字段，这里记录类型描述的是实体，字段描述实体的属性。每个记录类型及其字段都必须命名。每个记录类型，以及同一记录类型中各字段不能同名。每个记录类型可以定义一个排序字段，也称为码字段，如果定义该排序字段的值是唯一的，则它能唯一地标识记录值。

一个层次模型在理论上可以包含任意有限个记录类型和字段，但任何实际的系统都会因为存储容量或实现复杂度而限制层次模型中包含的记录类型和字段的个数。

如图 2.5 所示，从学院到专业、从专业到教师、从学院到学生均具有一对多的层次联系。

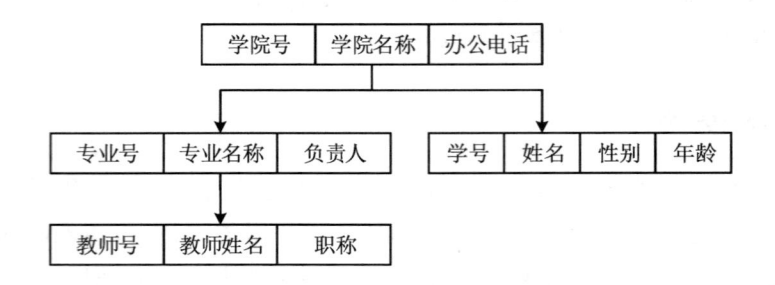

图 2.5 学院层次模型

图 2.6 所示为学院层次模型值范例。该值是由 D02 信息学院记录值及其所有后代记录值所组成的一棵树。D02 信息学院有三个专业记录值 R01、R02、R03，以及三个学生记录值 S24001、S24002、S24003。软件工程教研室 R01 有三个教师记录值 TR2401、TR2402、TR2403，

网络工程教研室 R03 有两个教师记录值 TN2401、TN2402。

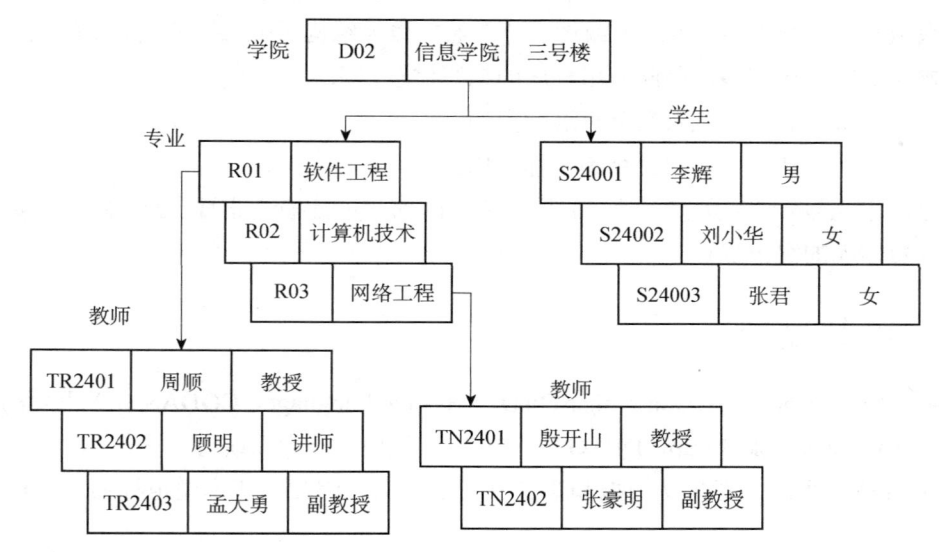

图 2.6 学院层次模型值范例

2. 层次模型的数据操作与完整性约束条件

层次模型的数据操作主要有查询、插入、删除和修改。进行插入、删除、修改操作时要满足层次模型的完整性约束条件。

进行插入操作时，如果没有相应的双亲节点值，则不能插入它的子女节点值。例如，在图 2.6 所示的层次数据库中，如果新调入一名教师，但其尚未分配到某个专业，则不能将新教师插入数据库中。

进行删除操作时，如果删除双亲节点值，则相应的子女节点值也会被同时删除。例如，在图 2.6 所示的层次数据库中，如果删除网络工程专业信息，则该专业所有教师的数据将全部丢失。

3. 层次模型的优缺点

层次模型主要的优点如下。

（1）层次模型的数据结构比较简单清晰。

（2）层次数据库的查询效率高。因为层次模型中记录之间的联系用有向边表示，这种联系在数据库管理系统中常常用指针来实现。因此，这种联系也就是记录之间的存取路径。当要存取某个节点的记录值时，数据库管理系统就沿着这一条路径很快找到该记录值，所以层次数据库的性能优于关系数据库，不低于网状数据库。

（3）层次模型提供了良好的完整性支持。

层次模型主要的缺点如下。

（1）现实世界中很多联系是非层次性的，如节点之间具有多对多联系，不适合用层次模型表示。

（2）如果一个节点具有多个双亲节点，则用层次模型表示这类联系就很笨拙，只能通过引入冗余数据（易产生不一致性）或创建非自然的数据结构（引入拟节点）来解决。对插入和删除操作的限制比较多，因此应用程序的编写比较复杂。

（3）子女节点必须通过双亲节点进行查询。

（4）由于结构严密，层次命令趋于程序化。

可见，用层次模型对具有一对多的层次联系的部门进行描述非常自然、直观，容易理解。这是层次数据库的突出优点。

2.3.2 网状模型

数据系统语言研究会（Conference On Data System Language，CODASYL）下属的数据库任务组（Data Base Task Group，DBTG）于1971年提出了一个系统方案——DBTG系统，也称为CODASYL系统，对网状模型和语言进行了定义。因此网状模型也称为CODASYL模型或DBTG模型。

1．网状模型的数据结构

在现实世界中，事物之间的联系更多的是非层次关系，是一种比层次模型更具普遍性的结构。例如，一个学生可以选修多门课程，一门课程也可以被多个学生选修；一个教师可以带多门课程，一门课程也可以被多个教师带。这些都是多对多网状的关系，用层次模型表达存在很多不足。如果去掉层次模型中的两点限制，即成为网状模型。

（1）允许有一个以上的节点没有双亲节点。

（2）至少有一个节点可以有多于一个的双亲节点。

与层次模型一样，网状模型中每个节点表示一个记录类型（实体），每个记录类型可包含若干字段（实体的属性），节点间的连线 L 表示记录类型（实体）之间一对多的父子联系，例如，图2.7（a）～图2.7（c）所示都是网状模型的例子，L_i 表示实体之间的联系。图2.7（a）中 R_3 有两个双亲记录 R_1 和 R_2，而 R_1 和 R_2 两个节点都没有双亲节点。

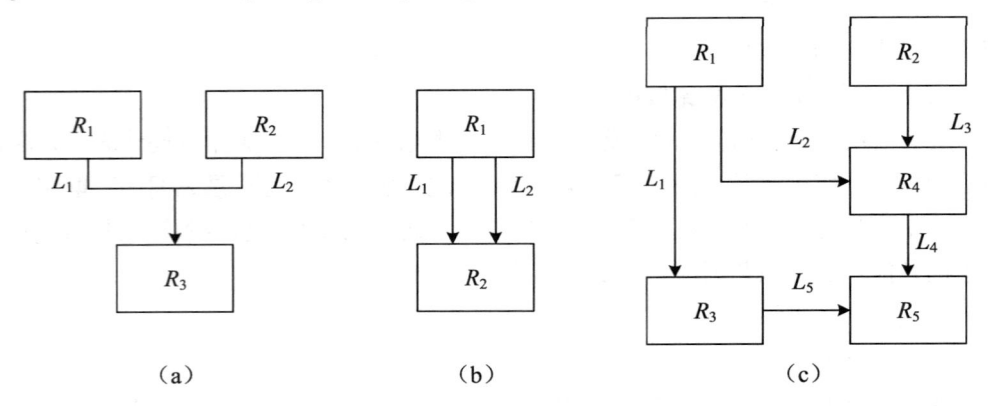

图2.7 网状模型的范例

从逻辑上看，网状模型和层次模型均用连线表示实体之间的联系，用节点表示实体；从物理实现上看，网状模型和层次模型均用指针来实现文件，以及记录之间的联系，差别在于网状模型中的连线或指针更复杂、交错，从而使相应的数据结构也更复杂。图 2.8 所示为学生、教师、课程网状结构组织数据。

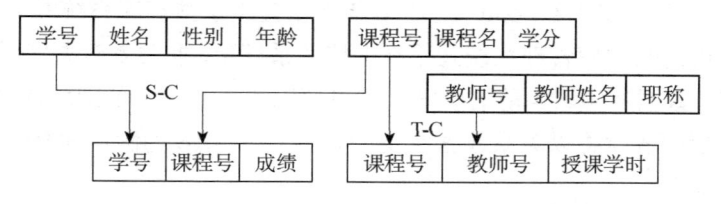

图 2.8　学生、教师、课程网状结构组织数据

2．网状模型的数据操作与完整性约束条件

一般来说，网状模型没有层次模型那样严格的完整性约束条件，但具体的网状数据库系统对数据操作增加了一些限制，提供了一定的完整性约束条件。

例如，DBTG 在模式数据定义语言中提供了定义 DBTG 数据库完整性的若干概念和语句，主要有：

（1）支持记录码的概念，码即唯一标识记录的数据项的集合。例如，学生记录中学号是码，因此数据库中不允许学生记录中的学号出现重复值。

（2）保证一个联系中双亲记录和子女记录之间具有一对多联系。

（3）可以支持双亲记录和子女记录之间的某些约束条件。例如，有些子女记录要求只有双亲记录存在才能插入，双亲记录删除时也连同删除。例如，图 2.8 中选课记录就应该满足这种约束条件，学生选课记录值，必须是数据库中存在的某一学生选修存在的某一门课程的记录。DBTG 提供了"属籍类别"的概念来描述这类约束条件。

3．网状模型的优缺点

网状模型主要的优点如下。

（1）能够更为直接地描述现实世界，如一个节点可以有多个双亲节点，节点之间可以有多种联系。

（2）具有良好的性能，存取效率较高。

网状模型主要的缺点如下。

（1）结构比较复杂，而且随着应用环境的扩大，数据库的结构变得越来越复杂，不利于最终用户掌握。

（2）网状模型的 DDL、DML 复杂，并且要插入某一种高级语言（如 COBOL、C 语言）中，用户不容易掌握和使用。

（3）由于记录之间的联系是通过存取路径实现的，应用程序在访问数据时必须选择适当的存取路径，因此用户必须了解系统结构的细节。这加重了编写应用程序的负担。

2.3.3 关系模型

关系模型是最重要的一种数据模型。关系数据库系统采用关系模型作为数据的组织方式。关系模型源于数学，它把数据看作二维表中的元素。

美国 IBM 公司研究员 E.F.Codd 于 1970 年首次提出了数据库系统的关系模型。20 世纪 80 年代以来，推出的数据库管理系统几乎都支持关系模型，非关系数据库系统的产品也大都加上了关系接口。数据库领域当前的研究工作也都以关系方法为基础。因此本书的重点放在关系数据库上，后面各章将以关系数据库及 SQL Server 2016 为例详细介绍。

1. 关系模型的数据结构

关系模型与以往的模型不同，它是建立在严格的数学概念的基础上的，其严格的定义将在第 3 章中给出，这里只简单勾画一下关系模型。从用户观点看，关系模型由一组关系组成，每个关系的数据结构是一张规范化的二维表。下面以"大学生项目管理"为例（见表 2.1~表 2.3），三个关系对应了三个表。

表 2.1 学生表

学号（Sno）	姓名（Sname）	性别（Ssex）	年龄（Sage）	学院号（Dno）
S202301011	李辉	男	20	DP02
S202301012	张昊	男	18	DP03
S202301013	王翊	女	21	DP02
...	...	...	...	...

表 2.2 项目表

项目号（Pno）	项目名称（Pname）	项目类型（Projecttype）
P1001	大学生创新创业训练计划项目	学生大创项目
P1002	全国大学生数学建模竞赛	数学建模竞赛
P2003	电子商务三创赛	双创竞赛
...	...	...

表 2.3 参与表

学号（Sno）	项目号（Pno）	时间（Times）	奖项（Awards）	指导教师（Supervisor）
S202301012	P3005	2022	省二等奖	周顺
S202301011	P2003	2020	校二等奖	顾明
S202301017	P1002	2021	省一等奖	张载之
...	...	...	...	...

关系模型要求规范化，即要求关系必须满足一定的条件，这些规范条件中最基本的一条就是，关系的每个分量必须是一个不可分的数据项，也就是说，不允许表中还有表。例如，表 2.4 中工资和扣除是可分的数据项，工资又分为基本工资、岗位津贴和业绩津贴。因此，

表 2.4 所示的结构就不符合关系模型要求。

表 2.4 教师表

教工号	姓名	职称	工资/元			扣除/元	实发/元
			基本工资	岗位津贴	业绩津贴	三险	
86051	陈平	讲师	2305	1200	1850	160	5195
…	…	…	…	…	…	…	…

2. 关系模型的数据操作与完整性约束条件

关系模型的数据操作主要包括查询、插入、删除和修改数据。这些操作必须满足关系的完整性约束条件。关系的完整性约束条件包括三大类：实体完整性、参照完整性和用户定义的完整性，其具体含义将在后续内容中介绍。

一方面，关系模型中的数据操作是集合操作，操作对象和操作结果都是关系，即若干元组的集合，而不像格式化模型中那样是单记录的操作方式。另一方面，关系模型的存取路径对用户透明，用户只需指出"干什么"或"找什么"，不必详细说明"怎么干"或"怎么找"，从而大大地提高了数据的独立性和用户效率。

3. 关系模型的优缺点

关系模型具有下列优点。

（1）关系模型与格式化模型不同，它是建立在严格的数学概念的基础上的。

（2）关系模型的概念单一。无论是实体还是实体之间的联系都用关系来表示；对数据的检索和更新结果也是关系（表）；数据结构简单、清晰，用户易懂易用。

（3）关系模型的存取路径对用户透明，从而具有更高的数据独立性、更好的安全保密性，也简化了程序员的工作和数据库开发建立的工作。

所以关系模型自诞生以来发展迅速，深受用户的喜爱。

当然，关系模型也有缺点，例如，由于存取路径对用户透明，查询效率往往不如格式化模型。为了提高性能，数据库管理系统必须对用户的查询请求进行优化，因此增加了开发数据库管理系统的难度。不过用户不必考虑这些系统内部的优化技术细节。

2.4 数据库系统结构

考察数据库系统结构可以有不同的层次或角度。

从数据库管理者及开发人员角度看，数据库系统通常采用三级模式结构，这是数据库系统内部的体系结构。

从数据库最终用户角度看，数据库系统的结构分为单用户结构、主从式结构、分布式结构、客户/服务器结构、浏览/服务器结构等，这是数据库系统外部的体系结构。

虽然实际的数据库管理系统产品种类很多，它们支持不同的数据模型，使用不同的数据库语言，建立在不同的操作系统之上，数据的存储结构也各不相同，但它们在体系结构上通常都采用三级模式结构（早期微机上的小型数据库系统除外）并提供两级映像功能。下面主要讲述三级模式结构。

2.4.1 模式的基本概念

数据模型描述数据的组织形式。模式（Schema）是指用给定的数据模型对具体数据集进行描述。在数据模型中有"型"（Type）和"值"（Value）的概念。型是指对某一类数据的结构和属性的说明，值是型的一个具体赋值。例如，学生表定义为（学号，姓名，性别，所在学院，年龄，籍贯），这是学生记录的型的描述，而（S202301011，李辉，男，信息学院，20，北京）则是该记录型的一个值。

模式是数据库中全体数据的逻辑结构和特征的描述，不涉及具体的值。

模式的一个具体值称为模式的一个实例（Instance）。同一个模式可以有很多实例。例如，2.3.3 节中的"大学生项目管理"，它的数据库模式中包含学生表、项目表和参与表。现有一个具体的学生项目管理数据库实例，该实例包含 2023 年某学校中所有学生的记录（如果某校有 10000 个学生，则有 10000 个学生记录），以及学生参加的各类课外项目实践。如果 2022 年度学生信息和项目信息，与 2023 年度学生信息和项目信息不同，则数据库的实例发生变化，即数据模型的"值"发生变化，但数据库的"型"未发生变化，即数据库的模式并未发生变化。

模式是相对稳定的，而实例是相对变动的，因为数据库中的数据是在不断更新的。模式反映的是数据的结构及其联系，而实例反映的是数据库某一时刻的状态。

2.4.2 三级模式结构

数据库系统的三级模式结构是指数据库系统由外模式（External Schema）、模式（Schema）和内模式（Internal Schema）三级构成，如图 2.9 所示。

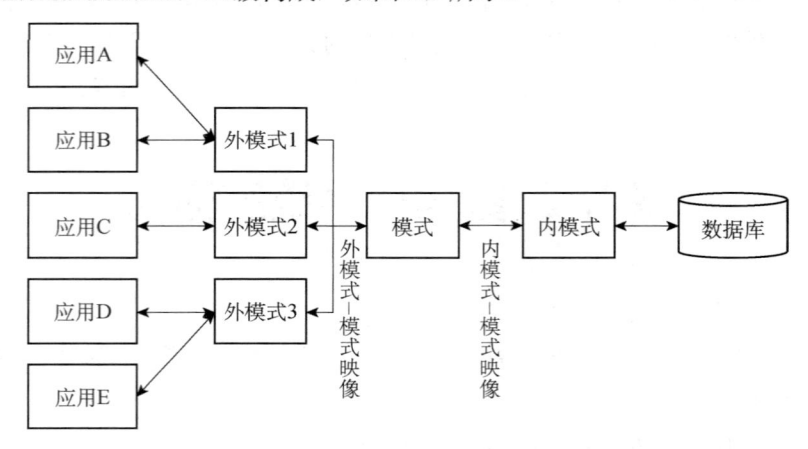

图 2.9 数据库系统的三级模式结构

外模式是最接近用户的，是用户所看到的数据视图，它可以有许多个，满足不同用户的需求，每个视图都抽象表示数据库的一部分；内模式是最接近数据库的，它只有一个，表示数据的物理存储方式；模式介于内模式和外模式之间，是数据的逻辑组织方式，模式也只有一个。

1. 外模式

外模式也称为用户模式或子模式，它是对现实系统中用户关注的整体数据的局部描述，是局部数据的逻辑结构和特征，是数据库整体结构（模式）的子集或局部重构。外模式通常是模式的子集。一个数据库可以有多个外模式。

例如，大学生项目管理数据库，学生可查看自己的信息，教师可统计学生的项目获奖情况，这都是不同的外模式，访问局部数据库时所查看的信息是数据库信息的组合或重构。

由于外模式是各用户的数据视图，如果不同的用户在应用需求、看待数据的方式、对数据保密的要求等方面存在差异，则其外模式描述就是不同的。即使对模式中同一数据，在外模式中的结构、类型、长度保密级别等都可以不同。同一外模式也可以为某一用户的多个应用系统所使用，但一个应用程序只能使用一个外模式。

外模式是保证数据库安全性的一个有力措施。每个用户只能看见和访问所对应的外模式中的数据，数据库中的其余数据是不可见的。数据库管理系统通过提供外模式数据定义语言（外模式 DDL）来严格地定义外模式。

2. 模式

模式也称为逻辑模式，是所有用户的公共数据视图。一个数据库只有一个模式。

模式既不涉及数据的物理存储细节和硬件环境，又与具体的应用程序、所使用的应用开发工具及高级程序设计语言无关。

数据库模式以某一种数据模型为基础，统一、综合地考虑了所有用户的需求，并将这些需求有机地结合成一个逻辑整体。定义模式时不仅要定义数据的逻辑结构，而且要定义数据之间的联系、与数据有关的安全性和完整性要求。

在 2.3.3 节的大学生项目管理数据库中，假设一共有三个表：学生表、项目表、参与表，学生与项目之间的联系是多对多联系，三个表中各数据项、数据类型、取值范围等所有逻辑结构构成了该数据库的模式。

3. 内模式

内模式也称为存储模式，它是数据物理结构和存储方式的描述，是数据在数据库的内部表示或底层描述。一个数据库只有一个内模式。

内模式不是关系，它是数据的物理存储方式，决定数据库中数据的存储方式是堆存储还是按照某个（些）属性值的升（降）序存储，或者是按照属性值聚族（Cluster）存储；索引按照什么方式组织，是 B+树索引，还是 Hash 索引；数据是否压缩存储、是否加密；数据的存储记录结构有何规定，如定长结构或变长结构，一个记录不能跨物理页存储，等等。

另外，由于数据的存取由数据库管理系统负责和实施，用户不必考虑存取路径等细节，从而简化了对应用程序的编写，减少了对应用程序的维护和修改工作。

2.4.3 模式映像与数据独立性

数据库系统的三级模式是数据的三个抽象级别，它把数据的具体组织留给了数据库管理系统管理，使用户能逻辑、抽象地处理数据，而不必关心数据在计算机中的具体表示方式与存储方式。

为了能够在系统内部实现这三个抽象层次的联系和转换，数据库管理系统在这三级模式之间提供了以下二级映像。

- 外模式/模式映像。
- 模式/内模式映像。

正是这两级映像保证了数据库系统中的数据能够具有较高的逻辑独立性和物理独立性。

1．外模式/模式映像

模式描述的是数据的全局逻辑结构，外模式描述的是数据的局部逻辑结构。对于同一个模式，可以有任意多个外模式。对于每个外模式，数据库系统都有一个外模式到模式的映像，它定义了该外模式与模式之间的对应关系。这些映像定义通常包含在各自外模式的描述中。

当模式改变时（如增加新的关系和属性、改变属性的数据类型等），由数据库管理员调整各外模式到模式的映像，从而保持外模式不变。由于应用程序是依据数据的外模式编写的，因此不必修改应用程序，保证了数据与应用程序的逻辑独立性（简称数据的逻辑独立性）。

2．模式/内模式映像

模式/内模式映像定义了数据库逻辑结构与物理存储之间的对应关系。该映像关系通常被保存在数据库系统表中，由数据库管理系统自动创建和维护。

当数据库的存储结构改变时（如选用了另一种存储结构），由数据库管理员对模式/内模式映像做相应改变，可以使模式保持不变，从而使应用程序也不必改变，保证了数据与应用程序的物理独立性（简称数据的物理独立性）。

在数据库的三级模式结构中，数据库的模式（全局逻辑结构）是数据库的中心与关键，它独立于数据库的其他层次。因此，设计数据库时，首先要确定数据库的模式。

数据库的内模式依赖于全局逻辑结构，但独立于数据库的用户视图（外模式），也独立于具体的存储设备。它将全局逻辑结构中所定义的数据结构及其联系，按照一定的物理存储策略进行组织，以达到较高的时间与空间效率。

数据库的外模式面向具体的用户需求和实际应用，定义在模式上，但独立于内模式和存储设备。当应用需求发生变化，相应的外模式不能满足用户的需求时，就需要对外模式做相应的修改，以适应相应的变化。因此，设计外模式时应充分考虑应用的扩充性。

数据库的二级映像保证了数据库的外模式的稳定性，从而从底层保证了应用程序的稳定性。数据与应用程序之间的独立性，使得数据的定义和描述可以从应用程序中分离出去。除非应用需求本身发生变化，否则应用程序一般不需要修改。

习题

1. 什么是数据模型？试述其分类和组成要素。
2. 什么是概念数据模型？试述概念数据模型的作用。
3. 试述层次模型、网状模型和关系模型的区别与优缺点。
4. 说明实体-联系中的实体、属性和联系的概念，并举例说明实体之间的联系。
5. 试述数据库系统的三级模式结构，并分别说明每级模式的作用。
6. 试述数据库系统的二级映像并说明如何保证数据库的独立性。

第 3 章

关系数据库

学习目标

- ✓ 掌握关系数据结构及形式化定义。
- ✓ 熟悉关系操作和关系数据语言的分类。
- ✓ 掌握关系的三类完整性约束。
- ✓ 学会关系代数的表达方法。

学习重点

- ✓ 关系的定义、性质和关系模式。
- ✓ 关系的三类完整性约束的具体应用。
- ✓ 专门的关系运算的应用。

思政导学

- ✓ **关键词**：关系模型、关系模式、完整性约束、关系代数。
- ✓ **内容要意**：关系数据库系统是基于关系模型的数据库系统，也是目前使用最广泛的数据库系统之一。关系模型是建立在严格的数学概念的基础上的，关系的三类完整性约束是为了保证数据库中数据的正确性和有效性。关系代数是一种抽象的查询语言，它用关系运算来表达查询。
- ✓ **思政点拨**：结合大学生项目管理数据库实例，介绍关系的三类完整性约束的具体应用，使学生能够根据实际问题进行分析；介绍关系代数的表达方法，让学生体会关系运算的严谨性和科学性。
- ✓ **思政目标**：通过介绍完整性约束、关系代数表达式及其具体应用，培养学生科学严谨的逻辑思维，根据具体问题进行具体分析，培养学生的探索和创新精神。

3.1 关系数据结构

关系数据库系统是基于关系模型的数据库系统。1970 年，美国 IBM 公司的 E.F.Codd 系统地提出了关系模型，开创了数据库系统的新纪元。关系模型由关系数据结构、关系操作集合和关系完整性约束三要素组成。

关系模型的数据结构描述了现实世界的实体及实体之间的联系。也就是说，在关系模型中，现实世界的实体以及实体之间的联系均用关系来表示。

3.1.1 关系的定义与性质

关系是一张二维表，但不是所有的二维表都称为关系。在用户看来，关系模型的数据结构是一张二维表。关系模型是建立在集合代数的基础上的，这里从集合论角度给出关系数据结构的形式化定义。

1. 关系的数学定义

定义 3.1 域是一组具有相同数据类型的值的集合。例如，整数、实数等都是域。

定义 3.2 笛卡儿积是域上的一种集合运算。给定一组域 $D_1,D_2,\cdots,D_n$，允许某些域是相同的，$D_1,D_2,\cdots,D_n$ 的笛卡儿积为 $D_1\times D_2\times\cdots\times D_n=\{(d_1,d_2,\cdots,d_n)\mid d_i\in D_i, i=1,2,\cdots,n\}$，其中，每个元素 $(d_1,d_2,\cdots,d_n)$ 称为一个 n 元组，或简称元组。元素中的每个值 d_i 称为一个分量。一个域允许的不同取值个数称为这个域的基数。若 D_i（$i=1,2,\cdots,n$）为有限集合，其基数为 m_i（$i=1,2,\cdots,n$），则 $D_1\times D_2\times\cdots\times D_n$ 的基数 $M=\prod_{i=1}^{n}m_i$。

笛卡儿积可表示为一张二维表，表中的一行对应一个元组，表中每列的值来自一个域。例如，给出 2 个域：D_1=学生集合={李辉，赵岚，王翊}，D_2=学院集合={计算机学院，经济学院}，则 $D_1、D_2$ 的笛卡儿积为：$D_1\times D_2$={（李辉，计算机学院），（赵岚，计算机学院），（王翊，计算机学院），（李辉，经济学院），（赵岚，经济学院），（王翊，经济学院）}。其中，（李辉，经济学院）、（赵岚，计算机学院）等都是元组。李辉、经济学院等都是分量。该笛卡儿积的基数为 3×2=6，也就是说，$D_1\times D_2$ 共有 6 个元组。这 6 个元组组成一张二维表，如表 3.1 所示。

表 3.1 $D_1\times D_2$

学生	所在学院
李辉	计算机学院
赵岚	计算机学院
王翊	计算机学院

续表

学生	所在学院
李辉	经济学院
赵岚	经济学院
王翊	经济学院

定义 3.3 关系：$D_1 \times D_2 \times \cdots \times D_n$ 的子集称为在域 $D_1, D_2, \cdots, D_n$ 上的关系，表示为 $R(D_1, D_2, \cdots, D_n)$，这里 R 表示关系名，n 表示关系的目或度。

可以看出，关系是笛卡儿积的有限子集，所以关系也是一张二维表，表的每行对应一个元组，表的每列对应一个域。不同列的域可以相同，为了加以区分，每列的属性名必须互不相同。n 目关系必有 n 个属性。

一般来说，$D_1, D_2, \cdots, D_n$ 的笛卡儿积是没有实际语义的，只有它的某个真子集才有实际含义。例如，可以发现表 3.1 的笛卡儿积中许多元组是没有意义的。如果学校规定，一个学生只属于一个学院，则根据实际语义，可得出学生-学院关系如表 3.2 所示。

表 3.2 学生-学院关系

学生	所在学院
李辉	计算机学院
赵岚	经济学院
王翊	计算机学院

若关系中的某一属性组的值能唯一地标识元组，则称该属性组为候选码。若一个关系有多个候选码，则选定其中一个候选码作为主码，一个关系的主码只能有一个。

包含在候选码中的属性称为主属性。不包含在任何候选码中的属性称为非主属性或非码属性。

候选码的属性可以有一个或多个。当关系中的所有属性是这个关系的候选码中的属性时，这个候选码称为全码。

2．关系的性质

关系数据库要求其中的关系具有以下 6 条性质。

（1）列是同质的，即每列中的分量是同一类型的数据，来自同一个域。

（2）不同的列可来自同一个域，称其中的每列为一个属性，不同的属性要起不同的属性名。

（3）同一关系中，任意两个元组不能完全相同。

（4）列的顺序无所谓，即列的次序可以任意交换。

（5）行的顺序无所谓，即行的次序可以任意交换。

（6）分量必须取原子值，即每个分量都必须是不可分的数据项。

关系模型要求关系必须是规范化的，即要求关系必须满足一定的规范化条件。每个分量必须是一个不可再分的数据项，这是关系应满足的最基本的条件。

例如，表 3.3 虽然很好地表达了学院与学生之间的一对多联系，但由于属性学生中分量取了两个值，不符合规范化的要求，因此这样的关系在数据库中是不允许的。通俗地讲，关系表中不允许还有表。

表 3.3 非规范化关系

学生		所在学院
学生 1	学生 2	
李辉	王翊	计算机学院
赵岚		经济学院

3.1.2 关系模式

在数据库中要区分型和值。在关系数据库中关系模式是型，关系是值。

定义 3.4 对关系的描述称为关系模式。它可以形式化地表示为 $R(U,D,DOM,F)$，其中，R 为关系名；U 为组成该关系的属性名集合；D 为 U 中属性所来自的域；DOM 为属性向域的映像集合；F 为属性间数据的依赖关系集合。

关系模式通常可以简记为 $R(U)$ 或 $R(A_1,A_2,\cdots,A_n)$，其中，R 为关系名；$A_1,A_2,\cdots,A_n$ 为属性名。域名及属性向域的映像常常直接说明为属性的类型、长度。表 3.2 所示的学生-学院关系的关系模式可以描述为学生-学院（学生，所在学院）。

关系是关系模式在某一时刻的状态或内容。关系模式是静态的、稳定的，而关系是动态的、随时间不断变化的，因为关系操作在不断地更新数据库中的数据。例如，在学生关系模式中，学号不同，学生关系是不同的。在实际工作中，人们常常把关系模式和关系都统称为关系。

3.1.3 关系数据库

在关系模型中，实体及实体之间的联系都是用关系来表示的。例如，学生实体、学院实体、学院与学生之间的一对多联系都可以分别用一个关系来表示。在一个给定的应用领域中，所有关系的集合构成一个关系数据库。

关系数据库也有型和值之分。关系数据库的型称为关系数据库模式，是对关系数据库的描述。关系数据库模式包括若干域的定义，以及在这些域上定义的若干关系模式。关系数据库的值是这些关系模式在某一时刻对应的关系集合，通常称为关系数据库。

3.2 关系操作

不同的关系数据库管理系统可以通过定义和开发不同的语言来实现关系操作。

3.2.1　基本的关系操作

关系模型中常见的关系操作包括查询、插入、删除和修改 4 种操作，而这 4 种操作又可以分为以下两大类。

数据查询：选择、投影、连接、除、并、交、差、笛卡儿积。

数据更新：插入、删除、修改。

关系的查询是关系操作中最主要的部分。在查询操作中，选择、投影、并、差、笛卡儿积是 5 种基本操作，其他操作可以由这几种操作导出。关系操作的特点是集合操作方式，即操作的对象和结果都是集合。

3.2.2　关系数据语言的分类

关系数据语言可以分为三类：关系代数语言（如 ISBL）、关系演算语言，以及具有关系代数和关系演算双重特点的语言（如 SQL）。关系演算语言分为元组关系演算语言（如 APLHA、QUEL）和域关系演算语言（如 QBE）。

SQL（Structured Query Language，结构化查询语言）是一种介于关系代数语言和关系演算语言之间的语言，也是一种高度非过程化的语言。SQL 不仅具有丰富的查询功能，而且具有数据定义和数据控制功能，是集查询、数据定义语言、数据操作语言和数据控制语言于一体的关系数据语言。它充分体现了关系数据语言的特点和优点，是关系数据库的标准语言。

3.3　关系的完整性

关系模型的完整性规则是对关系的某种约束条件。关系模型中有三类完整性约束：实体完整性、参照完整性和用户定义的完整性。其中，实体完整性和参照完整性是关系模型必须满足的完整性约束条件，被称为关系的两个不变性，应该由关系系统自动支持。用户定义的完整性是应用领域需要遵循的约束条件，体现了具体领域中的语义约束。

3.3.1　实体完整性

实体完整性规则：若属性 A（一个或一组属性）是基本关系 R 的主属性，则 A 不能取空值。所谓空值就是"不知道"或"不存在"的值。

例如，若学生（学号，姓名，性别，年龄，学院号）关系中学号为主码，则学号不能取空值。

按照实体完整性规则的规定，如果主码由若干属性组成，则所有这些主属性都不能取空值。例如，参与（<u>学号，项目号</u>，时间，奖项，指导教师，备注）关系中，若"学号，项目号"为主码，则"学号"和"项目号"两个属性都不能取空值。

对于实体完整性规则说明如下。

（1）实体完整性规则是针对基本关系而言的。一个基本表通常对应现实世界中的一个实体集。例如，学生关系对应于学生实体的集合。

（2）现实世界中的实体是可区分的，即它们具有某种唯一性标识。相应地，关系模型中以主码作为唯一性标识。

（3）主码中的属性（主属性）不能取空值。如果主属性取空值，则说明存在某个不可标识的实体，即存在不可区分的实体，这与第（2）点相矛盾，因此这个规则称为实体完整性规则。

3.3.2 参照完整性

现实世界中的实体之间往往存在某种联系，在关系模型中实体及实体之间的联系都是用关系来描述的，关系的外码体现了关系与关系的联系，也存在着关系之间的引用。

定义 3.5 设 F 是基本关系 R 的一个或一组属性，但不是基本关系 R 的码，K 是基本关系 S 的主码。如果 F 与 K 相对应，则称 F 是基本关系 R 的外码，并称基本关系 R 为参照关系，称基本关系 S 为被参照关系或目标关系。基本关系 R 和 S 不一定是不同的关系。

显然，目标关系 S 的主码 K 和参照关系 R 的外码 F 必须定义在同一个域上。

参照完整性规则就是定义外码与主码之间的引用规则。

参照完整性规则：若属性（或属性组）F 是基本关系 R 的外码，它与基本关系 S 的主码 K 相对应（基本关系 R 和 S 不一定是不同的关系），则对于基本关系 R 中每个元组在 F 上的值必须取空值（F 的每个属性值均为空值），或者等于基本关系 S 中某个元组的主码值。

[例 3.1] 学生实体和学院实体可以用下面的关系来表示，其中主码用下画线标识。

学生（学号，姓名，性别，年龄，学院号）

学院（学院号，学院名称，学院负责人，办公电话）

学生关系的"学院号"属性与学院关系的主码"学院号"相对应，因此"学院号"属性是学生关系的外码。这里学院关系为被参照关系或目标关系，学生关系为参照关系。

根据参照完整性规则，学生关系中每个元组的"学院号"属性只能取两类值：空值或学院关系中已经存在的"学院号"的值。

[例 3.2] 学生、项目、学生与项目之间的多对多联系可以用如下三个关系表示：

学生（学号，姓名，性别，年龄，学院号）

项目（项目号，项目名称，项目类型）

参与（学号，项目号，时间，奖项，指导教师，备注）

参与关系的"学号"属性与学生关系的主码"学号"相对应；参与关系的"项目号"属性与项目关系的主码"项目号"相对应，因此"学号"和"项目号"属性是参与关系的外码。这里学生关系和项目关系均为被参照关系或目标关系，参与关系为参照关系。

根据参照完整性规则，"学号"和"项目号"属性也可以取两类值：空值或被参照关系中已经存在的值。但由于"学号"和"项目号"是参与关系中的主属性，按照实体完整性规则，它们均不能取空值，所以参与关系中的"学号"和"项目号"属性实际上只能取被参照关系中已经存在的主码值。

不仅两个或两个以上的关系之间可以存在引用关系，同一关系内部属性之间也可能存在引用关系。

[**例** 3.3] 在学生（学号，姓名，性别，年龄，学院号，班长）关系中，"学号"属性是主码，"班长"属性表示该学生所在班级的班长的学号，所以班长是外码，学生关系既是参照关系也是被参照关系，它引用了本关系"学号"属性，即"班长"必须是确实存在的学生的学号。

3.3.3　用户定义的完整性

任何关系数据库系统都应该支持实体完整性和参照完整性。这是关系模型所要求的。除此之外，不同的关系数据库系统根据其应用环境的不同，往往还需要一些特殊的约束条件。用户定义的完整性就是针对某一具体关系数据库的约束条件，它反映某一具体应用所涉及的数据必须满足的语义要求，如某个属性必须取唯一值、某个非主属性不能取空值等。例如，在例 3.2 的学生关系中，可以定义学生的性别为"男"或"女"、年龄的取值大于 0 等。

3.4　关系代数

关系代数是一种抽象的查询语言，它用关系运算来表达查询。关系运算的运算对象是关系，运算结果也是关系。关系运算按运算符的不同可分为两类：①传统的集合运算：并（Union）、差（Except）、交（Intersection）、笛卡儿积（Cartesian Product）；②专门的关系运算：选择（Selection）、投影（Projection）、连接（Join）、除（Division）。其中，传统的集合运算将关系看作元组的集合，其运算是从关系的"水平"方向，即行的角度来进行的；而专门的关系运算不仅涉及行，而且涉及列。关系运算符如表 3.4 所示。

表 3.4　关系运算符

类型	运算符	含义
传统的集合运算符	∪	并
	−	差
	∩	交
	×	笛卡儿积
专门的关系运算符	σ	选择
	Π	投影
	⋈	连接
	÷	除

比较运算符和逻辑运算符是用来辅助专门的关系运算符进行操作的，具体的操作符如下。

（1）比较运算符：>、>=、<、<=、=、<>。

（2）逻辑运算符：∨（或）、∧（与）、¬（非）。

3.4.1　传统的集合运算

传统的集合运算包括并、差、交、笛卡儿积 4 种运算。

设关系 R 和 S 具有相同的目 n（两个关系都有 n 个属性），且相应的属性取自同一个域，t 是元组变量，$t \in R$ 表示 t 是关系 R 的一个元组。

可以定义并、差、交、笛卡儿积运算如下。

1．并

关系 R 与 S 的并记作：

$$R \cup S = \{t \mid t \in R \vee t \in S\}$$

其结果关系仍为 n 目关系，由属于 R 或属于 S 的元组组成。

2．差

关系 R 与 S 的差记作：

$$R - S = \{t \mid t \in R \wedge t \notin S\}$$

其结果关系仍为 n 目关系，由属于 R 而不属于 S 的所有元组组成。

3．交

关系 R 与 S 的交记作：

$$R \cap S = \{t \mid t \in R \wedge t \in S\}$$

其结果关系仍为 n 目关系，由既属于 R 又属于 S 的元组组成。关系的交可以用差来表示，即 $R \cap S = R - (R - S)$。

4．笛卡儿积

两个分别为 n 目和 m 目的关系 R 与 S 的笛卡儿积是一个 $(n+m)$ 列的元组的集合。元组的前 n 列是关系 R 的一个元组，后 m 列是关系 S 的一个元组。若关系 R 有 k_1 个元组，关系 S 有 k_2 个元组，则关系 R 与 S 的笛卡儿积有 $k_1 \times k_2$ 个元组。记作：

$$R \times S = \{\widehat{t_r t_s} \mid t_r \in R \wedge t_s \in S\}$$

图 3.1（a）、图 3.1（b）所示分别为具有三个属性列的关系 R、S；图 3.1（c）所示为关系 R 与 S 的并；图 3.1（d）所示为关系 R 与 S 的交；图 3.1（e）所示为关系 R 与 S 的差；图 3.1（f）所示为关系 R 与 S 的笛卡儿积。

R		
A	B	C
1	2	3
4	5	6
7	8	9

（a）关系R

S		
A	B	C
4	5	6
7	8	9
10	11	12

（b）关系S

R∪S		
A	B	C
1	2	3
4	5	6
7	8	9
10	11	12

（c）关系R与S的并

R∩S		
A	B	C
4	5	6
7	8	9

（d）关系R与S的交

R×S					
R.A	R.B	R.C	S.A	S.B	S.C
1	2	3	4	5	6
1	2	3	7	8	9
1	2	3	10	11	12
4	5	6	4	5	6
4	5	6	7	8	9
4	5	6	10	11	12
7	8	9	4	5	6
7	8	9	7	8	9
7	8	9	10	11	12

R−S		
A	B	C
1	2	3

（e）关系R与S的差

（f）关系R与S的笛卡儿积

图 3.1 传统的集合运算举例

3.4.2 专门的关系运算

专门的关系运算包括选择、投影、连接、除等运算。下面给出专门的关系运算的定义。

1. 选择

选择是在关系 R 中选择满足给定条件的诸元组的运算，记作：

$$\sigma_F(R)=\{t \mid t\in R \wedge F(t)='真'\}$$

式中，F 表示选择条件，它是一个逻辑表达式，取逻辑值"真"或"假"。逻辑表达式 F 的基本形式为 $X_1\theta Y_1$，其中，θ 表示比较运算符，X_1、Y_1 是属性名或常量或简单函数。属性名也可以用它的序号来代替。

选择实际上是从关系 R 中选取使逻辑表达式 F 为真的元组的运算。这是从行的角度进行的运算。

设有一个大学生项目管理数据库，共包括 4 个表，其关系模式分别为：

- 学院表：Department(<u>Dno</u>,Dname,Dprexy,Dphone)
- 学生表：Student(<u>Sno</u>,Sname,Ssex,Sage,Dno)
- 项目表：Project(<u>Pno</u>,Pname,Projecttype)
- 参与表：SP(<u>Sno,Pno</u>,Times,Awards,Supervisor,Remark)

各关系模式的主码用下画线表示。数据示例如表 3.5～表 3.8 所示。

表 3.5 学生表 Student

学号（Sno）	姓名（Sname）	性别（Ssex）	年龄（Sage）	学院号（Dno）
S202301011	李辉	男	20	DP02
S202301012	张昊	男	18	DP03

续表

学号（Sno）	姓名（Sname）	性别（Ssex）	年龄（Sage）	学院号（Dno）
S202301013	王翊	女	21	DP02
S202301014	赵岚	女	19	DP01
S202301015	韦峰	男	20	DP04
S202301016	刘瑶瑶	男	18	DP03
S202301017	陈恪	男	22	DP02

表 3.6　学院表 Department

学院号（Dno）	学院名（Dname）	院长（Dprexy）	电话（Dphone）
DP01	经济学院	张长弓	81660128
DP02	计算机学院	李岚春	81660148
DP03	数学学院	赵聪	81660168
DP04	管理学院	朱照	81660188

表 3.7　项目表 Project

项目号（Pno）	项目名称（Pname）	项目类型（Projecttype）
P1001	大学生创新创业训练计划项目	学生大创项目
P1002	全国大学生数学建模竞赛	数学建模竞赛
P2003	电子商务三创赛	双创竞赛
P2004	基于深度学习的恶意软件防御分析	教师科研项目
P3005	全国信息安全与对抗技术竞赛	网络安全竞赛

表 3.8　参与表 SP

学号（Sno）	项目号（Pno）	时间（Times）	奖项（Awards）	指导教师（Supervisor）	备注（Remark）
S202301012	P3005	2022	省二等奖	周顺	
S202301011	P2003	2020	校二等奖	顾明	
S202301017	P1002	2021	省一等奖	张载之	
S202301012	P2004	2023	国家二等奖	毛舜城	
S202301011	P1001	2023	国家级项目立项	殷开山	
S202301014	P3005	2022	省一等奖	朱毅	
S202301011	P2004	2021	省级项目立项	王锡城	
S202301015	P1001	2022	省级项目立项	刘弼州	
S202301016	P1002	2021	国家二等奖	罗熠	
S202301013	P2003	2019	国家二等奖	钟奕	

[例 3.4] 查询年龄大于 20 岁的学生的信息。

$$\sigma_{Sage>20}(Student)$$

查询结果如表 3.9 所示。

表 3.9　例 3.4 查询结果

Sno	Sname	Ssex	Sage	Dno
S202301013	王翊	女	21	DP02
S202301017	陈恪	男	22	DP02

[例 3.5] 查询年龄小于 20 岁的男生的信息。

$$\sigma_{Sage<20 \wedge Ssex='男'}(Student)$$

查询结果如表 3.10 所示。

表 3.10　例 3.5 查询结果

Sno	Sname	Ssex	Sage	Dno
S202301012	张昊	男	18	DP03
S202301016	刘瑶瑶	男	18	DP03

2．投影

投影是从关系 R 中选择出若干属性列组成新的关系的运算，记作：

$$\Pi_A(R)=\{t[A] \mid t \in R\}$$

式中，A 为关系 R 中的属性列。投影是从列的角度进行的运算。

[例 3.6] 查询学生的学号和姓名，即求 Student 关系上学生学号和姓名两个属性上的投影。

$$\Pi_{Sno,Sname}(Student)$$

查询结果如表 3.11 所示。

表 3.11　例 3.6 查询结果

Sno	Sname
S202301011	李辉
S202301012	张昊
S202301013	王翊
S202301014	赵岚
S202301015	韦峰
S202301016	刘瑶瑶
S202301017	陈恪

投影之后不仅取消了原关系中的某些列，还可能取消了某些元组，因为取消了某些属性列后就可能出现重复行，所以应取消这些完全相同的行。

[例 3.7] 查询关系 Student 中都有哪些学院，即查询关系 Student 上 Dno 属性上的投影。

$$\Pi_{Dno}(Student)$$

查询结果如表 3.12 所示。Student 关系原来有 7 个元组，而投影结果取消了重复的元组，因此只有 4 个元组。

表 3.12　例 3.7 查询结果

Dno
DP02
DP03
DP01
DP04

3．连接

连接也称为 θ 连接。它是从两个关系的笛卡儿积中选取属性间满足一定条件的元组的运算，记作：

$$R\underset{A\theta B}{\bowtie} S = \{\widehat{t_r t_s} \mid t_r \in R \wedge t_s \in S \wedge t_r[A]\theta t_s[B]\}$$

式中，A 和 B 分别为关系 R 和 S 上列数相等且可比的属性组；θ 是比较运算符。连接运算从关系 R 与 S 的笛卡儿积 $R \times S$ 中选取关系 R 在属性组 A 上的值与关系 S 在属性组 B 上的值满足比较关系 θ 的元组。

连接运算中有两种最为重要也最为常用的连接，一种是等值连接，另一种是自然连接。

θ 为"="的连接运算称为等值连接。它是从关系 R 与 S 的广义笛卡儿积中选取 A、B 属性值相等的那些元组，即等值连接为

$$R\underset{A=B}{\bowtie} S = \{\widehat{t_r t_s} \mid t_r \in R \wedge t_s \in S \wedge t_r[A]=t_s[B]\}$$

自然连接是一种特殊的等值连接。它要求两个关系中进行比较的分量必须是同名的属性组，并且在结果中把重复的属性列去掉，即若关系 R 和 S 中具有相同的属性组 B，U 为关系 R 和 S 的全体属性集合，则自然连接可记作：

$$R \bowtie S = \{\widehat{t_r t_s}[U-B] t_r \in R \wedge t_s \in S \wedge t_r[B]=t_s[B]\}$$

一般的连接操作是从行的角度进行运算的，但自然连接还需要取消重复列，所以自然连接操作是同时从行和列的角度进行运算的。

[**例** 3.8] 设图 3.2（a）和图 3.2（b）所示分别为关系 R 和 S，图 3.2（c）所示为非等值连接的结果，图 3.2（d）所示为等值连接的结果，图 3.2（e）所示为自然连接的结果。

	R	
A	B	C
1	1	5
1	2	6
2	3	8
2	4	12

（a）关系R

S	
B	E
1	3
2	7
3	10
5	2

（b）关系S

$R \bowtie S$
$C<E$

A	R.B	C	S.B	E
1	1	5	2	7
1	1	5	3	10
1	2	6	2	7
1	2	6	3	10
2	3	8	3	10

（c）非等值连接的结果

$R \bowtie S$
$R.B = S.B$

A	R.B	C	S.B	E
1	1	5	1	3
1	2	6	2	7
2	3	8	3	10

（d）等值连接的结果

$R \bowtie S$

A	B	C	E
1	1	5	3
1	2	6	7
2	3	8	10

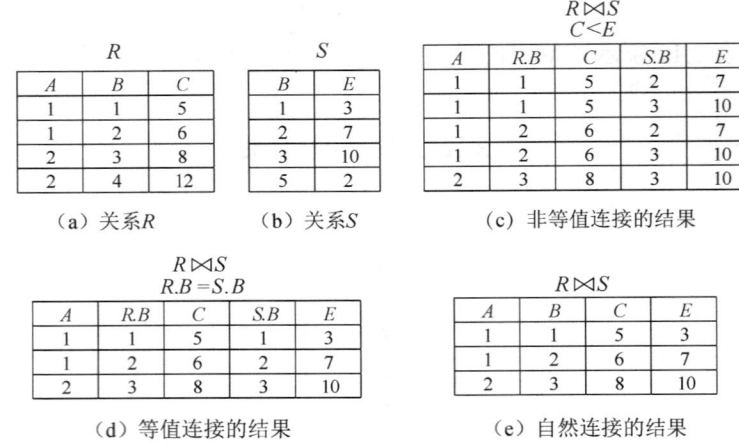

（e）自然连接的结果

图 3.2　连接运算举例

如果把舍弃的元组也保存在结果关系中，而在其他属性上填空值（NULL），那么称这种连接为外连接（Outer Join），记作 $R \bowtie S$；如果只保留左边关系 R 中的悬浮元组，那么称这种连接为左外连接（Left Outer Join 或 Left Join），记作 $R \bowtie S$；如果只保留右边关系 S 中的悬浮元组，那么称这种连接为右外连接（Right Outer Join 或 Right Join），记作 $R \bowtie S$。图 3.3（a）所示为外连接，图 3.3（b）所示为左外连接，图 3.3（c）所示为右外连接。

A	B	C	E
1	1	5	3
1	2	6	7
2	3	8	10
2	4	12	NULL
NULL	5	NULL	2

（a）外连接

A	B	C	E
1	1	5	8
1	2	6	7
2	3	8	10
2	4	12	NULL

（b）左外连接

A	B	C	E
1	1	5	3
1	2	6	7
2	3	8	10
NULL	5	NULL	2

（c）右外连接

图 3.3　外连接运算举例

4．除

为了方便叙述，先给出象集的概念。

设关系模式为 $R(A_1,A_2,\cdots,A_n)$，$t \in R$ 表示 t 是关系 R 的一个元组。$t[A_i]$ 表示元组 t 中属性 A_i 的一个分量。

给定一个关系 $R(X,Z)$，X 和 Z 为属性或属性组。当 $t[X]=x$ 时，x 在关系 R 中的象集定义为

$$Z_x=\{t[Z] \mid t \in R, t[X]=x\}$$

它表示关系 R 中属性组 X 上值为 x 的元组在 Z 上分量的集合。

例如，图 3.4 中，x_1 在关系 R 中的象集为 $Z_{x_1}=\{z_1,z_2,z_3\}$，x_2 在关系 R 中的象集为 $Z_{x_2}=\{z_2,z_3\}$，x_3 在关系 R 中的象集为 $Z_{x_3}=\{z_1,z_3\}$。

R

X	Z
x_1	z_1
x_1	z_2
x_1	z_3
x_2	z_2
x_2	z_3
x_3	z_1
x_3	z_3

图 3.4 象集举例

下面用象集来定义除。

给定关系 $R(X,Y)$ 和 $S(Y,Z)$，其中，X、Y、Z 为属性或属性组。关系 R 中的 Y 与关系 S 中的 Y 可以有不同的属性名，但必须出自相同的域。

关系 R 与 S 的除运算得到一个新的关系 $P(X)$，P 是关系 R 中满足下列条件的元组在属性列 X 上的投影：元组在 X 上分量值 x 的象集 Y_x 包含 S 在 Y 上投影的集合，记作：

$$R \div S = \{t[X] \mid t \in R \wedge \Pi_Y(S) \subseteq Y_x\}$$

式中，Y_x 为 x 在 R 中的象集，$x=t[X]$。除操作是同时从行和列角度进行运算的。

[例 3.9] 设图 3.5（a）和图 3.5（b）所示分别为关系 R 和 S，图 3.5（c）所示为 $R \div S$ 的结果。

在关系 R 中，X 可以取 4 个值 $\{x_1,x_2,x_3,x_4\}$。其中，x_1 的象集为 $\{(y_1,z_2),(y_2,z_3),(y_2,z_1)\}$，$x_2$ 的象集为 $\{(y_3,z_7),(y_2,z_3)\}$，x_3 的象集为 $\{(y_4,z_6)\}$，x_4 的象集为 $\{(y_6,z_6)\}$，S 在 (Y,Z) 上的投影为 $\{(y_1,z_2),(y_2,z_1),(y_2,z_3)\}$。

显然只有 x_1 的象集包含了关系 S 在 (Y,Z) 属性组上的投影，所以 $R \div S = \{x_1\}$。

R

X	Y	Z
x_1	y_1	z_2
x_2	y_3	z_7
x_3	y_4	z_6
x_1	y_2	z_3
x_4	y_6	z_6
x_2	y_2	z_3
x_1	y_2	z_1

（a）关系 R

S

Y	Z	M
y_1	z_2	m_1
y_2	z_1	m_1
y_2	z_3	m_2

（b）关系 S

$R \div S$

X
x_1

（c）$R \div S$ 的结果

图 3.5 除运算举例

下面以大学生项目管理数据库为例，给出关系运算进行查询的例子。

[例 3.10] 查询至少参与了 P2003 和 P2004 项目的学生的学号。

首先建立一个临时关系 K，如图 3.6 所示。

$$K$$

P2003
P2004

图 3.6　临时系统 K

然后求

$$\Pi_{Sno,Pno}(SP) \div K$$

结果为 {S202301011}。

求解过程与例 3.9 类似，首先对 SP 关系在 (Sno,Pno) 属性上投影，然后逐一求出每个学生（Sno）的象集，并依次检查这些象集是否包含 K。

5．专门的关系运算综合举例

[例 3.11] 查询参与了 P1002 项目的学生的学号。

$$\Pi_{Sno}(\sigma_{Pno='P1002'}(SP))$$

[例 3.12] 查询参与了 P1001 或 P1002 项目的学生的学号。

$$\Pi_{Sno}(\sigma_{Pno='P1001' \lor Pno='P1002'}(SP))$$

[例 3.13] 查询参与了 P2003 项目的学生的学号和姓名。

$$\Pi_{Sno,Sname}(\sigma_{Pno='P2003'}(SP) \bowtie Student)$$

或

$$\Pi_{Sno,Sname}(\Pi_{Sno}(\sigma_{Pno='P2003'}(SP)) \bowtie \Pi_{Sno,Sname}(Student))$$

[例 3.14] 查询参与了"全国大学生数学建模竞赛"的管理学院的学生的学号和姓名。

$$\Pi_{Sno,Sname}(\sigma_{Pname='全国大学生数学建模竞赛'}(Project) \bowtie SP \bowtie Student \bowtie \sigma_{Dname='管理学院'}(Department))$$

[例 3.15] 查询没有参与 P1002 项目的学生的学号和姓名。

$$\Pi_{Sno,Sname}(Student) - \Pi_{Sno,Sname}(\sigma_{Pno='P1002'}(SP) \bowtie Student)$$

[例 3.16] 查询参与了全部项目的学生的学号和姓名。

$$\Pi_{Sno,Pno}(SP) \div \Pi_{Pno}(Project) \bowtie \Pi_{Sno,Sname}(Student)$$

习题

1．简述关系模型的三要素组成。
2．简述关系的性质。
3．简述关系的完整性。
4．简述关系模式与关系的区别。
5．传统的集合运算和专门的关系运算都有哪些？
6．试述等值连接与自然连接的区别与联系。

7．根据给定的关系模式完成查询。

设有一个学生选课数据库，它由 3 个关系模式组成，分别为：S(Sno,Sname,Sage,Sdept)、C(Cno,Cname,PCno)、SC(Sno,Cno,Grade)。

学生表 S 由学号（Sno）、姓名（Sname）、年龄（Sage）、所在系（Sdept）组成。课程表 C 由课程号（Cno）、课程名（Cname）、先修课号（PCno）组成。选课表 SC 由学号（Sno）、课程号（Cno）、成绩（Grade）组成。

试写出以下查询的关系代数表达式。

（1）查询年龄大于 20 岁的学生的姓名。

（2）查询先修课号为 C1 的课程号。

（3）查询课程号为 C2 且成绩在 85 分以上的学生的姓名。

（4）查询学号为 S2 的学生选修的课程名。

（5）查询计算机学院学生所选修的课程名。

（6）查询王华同学未选修课程的课程名。

（7）查询全部学生都选修的课程号与课程名。

（8）查询至少选修 C3 课程的学生的学号和姓名。

第 4 章

关系数据库标准语言 SQL

学习目标

- ✓ 掌握数据库的建立和修改。
- ✓ 掌握数据库表的建立、修改和查询。
- ✓ 理解数据库视图的作用和使用规则。
- ✓ 熟悉数据库中索引的作用和使用规则。

学习重点

- ✓ 数据库的建立和修改。
- ✓ 数据库表的建立和修改。
- ✓ 数据库表的简单查询。
- ✓ 数据库表的复杂查询。
- ✓ 数据库视图的作用和使用规则。

思政导学

✓ **关键词**：数据库建立、数据库表查询、视图及索引。

✓ **内容要意**：SQL 语句的实现是关系数据库系统的核心功能。采用 SQL 语句进行数据的增加、删除、修改和查询，直观地展现出数据表中的属性列及元组，并将结果嵌入其他的主语言中。学生在进行数据处理时要深思熟虑、勇于探索、自主创新。

✓ **思政点拨**：通过介绍国家对大学生的各项政策、规则，培育学生自信、自强、自立的心理品质，鼓励学生在解决实际问题的过程中勇于攀登、不断探索、克服困难，进一步提高学生的创造能力。

✓ **思政目标**：基于数据的客观性教学，引导学生养成敢于质疑的创新精神；培养学生的实践动手能力，以及分析问题和解决复杂问题的能力。

4.1 SQL 概述

自 SQL 成为国际标准语言以后，各数据库厂家纷纷推出各自的 SQL 软件或 SQL 接口软件。这就使大多数数据库均用 SQL 作为共同的数据存取语言和标准接口，使不同的数据库系统之间的互操作有了共同的基础。SQL 已成为数据库领域中的主流语言，其意义十分重大。

4.1.1 SQL 的产生与发展

1986 年 10 月，美国国家标准学会（American National Standard Institute，ANSI）的数据库委员会 X3H2 批准了 SQL 作为关系数据库语言的美国标准，同年公布了 SQL 标准文本（简称 SQL-86）。1987 年，国际标准化组织（International Standards Organization，ISO）也通过了这一标准。

SQL 标准从公布以来随数据库技术的发展而不断发展、丰富，表 4.1 所示为 SQL 标准的发展过程。

表 4.1 SQL 标准的发展过程

标准	国际化标准	发布年份	标准	国际化标准	发布年份
SQL-86	ANSI X3.135-1986/（ISO/IEC 9075：1986）	1986 年	SQL：2008	ISO/IEC 9075：2008	2008 年
SQL-89（FIPS 127-1）	ANSI X3.135-1989/（ISO/IEC 9075：1989）	1989 年	SQL：2011	ISO/IEC 9075：2011	2011 年
SQL-92（SQL 2）	ANSI X3.135-1992/（ISO/IEC 9075：1992）	1992 年	SQL：2016	ISO/IEC 9075：2016	2016 年
SQL：1999（SQL 3）	ISO/IEC 9075：1999	1999 年	SQL：2020	ISO/IEC 9075：2020	2020 年
SQL：2003	ISO/IEC 9075：2003	2003 年	SQL：2023	ISO/IEC 9075：2023	2023 年

SQL 标准于 2008 — 2023 年做了一些修改和补充，内容越来越丰富、复杂。SQL-86 和 SQL-89 都是单个文档，包含几十页内容。SQL-92 和 SQL：1999 已经扩展为一系列开放的部分，SQL：1999 合计超过 1700 页。2016 年 12 月 14 日，ISO/IEC 发布了新版本的数据库语言 SQL 标准（ISO/IEC 9075：2016）。从此，它替代了之前的 ISO/IEC 9075：2011 版本，包含框架（SQL/框架）、SQL/基本原则、调用级接口、持久存储模块（SQLPSM）、外部数据管理（SQLMED）、对象语言绑定（SQL/OLB）、信息与定义概要（SQL/Schemata）、使用 Java 编程语言的 SQL 程序与类型（SQL/JRT）及 XML 相关规范（SQL/XML）。SQL：2016 中主

要的新特性包括行模式识别，支持 JSON 对象、多态表函数及额外的分析功能。

ISO 于 2023 年 6 月 1 日正式发布了最新版本的数据库语言 SQL 标准 SQL：2023，除增强 SQL 和 JSON 相关功能外，最大的变化是 SQL 直接提供图形查询语言（GQL）功能。

4.1.2　SQL 的特点

SQL 之所以能够为用户和业界所接受并成为国际标准，是因为它是一个综合的、功能极强同时又简洁易学的语言。SQL 可以实现数据查询（Data Query）、数据操作（Data Manipulation）、数据定义（Data Definition）和数据控制（Data Control）功能，其主要特点如下。

1．一体化

SQL 风格统一，可以完成数据库活动中的全部工作，包括数据库和模式的创建、更改及数据查询。用户在数据库系统投入使用之后，可以根据需要随时修改模式结构，并且不影响数据库的运行，从而使系统具有良好的可扩展性。

2．高度非过程化

在 SQL 进行数据操作时，只需提出"做什么"，而无须指明"怎么做"，因此无须了解存取路径。存取路径的选择及 SQL 的操作过程由系统自动完成。这不但大大减轻了用户负担，而且有利于提高数据独立性。

3．面向集合的操作方式

SQL 采用面向集合的操作方式，操作对象和查找结果都是元组的集合，而且一次插入、删除、更新操作的对象也可以是元组的集合。

4．提供多种使用方式

SQL 既可以是独立的语言，又可以嵌入高级语言（如 C/C++、Java）程序中。作为独立的语言，SQL 能够独立地用于联机交互的使用方式，使用户可以在终端键盘上直接输入 SQL 命令对数据库进行操作；作为嵌入式语言，SQL 语句能够保证程序员在设计程序时使用。

5．功能丰富

SQL 集数据定义语言、数据操作语言、数据控制语言的功能于一体，语言风格统一，可以独立完成数据库生命周期中的全部活动，包括以下一系列操作。

- 定义、修改和删除关系模式，定义和删除视图，插入数据，建立数据库。
- 对数据库中的数据进行查询和更新。
- 数据库重构和维护。
- 数据库安全性、完整性控制，以及事务控制。
- 嵌入式 SQL 和动态 SQL 定义。

表 4.2 所示为 SQL 提供的核心功能动词，包含数据操作、数据控制、数据查询及数据定义。

表 4.2　SQL 提供的核心功能动词

SQL 功能	动词
数据操作	INSERT、UPDATE、DELETE
数据控制	GRANT、REVOKE
数据查询	SELECT
数据定义	CREATE、DROP、ALTER

4.1.3　数据类型

SQL Server 2016 提供了 36 种内置的数据类型，包含数值类型、字符串类型、日期/时间类型、货币类型等。表 4.3 所示为各种数据类型的详细描述。

表 4.3　各种数据类型的详细描述

数据类型	含义
BIT	代表 0、1 或 NULL，表示 true、false，占用 1 字节
BIGINT	用 8 字节来存储正负数，存储范围为 $-2^{63} \sim 2^{63}-1$
INT	用 4 字节来存储正负数，存储范围为 $-2^{31} \sim 2^{31}-1$
SMALLINT	用 2 字节来存储正负数，存储范围为 $-2^{15} \sim 2^{15}-1$
TINYINT	是最小的整数类型，仅用 1 字节，取值范围为 $0 \sim 2^{8}-1$
FLOAT	用 8 字节来存储数据，最多可为 53 位，取值范围为 $-1.79E+308 \sim 1.79E+308$
REAL	位数为 24，占用 4 字节，取值范围为 $-3.04E+38 \sim 3.04E+38$
NUMERIC(18,0)	定点数，由 p 位数字（不包括符号、小数点）组成，默认值为 18，小数点后面有 d 位数字，默认值为 0
DECIMAL(18,0)	同 NUMERIC（18,0）
DATE	日期，包含年、月、日，格式为 YYYY-MM-DD
DATETIME	日期范围为 1753 年 1 月 1 日至 9999 年 12 月 31 日，时间范围为 00:00:00 至 23:59:59.999，使用 8 字节
DATETIME2(7)	日期范围为 0001 年 1 月 1 日至 9999 年 12 月 31 日，时间范围为 00:00:00 至 23:59:59.9999999，使用 8 字节，默认格式为 YYYY-MM-DD hh:mm:ss.nnnnnnn
DATETIMEOFFSET(7)	表示国际时间时，数据实体的时间字段对时区比较敏感，该数据类型包含本地的日期、时间及时区。7 是小数秒精度，即用 7 位数表示 1s
SMALLDATETIME	日期范围为 1900 年 1 月 1 日至 2079 年 12 月 31 日，使用 4 字节，不能精确到秒
TIMESTAMP	该数据类型在每个表中是唯一的。当表中的一个记录更改时，该记录的 TIMESTAMP 字段会自动更新

续表

数据类型	含义
TIME(7)	只存储日期，小数秒精度为 7，默认数据格式为 hh:mm:ss:nnnnnnn
UNIQUEIDENTIFIER	用于识别数据库中多个表的唯一记录
CHAR	长度为 n 字节的固定长度且非 Unicode 的字符数据，存储大小为 n 字节，最大长度为 8000 个字符
NCHAR(5)	包含 5 个字符的固定长度的 Unicode 字符数据，存储大小为 n 字节的 2 倍，最大长度为 4000 个字符
NCHAR(MAX)	固定长度的 Unicode 字符数据，最大长度为 4000 个字符
NVARCHAR(5)	长度是设定的，最短为 1 字节，最长为 4000 字节，尾部的空白会去掉，存储 1 个字符需要 2 字节
NVARCHAR(MAX)	长度为 n 字节的可变长度的 Unicode 字符数据，最大长度为 4000 个字符
VARCHAR(5)	长度为 5 字节的可变长度且非 Unicode 的字符数据
VARCHAR(MAX)	长度为 n 字节的可变长度且非 Unicode 的字符数据，最大长度为 8000 个字符
VARBINARY(5)	可变长度，默认为 5 字节，二进制数据，存放非文本数据
VARBINARY(MAX)	二进制数据，存放非文本数据，MAX 是指最大存储空间是 $2^{31}-1$ 字节
TEXT	长宽是设定的，最长可以存放 2GB 的数据
NTEXT	长度是设定的，最短为 1 字节，最长为 2GB，尾部的空白会去掉，储存 1 个字符需要 2 字节
MONEY	记录金额范围为-92233720368577.5808～92233720368577.5807，需要 8 字节
SMALLMONEY	记录金额范围为-214748.36487～214748.36487，需要 4 字节
XML	存储和表示复杂的数据结构
SQL_VARIANT	处理不一致或未指定的数据类型，倾向于用户定义函数返回的列、变量、参数或值的 catch-all 数据类型
IMAGE	长度可变的二进制数据，0～$2^{32}-1$ 字节
HIERARCHYID	长度可变的数据类型，存储带有层次结构的数据，以"/"开头和结尾
GEOMETRY	空间数据类型表示平面坐标系
GEOGRAPHY	空间数据类型表示地理坐标系

4.1.4 T-SQL 语句

T-SQL 是微软公司在关系数据库管理系统 SQL Server 中的 SQL3 标准的实现，是微软对 SQL 的扩展，具有 SQL 的主要特点，同时增加了变量、运算符、函数、流程控制和注释等语言元素，使得其功能更加强大。T-SQL 对 SQL Server 十分重要，SQL Server 使用图形界面能够完成的所有功能，都可以利用 T-SQL 来实现。使用 T-SQL 进行操作时，与 SQL Server 通信的所有应用程序都可以通过向服务器发送 T-SQL 语句来进行操作，而与应用程序的界面无关。

根据其完成的具体功能，可以将 T-SQL 语句分为四大类，分别为数据定义语句、数据操作语句、数据控制语句和一些附加的语言元素。

数据定义语句包含 CREATE TABLE、DROP TABLE、ALTER TABLE、CREATE VIEW、DROP VIEW、CREATE INDEX、DROP INDEX、CREATE PROCEDURE、ALTER PROCEDURE、DROP PROCEDURE、CREATE TRIGGER、ALTER TRIGGER、DROP TRIGGER。

数据操作语句包含 SELECT、INSERT、DELETE、UPDATE。

数据控制语句包含 GRANT、DENY、REVOKE。

语言元素包含 BEGIN TRANSACTION/COMMIT、ROLLBACK、SET TRANSACTION、DECLARE OPEN、FETCH、CLOSE、EXECUTE。

4.2 数据定义

关系数据库基本对象有架构（Schema）、数据库、表、视图和索引等。架构是一个命名的数据库对象容器，每个数据库对象（视图、表、函数等）都属于一个架构。架构将数据库对象分组为单独的命名空间，不同的架构中可以出现重名的对象。在 SQL Server 2000 中就已经存在了架构，数据库用户和架构是隐式连接在一起的，每个数据库用户都是与该用户同名的架构的所有者。从 SQL Server 2005 开始，架构与用户分离，多个用户可以通过角色或 Windows 组成员关系拥有同一个架构；可以删除用户而不删除相应架构中的对象，每个用户都拥有一个默认架构；可以使用 CREATE USER 或 ALTER USER 的 DEFAULT_SCHEMA 选项设置和更改默认架构。如果未定义 DEFAULT_SCHEMA，则数据库用户将使用 dbo 作为默认架构。本书基于 SQL Server 2016，所有用户采用默认架构，实现数据库定义、表定义、视图定义和索引定义，SQL 语句关键词如表 4.4 所示。

表 4.4　SQL 语句关键词

操作对象	操作方式		
	创建	删除	修改
数据库	CREATE DATABASE	DROP DATABASE	ALTER DATABASE
表	CREATE TABLE	DROP TABLE	ALTER TABLE
视图	CREATE VIEW	DROP VIEW	ALTER VIEW
索引	CREATE INDEX	DROP INDEX	ALTER INDEX

4.2.1 数据库的定义与删除

1. 创建数据库

数据库定义语句为 CREATE DATABASE，详细语法格式为：

```
CREATE DATABASE database_name
[ON [PRIMARY]
  [(NAME=logical_name,                          /*主数据文件*/
     FILENAME=physical_file_name
  [,FILESIZE=size]
  [,MAXSIZE= maxsize]
  [,FILEGROWTH=growth_increment])
  [, FILEGROUP filegroup_name
  [(NAME=logical_name,                          /*次数据文件*/
     FILENAME=physical_file_name
  [,FILESIZE=size]
  [,MAXSIZE=maxsize]
[,FILEGROWTH=growth_increment])
]
]
]
]
[LOG ON
(NAME=logical_name,                             /*事务日志文件*/
   FILENAME=physical_file_name
  [,FILESIZE=size]
  [,MAXSIZE=maxsize]
  [,FILEGROWTH=growth_increment])
```

在该命令中，ON 用来创建数据文件；PRIMARY 表示创建的是主数据文件；FILEGROUP 关键词用来创建次文件组，还可以用来创建次数据文件；LOG 关键词用来创建事务日志文件；NAME 为所创建文件的文件名；FILENAME 指出各文件存储的路径及文件名称；FILESIZE 定义各文件的初始化大小；MAXSIZE 指定文件的最大容量；FILEGROWTH 指定文件增长值。

[例 4.1] 省略 CREATE DATABASE 命令中的各选项创建 SP 数据库。

```
CREATE DATABASE SP;
```

[例 4.2] 创建 SP 数据库，添加路径。

```
CREATE DATABASE SP
ON PRIMARY
(NAME= SP,
FILENAME='D:\Program Files\Microsoft SQL Server\MSSQL13.MSSQLSERVER\MSSQL\DATA\SP.mdf',SIZE=8192KB,MAXSIZE=UNLIMITED,FILEGROWTH=65536KB)
LOG ON
(NAME=SP_log,
FILENAME='D:\Program Files\Microsoft SQL Server\MSSQL13.MSSQLSERVER\MSSQL\DATA\SP_log.ldf',SIZE=8192KB,
  MAXSIZE=2048GB, FILEGROWTH=65536KB)
```

2. 修改数据库

[例 4.3] 将 SP 数据库更名为"大学生项目管理"数据库。

```
ALTER DATABASE SP MODIFY NAME="大学生项目管理";
```
[例 4.4] 将 SP 数据库中主数据文件 SP.mdf 的文件大小改为 10MB。
```
ALTER DATABASE SP MODIFY FILE (NAME=SP,SIZE=1048576KB);
```

3．删除数据库

[例 4.5] 删除 SP 数据库。
```
DROP DATABASE SP;
```

4.2.2 基本表的定义、删除与修改

1．定义基本表

创建了一个架构就建立了一个数据库的命名空间、一个框架。在这个空间中首先要定义的是该架构包含的数据库基本表。

SQL 使用 CREATE TABLE 语句定义基本表，其基本格式为：
```
CREATE TABLE<表名>(<列名><数据类型>[列级完整性约束条件]
[,<列名><数据类型>[列级完整性约束条件]]
...
[,<表级完整性约束条件>]);
```
建表的同时通常还可以定义与该表有关的完整性约束条件，这些完整性约束条件被存放在系统的数据字典中，当用户操作表中数据时，关系数据库管理系统自动检查该操作是否违背这些完整性约束条件。如果完整性约束条件涉及该表的多个属性列，则完整性约束条件必须定义在表级上，否则完整性约束条件既可以定义在列级上，也可以定义在表级上。

[例 4.6] 建立一个"学院"表 Department。
```
CREATE TABLE Department
(
    Dno CHAR(4) PRIMARY KEY,   /*列级完整性约束条件，Dno 是主码*/
    Dname CHAR(40) UNIQUE,
    Dprexy CHAR(20),
    Dphone CHAR(20)
);
```
系统执行该 CREATE TABLE 语句后，就在数据库中建立一个新的空"学院"表 Department，并将有关"学院"表的定义及有关约束条件存放在数据字典中。

[例 4.7] 建立一个"学生"表 Student。
```
CREATE TABLE Student
(
    Sno CHAR(10) PRIMARY KEY,      /*列级完整性约束条件，Sno 是主码*/
    Sname CHAR(20) UNIQUE,         /*Sname 取唯一值*/
    Ssex CHAR(2),
    Sage SMALLINT,
    Dno CHAR(4),
```

```
        FOREIGN KEY (Dno) REFERENCES Department (Dno)
);
```

[例 4.8] 建立一个"项目"表 Project。

```
CREATE TABLE Project
(
    Pno CHAR(5) PRIMARY KEY,          /*列级完整性约束条件，Pno 是主码*/
    Pname CHAR(40) UNIQUE,
    Projecttype CHAR(40)
);
```

[例 4.9] 建立"学生项目"表 SP。

```
CREATE TABLE SP
(
    Sno CHAR(10),
    Pno CHAR(5),
    Times date,
    Awards CHAR(20),
    Supervisor  CHAR(20),
    Remark   CHAR(20),
    PRIMARY KEY(Sno,Pno),/*主码由两个属性构成，必须作为表级完整性约束条件进行定义*/
    FOREIGN KEY(Sno) REFERENCES Student(Sno),
    /*表级完整性约束条件，Sno 是外码，被参照表是 Student*/
    FOREIGN KEY(Pno)REFERENCES Project(Pno)
    /*表级完整性约束条件，Pno 是外码，被参照表是 Project*/
);
```

2. 修改基本表

随着应用环境和应用需求的变化，有时需要修改已建立好的基本表。SQL 用 ALTER TABLE 语句修改基本表，其一般格式为：

```
ALTER TABLE<表名>
[ADD [COLUMN] <新列名><数据类型>[完整性约束条件]]
[ADD <表级完整性约束条件>]
[DROP [COLUMN] <列名>]
[DROP CONSTRAINT <完整性约束条件名>]
[ALTER COLUMN<列名><数据类型>];
```

其中，<表名>是要修改的基本表；ADD 子句用于增加新列、新的列级完整性约束条件和新的表级完整性约束条件；DROP COLUMN 子句用于删除表中的列；DROP CONSTRAINT 子句用于删除指定的完整性约束条件；ALTER COLUMN 子句用于修改原有的列定义，包括修改列名和数据类型。

[例 4.10] 在 Student 表中增加"入学时间"列，其数据类型为日期型。

```
ALTER TABLE Student ADD S_entrance DATE;
```

无论基本表中原来是否已有数据，新增加的列一律都为空值。

[例 4.11] 将年龄的数据类型由字符型（假设原来的数据类型是字符型）改为整型。

```
ALTER TABLE Student ALTER COLUMN Sage INT;
```

[**例** 4.12] 增加项目名必须取唯一值的约束条件。

```
ALTER TABLE Project ADD UNIQUE(Pname);
```

3．删除基本表

当不再需要某个基本表时，可以使用 DROP TABLE 语句删除它，其一般格式为：

```
DROP TABLE <表名>;
```

[**例** 4.13] 删除 Student 表。

```
DROP TABLE Student;
```

若 SP 表通过外码 Sno 引用 Student 表，则删除 Student 表时会报错，应先删除 SP 表，若没有其他表引用 Student 表，则直接执行删除操作。

4.2.3 索引的建立与删除

当表的数据量比较大时，查询操作会比较耗时。建立索引是加快查询速度的有效手段。数据库索引类似于图书后面的索引，利于快速定位到需要查询的内容。用户可以根据应用环境的需要在基本表上建立一个或多个索引，以提供多种存取路径、加快查询速度。

数据库索引有多种类型，常见索引包括顺序文件上的索引、B+树索引、Hash 索引、位图索引等。顺序文件上的索引是针对按指定属性值升序或降序存储的关系，在该属性上建立一个顺序索引文件，该索引文件由属性值和相应的元组指针组成。B+树索引是将索引属性组织成 B+树形式，B+树的叶节点为属性值和相应的元组指针。B+树索引具有动态平衡的优点。Hash 索引是建立若干桶，将索引属性按照其 Hash 函数值映射到相应桶中，桶中存放属性值和相应的元组指针。Hash 索引具有查询速度快的特点。位图索引是用位向量记录索引属性中可能出现的值，每个位向量对应一个可能值。

索引虽然能够加快数据库查询速度，但需要占用一定的存储空间，当基本表更新时，索引要进行相应的维护，这些都会增加数据库的负担，因此要根据实际应用的需要有选择地创建索引。

一般说来，建立与删除索引由数据库管理员或表的属主（建立表的人）负责完成。关系数据库管理系统在执行查询时会自动选择合适的索引作为存取路径，用户不必也不能显式地选择索引。索引是关系数据库管理系统的内部实现技术，属于内模式的范畴。

1．建立索引

在 SQL 中，建立索引使用 CREATE INDEX 语句，其一般格式为：

```
CREATE [UNIQUE] [CLUSTER] INDEX<索引名>
ON<表名>(<列名>[<次序>][,<列名>[<次序>]] …);
```

其中，<表名>是要建立索引的基本表的名字。索引可以建立在该表的一列或多列上，各列名之间用逗号分隔。每个<列名>后面还可以用<次序>指定索引值的排列次序，可选 ASC（升序）或 DESC（降序），默认值为 ASC。

UNIQUE 表明此索引的每个索引值只对应唯一的数据记录。

CLUSTER 表示要建立的索引是聚簇索引。有关聚簇索引的概念将在 7.5.2 节中介绍。

[例 4.14] 为学生-项目数据库中的 Department、Student、Project 和 SP 4 个表建立索引。其中，Department 表按学院号升序建立唯一索引，Student 表按学号升序建立唯一索引，Project 表按项目号升序建立唯一索引，SP 表按学号升序和项目号降序建立唯一索引。

```
CREATE UNIQUE INDEX Depdno ON Department(Dno);
CREATE UNIQUE INDEX Stusno ON Student(Sno);
CREATE UNIQUE INDEX Propno ON Project(Pno);
CREATE UNIQUE INDEX SPno ON SP(Sno ASC Pno DESC);
```

2．修改索引

对于已经建立的索引，如果需要对其重新命名，可以使用 ALTER INDEX 语句，其一般格式为：

```
ALTER INDEX<旧索引名>RENAME TO<新索引名>;
```

[例 4.15] 将 SP 表的 SPno 索引名改为 SPPno。

```
ALTER INDEX SPno RENAME TO SPPno;
```

3．删除索引

索引一经建立就由系统使用和维护，无须用户干预。建立索引是为了缩短查询操作的时间，但如果数据增加、删除、修改频繁，系统会花费许多时间来维护索引，从而降低查询效率。这时可以删除一些不必要的索引。

在 SQL 中，删除索引使用 DROP INDEX 语句，其一般格式为：

```
DROP INDEX<索引名>;
```

[例 4.16] 删除 Student 表的 Stusno 索引。

```
DROP INDEX Stusno;
```

删除索引时，系统会同时从数据字典中删去有关该索引的描述。

4.3 数据查询

数据查询是数据库的核心操作。SQL 通过 SELECT 语句进行数据查询，该语句具有灵活的使用方式和丰富的功能，其一般格式为：

```
SELECT [ALL | DISTINCT]<目标列表达式>[,<目标列表达式>]…
FROM<表名或视图名>[,<表名或视图名>…] | （<SELECT 语句>） [AS] <别名>
[WHERE<条件表达式>]
[GROUP BY<列名 1>[HAVING<条件表达式>]]
[ORDER BY<列名 2>[ASC|DESC]];
```

整个 SELECT 语句的含义是，先根据 WHERE 子句的条件表达式从 FROM 子句指定的基本表、视图或派生表中找出满足条件的元组，再根据 SELECT 子句中的目标列表达式选出元组中的属性值形成结果表。

如果有 GROUP BY 子句，则将结果按<列名 1>的值进行分组，属性列值相等的元组为一个组。通常会在每组中作用聚集函数。如果 GROUP BY 子句带 HAVING 短语，则只有满足指定条件的组才予以输出。

如果有 ORDER BY 子句，则结果表还要按<列名 2>的值的升序或降序排序。

SELECT 语句既可以完成简单的单表查询，也可以完成复杂的连接查询和嵌套查询。下面以学生-课程数据库为例说明 SELECT 语句的各种用法。

4.3.1 单表查询

单表查询是指仅涉及一个表的查询。

1．选择表中的若干列

选择表中的全部或部分列，即关系代数的投影运算。

1）查询指定列

在很多情况下，用户只对表中的一部分属性列感兴趣，这时可以在 SELECT 子句的<目标列表达式>中指定要查询的属性列。

[例 4.17] 查询全体学生的学号与姓名。

```
SELECT Sno,Sname FROM Student;
```

该语句的执行过程可以是这样的：从 Student 表中取出一个元组，并取出该元组在属性 Sno 和 Sname 上的值，形成一个新的元组作为输出。对 Student 表中的所有元组做相同的处理，最后形成一个结果作为输出。

[例 4.18] 查询全体学生的姓名、学号、学院号。

```
SELECT Sname,Sno,Dno FROM Student;
```

<目标列表达式>中各列的先后顺序可以与表中的顺序不一致。用户可以根据应用的需要改变列的显示顺序。本例中先列出姓名，再列出学号和学院号。

2）查询全部列

将表中的所有属性列都选出来有两种方法：一种方法是在 SELECT 关键词后列出所有列名；另一种方法是如果列的显示顺序与其在基本表中的顺序相同，可以简单地将<目标列表达式>指定为*。

[例 4.19] 查询全体学生的详细记录。

```
SELECT * FROM Student;
```

等价于

```
SELECT Sno,Sname,Ssex,Sage,Dno
FROM Student;
```

3）查询经过计算的值

SELECT 子句的<目标列表达式>不仅可以是表中的属性列，也可以是表达式。

[例 4.20] 查询全体学生的姓名和出生年份。

```
SELECT Sname,2023-Sage    /*查询结果的第 2 列是一个算术表达式*/
FROM Student;
```

查询结果的第 2 列不是列名而是一个算术表达式，是当时的年份（假设为 2023 年）减去学生的年龄。这样所得的结果是学生的出生年份。查询结果如表 4.5 所示。

表 4.5　例 4.20 的查询结果

Sname	2023-Sage
李辉	2003
张昊	2005
王翊	2002
赵岚	2004
韦峰	2003
刘瑶瑶	2005
陈恪	2001

<目标列表达式>不仅可以是算术表达式，还可以是字符串常量、函数等。

[例 4.21] 查询全体学生的姓名、出生年份和学院号，要求用小写字母表示学院号。

```
SELECT Sname,'year of Birth:',2023-Sage,lower(Dno) FROM Student;
```

查询结果如表 4.6 所示。

表 4.6　例 4.21 的查询结果 1

Sname	year of Birth:	2023-Sage	lower(Dno)
李辉	year of Birth:	2003	dp02
张昊	year of Birth:	2005	dp03
王翊	year of Birth:	2002	dp02
赵岚	year of Birth:	2004	dp01
韦峰	year of Birth:	2003	dp04
刘瑶瑶	year of Birth:	2005	dp03
陈恪	year of Birth:	2001	dp02

用户可以通过指定别名来改变查询结果的列标题，这对于含算术表达式、字符串常量、函数的目标列表达式尤为有用。例如，对于例 4.21 可以定义别名：

```
SELECT Sname NAME,'Year of Birth:' BIRTH,
2023-Sage BIRTHYEAR,LOWER(Dno)DEPARTMENT
FROM Student;
```

查询结果如表 4.7 所示。

表 4.7　例 4.21 的查询结果 2

NAME	BIRTH	BIRTHYEAR	DEPARTMENT
李辉	year of Birth:	2003	dp02
张昊	year of Birth:	2005	dp03
王翊	year of Birth:	2002	dp02
赵岚	year of Birth:	2004	dp01
韦峰	year of Birth:	2003	dp04
刘瑶瑶	year of Birth:	2005	dp03
陈恪	year of Birth:	2001	dp02

2. 选择表中的若干元组

1）消除取值重复的行

两个本来并不完全相同的元组在投影到指定的某些列上后，可能会变成相同的行，可以用 DISTINCT 关键词消除它们。

[例 4.22] 查询参与了项目的学生的学号。

```
SELECT Sno
FROM SP;
```

执行上面的 SELECT 语句后，查询结果如表 4.8 所示。

表 4.8　例 4.22 的查询结果 1

Sno
S202301011
S202301011
S202301011
S202301012
S202301012
S202301013
S202301014
S202301015
S202301016
S202301017

该查询结果中包含许多重复的行。如果想去掉结果表中的重复行，必须指定 DISTINCT 关键词：

```
SELECT DISTINCT Sno
FROM SP;
```

查询结果如表 4.9 所示。

表 4.9　例 4.22 的查询结果 2

Sno
S202301011
S202301012
S202301013
S202301014
S202301015
S202301016
S202301017

如果没有指定 DISTINCT 关键词，则默认为 ALL，即保留结果表中的重复行。

```
SELECT Sno
FROM SP;
```

等价于

```
SELECT ALL Sno
FROM SP;
```

2）查询满足指定条件的元组

查询满足指定条件的元组可以通过 WHERE 子句实现。WHERE 子句常用的查询条件如表 4.10 所示。

表 4.10　WHERE 子句常用的查询条件

查询条件	谓词
比较	=、>、<、>=、<=、!=、<>、!>、!<、NOT+上述比较运算符
确定范围	BETWEEN…AND、NOT…BETWEEN…AND
确定集合	IN、NOT IN
字符匹配	LIKE、NOT LIKE
空值	IS NULL、IS NOT NULL
多重条件（逻辑运算）	AND、OR、NOT

（1）比较大小。

用于比较的运算符一般包括=（等于）、>（大于）、<（小于）、>=（大于或等于）、<=（小于或等于）、!=（不等于），!>（不大于）、!<（不小于）等。

[例 4.23] 查询学院号为 DP02 的学生的名单。

```
SELECT Sname
FROM Student
WHERE Dno='DP02';
```

关系数据库管理系统执行该查询的一种可能过程是：对 Student 表进行全表扫描，取出一个元组，检查该元组在 Dno 列的值是否等于 DP02，如果相等，则取出 Sname 列的值形成一个新的元组输出；否则跳过该元组，取出下一个元组。重复该过程，直到处理完 Student 表的所有元组。

[**例** 4.24] 查询所有年龄在 20 岁以下的学生的姓名和年龄。
```
SELECT Sname,Sage
FROM   Student
WHERE Sage<20;
```

[**例** 4.25] 查询参与 P3005 项目的学生的学号。
```
SELECT DISTINCT Sno
FROM   SP
WHERE Pno='P3005';
```

（2）确定范围。

谓词 BETWEEN…AND 和 NOT…BETWEEN…AND 可以用来查找属性值在（或不在）指定范围内的元组，其中，BETWEEN 后是范围的下限(低值)，AND 后是范围的上限(高值)。

[**例** 4.26] 查询年龄在 20～23 岁（包括 20 岁和 23 岁）的学生的姓名、学院号和年龄。
```
SELECT Sname,Dno,Sage
FROM   Student
WHERE Sage BETWEEN 20 AND 23;
```

[**例** 4.27] 查询年龄不在 20～23 岁的学生的姓名、学院号和年龄。
```
SELECT Sname,Dno,Sage
FROM   Student
WHERE Sage NOT BETWEEN 20 AND 23;
```

（3）确定集合。

谓词 IN 可以用来查找属性值属于指定集合的元组。

[**例** 4.28] 查询学院号为 DP01、DP02、DP04 的学生的姓名和性别。
```
SELECT Sname,Ssex
FROM   Student
WHERE Dno IN ('DP01','DP02','DP04');
```

与谓词 IN 相对的谓词是 NOT IN，可以用来查找属性值不属于指定集合的元组。

[**例** 4.29] 查询学院号既不是 DP01、DP02，也不是 DP04 的学生的姓名和性别。
```
SELECT Sname,Ssex
FROM   Student
WHERE Dno NOT IN ('DP01','DP02','DP04');
```

（4）字符匹配。

谓词 LIKE 可以用来进行字符串的匹配，其一般语法格式为：
```
[NOT]LIKE<匹配串>[ESPAPE <换码字符>]
```

其含义是查找指定的属性列值与<匹配串>相匹配的元组。<匹配串>可以是一个完整的字符串，也可以含有通配符%和_。其中：

%（百分号）代表任意长度（长度可以为 0）的字符串。例如，a%b 表示以 a 开头、以 b 结尾的任意长度的字符串，如 acb、addgb、ab 等都满足该匹配条件。

_（下画线）代表任意单个字符。例如，a_b 表示以 a 开头、以 b 结尾的长度为 3 的任意字符串，如 acb、ahb 等都满足该匹配条件。

[例 4.30] 查询学号为"S202301011"的学生的详细情况。

```
SELECT *
FROM Student
WHERE Sno LIKE 'S202301011';
```

等价于

```
SELECT *
FROM Student
WHERE Sno= 'S202301011';
```

如果谓词 LIKE 后面的匹配串中不含通配符，则可以用 =（等于）运算符取代谓词 LIKE，用!=（不等于）运算符取代谓词 NOT LIKE。

[例 4.31] 查询所有姓"刘"的学生的姓名、学号和性别。

```
SELECT Sname,Sno,Ssex
FROM Student
WHERE Sname LIKE '刘%';
```

[例 4.32] 查询姓"刘"且全名为三个汉字的学生的姓名。

```
SELECT Sname
FROM Student
WHERE Sname LIKE '刘_ _';
```

注意，当数据库字符集为 ASCII 时，一个汉字需要两个_；当数据库字符集为 GBK 时，一个汉字只需要一个_。

[例 4.33] 查询名字中第二个字为"瑶"的学生的姓名和学号。

```
SELECT Sname,Sno
FROM Student
WHERE Sname LIKE '_瑶%';
```

[例 4.34] 查询所有不姓"刘"的学生的姓名、学号和性别。

```
SELECT Sname,Sno,Ssex
FROM Student
WHERE Sname NOT LIKE '刘%';
```

如果用户要查询的字符串本身就含有通配符%或_，那么要使用 ESPAPE<换码字符>短语对通配符进行转义。

[例 4.35] 查询项目名称中包含"数学建模"的项目号和项目名称。

```
SELECT Pno, Pname
FROM Project
WHERE Pname LIKE '%数学建模%';
```

（5）空值处理。

[例 4.36] 查询项目类型为空的项目号和项目名。

```
SELECT Pno,Pname
FROM Project
```

```
WHERE Projecttype IS NULL;
```

注意，这里的"IS"不能用等号（=）代替。

（6）多重条件查询。

逻辑运算符 AND 和 OR 可以用来连接多个查询条件。AND 的优先级高于 OR，但用户可以用括号改变优先级。

[例 4.37] 查询 DP01 学院年龄在 20 岁以下的学生的姓名。

```
SELECT Sname
FROM   Student
WHERE  Dno = 'DP01' AND Sage<20;
```

在例 4.28 中的 IN 谓词实际上是多个 OR 运算符的缩写，因此例 4.28 中的查询也可以用 OR 运算符写成如下的等价形式。

```
SELECT Sname,Ssex
FROM   Student
WHERE  Dno='DP01' OR Dno='DP02' OR Dno='DP04';
```

3）ORDER BY 子句

用户可以用 ORDER BY 子句对查询结果按照一个或多个属性列的升序或降序排列，默认值为升序。

[例 4.38] 查询参与了 P1001 项目的学生的学号和项目号，查询结果按学号升序排列。

```
SELECT Sno,Pno
FROM   SP
WHERE  Pno='P1001'
ORDER BY Sno ASC;
```

对于空值，排序时显示的次序由具体系统的实现来决定。例如，按升序排列，含空值的元组最后显示；按降序排列，含空值的元组最先显示。各系统的实现可以不同，只要保持一致即可。

[例 4.39] 查询全体学生情况，查询结果按学院号升序排列，同一学院中的学生按年龄降序排列。

```
SELECT *
FROM   Student
ORDER BY Dno,Sage DESC;
```

3. 聚集函数

为了进一步方便用户查询，增强检索功能，SQL 提供了许多聚集函数，主要有：

```
COUNT(*)                            统计元组个数
COUNT([DISTINCT| ALL] <列名>)       统计一列中值的个数
SUM([DISTINCT| ALL] <列名>)         计算一列值的总和（此列必须是数值型的）
AVG([DISTINCT| ALL] <列名>)         计算一列值的平均值（此列必须是数值型的）
MAX([DISTINCT| ALL] <列名>)         求一列值中的最大值
MIN([DISTINCT| ALL] <列名>)         求一列值中的最小值
```

如果指定 DISTINCT 短语，则表示在计算时要取消指定列中的重复值。如果不指定

DISTINCT 短语或指定 ALL 短语（ALL 为默认值），则表示不取消重复值。

[例 4.40] 查询学生总人数。
```
SELECT COUNT(*)
FROM Student;
```

[例 4.41] 查询参与了项目的学生人数。
```
SELECT COUNT(DISTINCT Sno)
FROM SP;
```

学生每参与一个项目，在 SP 表中都有一条相应的记录。一个学生可以参与多个项目，为避免重复计算学生人数，必须在 COUNT 函数中用 DISTINCT 短语。

[例 4.42] 计算 DP02 学院学生的平均年龄。
```
SELECT AVG(Sage)
FROM Student
WHERE Dno='DP02';
```

[例 4.43] 查询 DP02 学院学生的最大年龄。
```
SELECT MAX(Sage)
FROM Student
WHERE Dno='DP02';
```

[例 4.44] 查询 DP02 学院所有学生的年龄之和。
```
SELECT SUM(Sage)
FROM Student
WHERE Dno='DP02';
```

当聚集函数遇到空值时，除 COUNT(*)外，都跳过空值而只处理非空值。COUNT(*)对元组进行计数，某个元组的一个或部分列取空值并不影响 COUNT 的统计结果。

注意，WHERE 子句中是不能用聚集函数作为条件表达式的。聚集函数只能用于 SELECT 子句和 GROUP BY 子句中的 HAVING 短语。

4. GROUP BY 子句

GROUP BY 子句将查询结果按某一列或多列的值分组，值相等的为一组。

对查询结果分组的目的是细化聚集函数的作用对象。如果未对查询结果分组，聚集函数将作用于整个查询结果。

[例 4.45] 求各个项目号及相应的参与人数。
```
SELECT Pno,COUNT(Sno)
FROM SP
GROUP BY Pno;
```

该语句首先对查询结果按 Pno 的值分组，所有具有相同 Pno 值的元组为一组，然后对每组用聚集函数 COUNT 进行计算，以求得该组的学生人数。

查询结果如表 4.11 所示。

表 4.11　例 4.45 的查询结果

Pno	COUNT(Sno)
P1001	2
P1002	2
P2003	2
P2004	2
P3005	2

如果分组后还要求按一定的条件对这些组进行筛选，最终只输出满足指定条件的组，则可以使用 HAVING 短语指定筛选条件。

［例 4.46］查询参与了三个及以上项目的学生的学号。

```
SELECT Sno
FROM  SP
GROUP BY Sno
HAVING COUNT(*)>=3;
```

这里先用 GROUP BY 子句按 Sno 分组，再用聚集函数 COUNT 对每组计数。HAVING 短语给出了选择组的条件，只有满足条件（元组个数≥3，表示此学生参与的项目超过 3 个）的组才会被选出来。

WHERE 子句与 HAVING 短语的区别在于作用对象不同，WHERE 子句作用于基本表或视图，用于从中选择满足条件的元组；HAVING 短语作用于组，用于从中选择满足条件的组。

4.3.2　连接查询

前面的查询都是针对一个表进行的。若一个查询同时涉及两个以上的表，则称为连接查询。连接查询是关系数据库中最主要的查询，包括等值连接查询、非等值连接查询、自身连接查询、外连接查询和多表连接查询等。

1. 等值与非等值连接查询

连接查询的 WHERE 子句中用来连接两个表的条件称为连接条件或连接谓词，其一般格式为：

[<表名 1>]<列名 1><比较运算符>[<表名 2>]<列名 2>

其中，比较运算符主要有=、>、<、>=、<=、!=（或<>）等。

此外，连接谓词还可以使用下面的形式：

[<表名 1>]<列名 1>BETWEEN[<表名 2>]<列名 2>AND[<表名 2>]<列名 3>

当比较运算符为=时，称为等值连接。使用其他比较运算符称为非等值连接。

连接条件中的列名称为连接字段。连接条件中的各连接字段类型必须是可比的，但名字不必相同。

[例 4.47] 查询每个学生及其参与项目的情况。

学生情况存放在 Student 表中,学生参与项目情况存放在 SP 表中,所以本查询实际上涉及 Student 表与 SP 表。这两个表之间的联系是通过公共属性 Sno 实现的。

```
SELECT Student.*,SP.*
FROM   Student,SP
WHERE  Student.Sno=SP.Sno;/*将 Student 表与 SP 表中同一学生的元组连接起来*/
```

查询结果如图 4.1 所示。

Sno	Sname	Ssex	Sage	Dno	Sno	Pno	Times	Awards	Supervisor	Remark
S202301011	李辉	男	20	DP02	S202301011	P1001	2023-01-01	国家级项目立项	殷开山	
S202301011	李辉	男	20	DP02	S202301011	P2003	2020-01-01	校二等奖	顾明	
S202301011	李辉	男	20	DP02	S202301011	P2004	2021-01-01	省部级项目立项	王锡城	
S202301012	张昊	男	18	DP03	S202301012	P2004	2023-01-01	国家二等奖	毛舜城	
S202301012	张昊	男	18	DP03	S202301012	P3005	2022-01-01	省二等奖	周顺	
S202301013	王翊	女	21	DP02	S202301013	P2003	2019-01-01	国家二等奖	钟栾	
S202301014	赵岚	女	19	DP01	S202301014	P3005	2022-01-01	省一等奖	朱毅	
S202301015	韦峰	男	20	DP04	S202301015	P1001	2022-01-01	省级项目立项	刘弼州	
S202301016	刘瑶瑶	男	18	DP03	S202301016	P1002	2021-01-01	国家二等奖	罗熠	
S202301017	陈恪	男	22	DP02	S202301017	P1002	2021-01-01	省一等奖	张载之	

图 4.1　例 4.47 的查询结果

本例中,SELECT 子句与 WHERE 子句中的属性名前都加上了表名前缀,这是为了避免混淆。如果属性名在参加连接的各表中是唯一的,则可以省略表名前缀。

关系数据库管理系统执行该连接操作的一种可能的过程是:首先在 Student 表中找到第一个元组,然后从头开始扫描 SP 表,逐一查找与 Student 表第一个元组的 Sno 相等的 SP 元组,找到后就将 Student 表中的第一个元组与该元组拼接起来,形成结果表中的一个元组。SP 表全部查找完后,找 Student 表中的第二个元组,从头开始扫描 SP 表,逐一查找满足连接条件的元组,找到后就将 Student 表中的第二个元组与该元组拼接起来,形成结果表中的一个元组。重复上述操作,直到 Student 表中的全部元组都处理完毕为止。这就是嵌套循环连接算法的基本思想,关系数据库管理系统执行连接操作的示意图如图 4.2 所示。

Sno	Sname	Ssex	Sage	Dno	Sno	Pno	Times	Awards	Supervisor	Remark
S202301011	李辉	男	20	DP02	S202301011	P1001	2023-01-01	国家级项目立项	殷开山	
S202301012	张昊	男	18	DP03	S202301011	P2003	2020-01-01	校二等奖	顾明	
S202301013	王翊	女	21	DP02	S202301011	P2004	2021-01-01	省部级项目立项	王锡城	
S202301014	赵岚	女	19	DP01	S202301012	P2004	2023-01-01	国家二等奖	毛舜城	
S202301015	韦峰	男	20	DP04	S202301012	P3005	2022-01-01	省二等奖	周顺	
S202301016	刘瑶瑶	男	18	DP03	S202301013	P2003	2019-01-01	国家二等奖	钟栾	
S202301017	陈恪	男	22	DP02	S202301014	P3005	2022-01-01	省一等奖	朱毅	
S202301018	吴茜	女	21	DP01	S202301015	P1001	2022-01-01	省级项目立项	刘弼州	
					S202301016	P1002	2021-01-01	国家二等奖	罗熠	
					S202301017	P1002	2021-01-01	省一等奖	张载之	

图 4.2　关系数据库管理系统执行连接操作的示意图

如果在 SP 表的 Sno 上建立了索引，则不用每次全表扫描 SP 表，而是根据 Sno 值通过索引找到相应的 SP 元组。用索引查询 SP 表中满足条件的元组一般会比全表扫描快。

如果在等值连接中把目标列中重复的属性列去掉，则称为自然连接。

［例 4.48］对例 4.47 用自然连接完成。

```
SELECT Student.Sno,Sname,Ssex,Sage,Dno,Pno,Times,Awards,Supervisor
FROM   Student,SP
WHERE  Student.Sno=SP.Sno;
```

本例中，由于 Sname、Ssex、Sage、Dno、Pno、Times、Awards 和 Supervisor 属性列在 Student 表和 SP 表中是唯一的，因此引用时可以去掉表名前缀，而 Sno 在两个表都出现了，因此引用 Sno 时必须加上表名前缀。

一条 SQL 语句可以同时完成选择和连接查询，这时 WHERE 子句是由连接谓词和选择谓词组成的复合条件。

［例 4.49］查询计算机学院的所有学生的学号和姓名。

```
SELECT Student.Sno,Sname
FROM   Student,Department
WHERE  Student.Dno=Department.Dno AND   /*连接谓词*/
Department.Dname ='计算机学院'    /*其他限定条件*/
```

该查询的一种优化（高效）的执行过程是，先从 Department 表中挑选出 Dname 为"计算机学院"的元组形成一个中间关系，再和 Student 表中满足连接条件的元组进行连接得到最终的结果。

2．自身连接查询

连接操作不仅可以在两个表之间进行，也可以是一个表与其自身连接，这称为表的自身连接。

［例 4.50］查询和 S202301011 学生参与的项目相同的学生的学号。

在 SP 表中查找出 S202301011 学生参与的项目，再在 SP 表中查找参与这些项目的学生的学号。这就要将 SP 表与其自身连接。

为此，要为 SP 表取两个别名，一个是 FIRST，另一个是 SECOND。

完成该查询的 SQL 语句为：

```
SELECT DISTINCT SECOND.Sno
FROM  SP FIRST, SP SECOND
WHERE FIRST.Pno=SECOND.Pno AND FIRST.Sno='S202301011';
```

自身连接示意图如图 4.3 所示。

数据库原理与应用（SQL Server）

Sno	Pno	Times	Awards	Supervisor	Remark	Sno	Pno	Times	Awards	Supervisor	Remark
S202301011	P2004	2021-01-01	省部级立项项目	王锡城		S202301011	P2004	2021-01-01	省部级项目立项	王锡城	
S202301012	P2004	2023-01-01	国家二等奖	毛舜城		S202301011	P2004	2021-01-01	省部级项目立项	王锡城	
S202301011	P2004	2021-01-01	省部级立项项目	王锡城		S202301012	P2004	2023-01-01	国家二等奖	毛舜城	
S202301012	P2004	2023-01-01	国家二等奖	毛舜城		S202301012	P2004	2023-01-01	国家二等奖	毛舜城	
S202301012	P3005	2022-01-01	省二等奖	周顺		S202301012	P3005	2022-01-01	省二等奖	周顺	
S202301014	P3005	2022-01-01	省一等奖	朱毅		S202301012	P3005	2022-01-01	省二等奖	周顺	
S202301011	P2003	2020-01-01	校二等奖	顾明		S202301013	P2003	2019-01-01	国家二等奖	钟楽	
S202301013	P2003	2019-01-01	国家二等奖	钟楽	FIRST	S202301014	P3005	2022-01-01	省一等奖	朱毅	SECOND
S202301014	P3005	2022-01-01	省一等奖	朱毅		S202301014	P3005	2022-01-01	省一等奖	朱毅	
S202301011	P1001	2023-01-01	国家级项目立项	殷开山		S202301015	P1001	2022-01-01	省级项目立项	刘弼州	
S202301015	P1001	2022-01-01	省级项目立项	刘弼州		S202301015	P1001	2022-01-01	省级项目立项	刘弼州	
S202301016	P1002	2021-01-01	国家二等奖	罗熠		S202301016	P1002	2021-01-01	国家二等奖	罗熠	
S202301017	P1002	2021-01-01	省一等奖	张载之		S202301016	P1002	2021-01-01	国家二等奖	罗熠	
S202301016	P1002	2021-01-01	国家二等奖	罗熠		S202301017	P1002	2021-01-01	省一等奖	张载之	
S202301017	P1002	2021-01-01	省一等奖	张载之		S202301017	P1002	2021-01-01	省一等奖	张载之	

图 4.3　自身连接示意图

查询结果如表 4.12 所示。

表 4.12　例 4.50 的查询结果

Sno
S202301011
S202301012
S202301013
S202301015

3．外连接查询

在通常的连接操作中，只有满足连接条件的元组才能作为结果输出。给 Student 表中增加学生信息（S202301018，吴茜，女，21，DP01），此时在 SP 表中没有这个学生参与项目的信息，因为在操作例 4.47 时 Student 表中这个学生对应的元组在连接时被舍弃了。

有时想以 Student 表为主体列出每个学生的基本情况及其参与项目的情况。若某个学生没有参与项目，仍把 Student 表的悬浮元组保存在结果关系中，而在 SP 表的属性上填空值 NULL，这时就需要使用外连接。可以参照例 4.51 改写例 4.47。

[例 4.51]
```
SELECT Student.Sno,Sname,Ssex,Sage,Dno,Pno,Times,Awards,Supervisor
FROM  Student LEFT OUTER JOIN SP ON(Student.Sno=SP.Sno);
```
也可以使用 USING 去掉结果中的重复值：
```
FROM Student LEFT OUTER JOIN SP USING(Sno);
```
外连接示意图如图 4.4 所示。

Sno	Sname	Ssex	Sage	Dno	Pno	Times	Awards	Supervisor
S202301011	李辉	男	20	DP02	P1001	2023-01-01	国家级项目立项	殷开山
S202301011	李辉	男	20	DP02	P2003	2020-01-01	校二等奖	顾明
S202301011	李辉	男	20	DP02	P2004	2021-01-01	省部级项目立项	王锡城
S202301012	张昊	男	18	DP03	P2004	2023-01-01	国家二等奖	毛舜城
S202301012	张昊	男	18	DP03	P3005	2022-01-01	省二等奖	周顺
S202301013	王翊	女	21	DP02	P2003	2019-01-01	国家二等奖	钟栾
S202301014	赵岚	女	19	DP01	P3005	2022-01-01	省一等奖	朱毅
S202301015	韦峰	男	20	DP04	P1001	2022-01-01	省级项目立项	刘弼州
S202301016	刘瑶瑶	男	18	DP03	P1002	2021-01-01	国家二等奖	罗熠
S202301017	陈恪	男	22	DP02	P1002	2021-01-01	省一等奖	张载之
S202301018	吴茜	女	21	DP01	NULL	NULL	NULL	NULL

图 4.4 外连接示意图

左外连接列出左边关系（如本例 Student 表）中所有的元组，右外连接列出右边关系中所有的元组。

4．多表连接查询

连接操作除了可以是两表连接、一个表与其自身连接外，还可以是两个以上的表连接，后者通常称为多表连接。

[例 4.52] 查询每个学生的信息及其参与项目的项目名。本查询涉及三个表，完成该查询的 SQL 语句为：

```
SELECT Student.Sno,Sname,Ssex,Sage,Dno,SP.Pno,Pname
FROM   Student,SP,Project
WHERE  Student.Sno=SP.Sno AND SP.Pno=Project.Pno;
```

关系数据库管理系统在执行多表连接时，通常先进行两个表的连接操作，再将其连接结果与第三个表连接。本例的一种可能的执行方式是，先将 Student 表与 SP 表连接，得到每个学生的学号、姓名、项目号，再将其与 Project 表连接，得到最终结果。

4.3.3 嵌套查询

在 SQL 中，一个 SELECT-FROM-WHERE 语句称为一个查询块。将一个查询块嵌套在另一个查询块的 WHERE 子句或 HAVING 短语的条件中的查询称为嵌套查询。例如：

```
SELECT Sname
FROM   Student
WHERE  Sno IN                    /*外层查询或父查询*/
       (SELECT Sno               /*内层查询或子查询*/
        FROM   SP
        WHERE  Pno='P3005');
```

本例中，下层查询块 SELECT Sno FROM SP WHERE Pno='P3005'是嵌套在上层查询块 SELECT Sname FROM Student WHERE Sno IN 的 WHERE 条件中的。上层查询块称为外层查询或父查询，下层查询块称为内层查询或子查询。

SQL 允许多层嵌套查询，即一个子查询中还可以嵌套其他子查询。需要特别指出的是，子查询的 SELECT 语句中不能使用 ORDER BY 子句，ORDER BY 子句只能对最终查询结果排序。

嵌套查询使用户可以用多个简单查询构成复杂的查询，从而增强 SQL 的查询能力。以层层嵌套的方式来构造程序正是 SQL 中"结构化"的含义所在。

1．带有 IN 谓词的子查询

在嵌套查询中，子查询的结果往往是一个集合，所以 IN 谓词是嵌套查询中经常使用的谓词。

[例 4.53] 查询与"刘瑶瑶"在同一个学院学习的学生。

先分步完成此查询，再构造嵌套查询。

（1）确定"刘瑶瑶"的学院号。

```sql
SELECT Dno
FROM Student
WHERE Sname='刘瑶瑶';
```

结果为 DP03。

（2）查找所有在 DP03 学院学习的学生。

```sql
SELECT Sno,Sname,Dno
FROM  Student
WHERE Dno='DP03';
```

查询结果如图 4.5 所示。

Sno	Sname	Dno
S202301012	张昊	DP03
S202301016	刘瑶瑶	DP03

图 4.5　例 4.53 的查询结果

将第一步查询嵌入第二步查询的条件中，构造嵌套查询如下。

```sql
SELECT Sno,Sname,Dno    /*例 4.53 的解法一*/
FROM  Student
WHERE Dno in (
SELECT  Dno
FROM Student
WHERE Sname='刘瑶瑶');
```

本例中，子查询的查询条件不依赖于父查询，称为不相关子查询。一种解法是由里向外处理，即先执行子查询，子查询的结果用于建立其父查询的查找条件，得到如下的语句。

```sql
SELECT Sno,Sname,Dno
FROM Student
WHERE Dno IN('DP03');
```

执行该语句。

本例中的查询也可以用自身连接来完成。

```sql
SELECT S1.Sno,S1.Sname,S1.Dno     /*例 4.53 的解法二*/
```

```
FROM    Student S1,Student S2
WHERE S1.Dno=S2.Dno AND S2.Sname='刘瑶瑶';
```

可见，实现同一个查询请求可以有多种方法，不同方法的执行效率不同。

[例 4.54] 查询参与了大学生数学建模竞赛的学生的学号和姓名。

本查询涉及学号和姓名两个属性。学号和姓名存放在 Student 表中，项目名存放在 Project 表中，但 Student 表与 Project 表之间没有直接联系，必须通过 SP 表建立二者之间的联系。所以本查询实际上涉及三个关系。

```
SELECT Sno,Sname            /*③在 Student 表中取出 Sno 和 Sname*/
FROM Student
WHERE Sno IN
  (SELECT Sno               /*②在 SP 表中找出参与了 P1002 项目的学生的学号*/
   FROM    SP
   WHERE Pno IN
    (SELECT Pno  /*①在 Project 表中找出"全国大学生数学建模竞赛"的项目号 P1002*/
     FROM    Project
     WHERE Pname='全国大学生数学建模竞赛'
    )
  );
```

本查询同样可以用连接查询实现。

```
SELECT Student.Sno,Sname
FROM Student,SP,Project
  WHERE Student.Sno=SP.Sno AND SP.Pno=Project.Pno AND
    Project.Pname='全国大学生数学建模竞赛';
```

2. 带有比较运算符的子查询

带有比较运算符的子查询是指父查询与子查询之间用比较运算符连接。当用户能确切知道子查询返回的是单个值时，可以用>、<、=、>=、<=、!=或<>等比较运算符。例如，在例 4.53 中，由于一个学生只可能在一个学院学习，也就是说，子查询的结果是一个值，因此可以用=代替 IN。

```
SELECT Sno,Sname,Dno /*例 4.53 的解法三*/
FROM   Student
WHERE Dno = (
  SELECT  Dno
  FROM Student
  WHERE Sname='刘瑶瑶');
```

[例 4.55] 找出比 DP02 学院平均年龄大的学生的学号。

```
SELECT Sno
FROM Student
WHERE Sage >=(SELECT AVG(Sage)
      FROM Student
       WHERE Dno='DP02');
```

3. 带有ANY（SOME）或ALL谓词的子查询

子查询返回单值时可以用比较运算符，但返回多值时要用ANY（有的系统用SOME）或ALL谓词。而使用ANY或ALL谓词时必须使用比较运算符。ANY或ALL谓词的语义如下所示。

>ANY	大于子查询结果中的某个值
>ALL	大于子查询结果中的所有值
<ANY	小于子查询结果中的某个值
<ALL	小于子查询结果中的所有值
>=ANY	大于或等于子查询结果中的某个值
>=ALL	大于或等于子查询结果中的所有值
<=ANY	小于或等于子查询结果中的某个值
<=ALL	小于或等于子查询结果中的所有值
=ANY	等于子查询结果中的某个值
=ALL	等于子查询结果中的所有值（通常没有实际意义）
!=（或<>）ANY	不等于子查询结果中的某个值
!=（或<>）ALL	不等于子查询结果中的任何一个值

[例 4.56] 查询不是DP02学院但比DP02学院任意学生年龄小的学生的姓名和年龄。

```
SELECT Sname,Sage
FROM Student
WHERE Sage <ANY(SELECT  Sage
                FROM    Student
                WHERE Dno='DP02')  AND  Dno <>'DP02';
```

查询结果如图4.6所示。

Sname	Sage
李辉	20
张昊	18
王翊	21
赵岚	19
韦峰	20
刘瑶瑶	18
吴茜	21

图 4.6　例 4.56 的查询结果

关系数据库管理系统执行此查询时，首先处理子查询，找出DP02学院中所有学生的年龄，构成一个集合{20,21,22}；然后处理父查询，找出所有不是DP02学院且年龄小于20岁、21岁或22岁的学生。

本查询也可以用聚集函数实现，首先用子查询找出DP02学院中的最大年龄22岁；然后在父查询中找出所有非DP02学院且年龄小于22岁的学生。SQL语句如下。

```
SELECT Sname,Sage
FROM Student
WHERE Sage<(SELECT MAX(Sage)
            FROM Student
```

```
              WHERE Dno='DP02')AND Dno <> 'DP02';
```

[**例 4.57**] 查询不是 DP02 学院且比 DP02 学院所有学生年龄小的学生的姓名和年龄。

```
SELECT Sname,Sage
FROM   Student
WHERE  Sage <ALL(SELECT Sage
                FROM Student
                WHERE Dno='DP02') AND Dno <> 'DP02';
```

关系数据库管理系统执行此查询时，首先处理子查询，找出 DP02 学院中所有学生的年龄，构成一个集合{20,21,22}；然后处理父查询，找出所有不是 DP02 学院且年龄既小于 20 岁，也小于 21 岁和 22 岁的学生。查询结果如图 4.7 所示。

Sname	Sage
张昊	18
赵岚	19
刘瑶瑶	18

图 4.7　例 4.57 的查询结果

本查询同样也可以用聚集函数实现。SQL 语句如下。

```
SELECT Sname,Sage
FROM   Student
WHERE  Sage<
         (SELECT MIN(Sage)
          FROM Student
          WHERE Dno='DP02') and Dno <> 'DP02';
```

事实上，用聚集函数实现子查询通常比直接用 ANY 或 ALL 谓词的查询效率要高。ANY（或 SOME）、ALL 谓词与聚集函数、IN 谓词的等价转换关系如表 4.13 所示。

表 4.13　ANY（或 SOME）、ALL 谓词与聚集函数、IN 谓词的等价转换关系

	=	<>或!=	<	<=	>	>=
ANY	IN	—	<MAX	<=MAX	>MIN	>=MIN
ALL	—	NOT IN	<MIN	<=MIN	>MAX	>=MAX

表 4.13 中，=ANY 等价于 IN 谓词，<ANY 等价于<MAX，<>ALL 等价于 NOT IN 谓词，<ALL 等价于<MIN。

4．带有 EXISTS 谓词的子查询

EXISTS 代表存在量词，带有 EXISTS 谓词的子查询不返回任何数据，只产生逻辑真值"true"或逻辑假值"false"。

可以利用 EXISTS 来判断 $x \in S$、$S \subseteq R$、$S=R$、$S \cap R$ 非空等是否成立。

[**例 4.58**] 查询所有参与 P1002 项目的学生的姓名。

本查询涉及 Student 表和 SP 表。可以在 Student 表中依次取每个元组的 Sno 值，用此值去检查 SP 表。若 SP 表中存在这样的元组，其 Sno 值等于 Student.Sno 值，并且其

Pno='P1002'，则将此 Student.Sname 送入结果表。将此想法写成 SQL 语句：
```
SELECT Sname
FROM   Student
WHERE EXISTS
       (SELECT *
        FROM SP
        WHERE Sno=Student.Sno AND Pno='P1002');
```

使用 EXISTS 谓词后，若子查询结果非空，则父查询的 WHERE 子句返回真值，否则返回假值。

由 EXISTS 引出的子查询，其目标列表达式通常都用*，因为带有 EXISTS 谓词的子查询只返回真值或假值，给出列名无实际意义。本例中子查询的查询条件依赖于父查询的某个属性值（Student 表的 Sno 值），因此也是相关子查询。这个相关子查询的处理过程是：首先取父查询中 Student 表的第一个元组，根据它与子查询相关的属性值（Sno 值）处理子查询，若 WHERE 子句返回值为真，则取父查询中该元组的 Sname 放入结果表；然后取 Student 表的下一个元组；重复这一过程，直至外层 Student 表全部检查完为止。

本例中的查询也可以用连接运算来实现，读者可以参照有关的例子自己给出相应的 SQL 语句。

与 EXISTS 谓词相对应的是 NOT EXISTS 谓词。使用 NOT EXISTS 谓词后，若子查询结果为空，则父查询的 WHERE 子句返回真值，否则返回假值。

[例 4.59] 查询没有参与 P1002 项目的学生的姓名。
```
SELECT Sname
FROM   Student
WHERE NOT EXISTS
    (SELECT *
     FROM SP
     WHERE Sno=Student.Sno AND Pno='P1002');
```

一些带有 EXISTS 或 NOT EXISTS 谓词的子查询不能被其他形式的子查询等价替换，但所有带有 IN 谓词、比较运算符、ANY 和 ALL 谓词的子查询都能用带有 EXISTS 谓词的子查询等价替换。例如，带有 IN 谓词的例 4.53 的子查询可以用如下带有 EXISTS 谓词的子查询替换。
```
SELECT Sno,Sname,Dno    /*例 4.53 的解法四*/
FROM   Student S1
WHERE EXISTS
    (SELECT  *
     FROM Student S2
     WHERE S2.Dno=S1.Dno AND
           S2.Sname = '刘瑶瑶');
```

由于带有 EXISTS 谓词的相关子查询只关心子查询是否有返回值，并不需要查询具体值，因此其效率并不一定低于不相关子查询，有时反而是高效的方法。

[**例 4.60**] 查询参与了全部项目的学生的姓名。

SQL 中没有全称量词（for all），但是可以把带有全称量词的谓词转换为等价的带有存在量词的谓词。

$$(\forall x)P \Leftrightarrow \neg((\exists x)\neg P)$$

由于没有全称量词，可将题目的意思转换成等价的带有存在量词的形式：查询这样的学生，没有一个项目是他不参与的。SQL 语句如下。

```
SELECT   Sname
FROM     Student
WHERE NOT   EXISTS
        (SELECT *
         FROM    Project
         WHERE NOT   EXISTS
                (SELECT *
                 FROM    SP
                 WHERE Sno=Student.Sno
                   AND Pno=Project.Pno));
```

从而用 EXISTS 来实现带有全称量词的查询。

[**例 4.61**] 查询至少参与了学生 S202301014 参与的全部项目的学生的学号。

本查询可以用逻辑蕴涵来表达：查询学号为 x 的学生，对于所有的项目 y，只要学生 S202301014 参与了项目 y，则学生 x 也参与了项目 y。形式化表示如下。

用 p 表示谓词"学生 S202301014 参与了项目 y"，用 q 表示谓词"学生 x 参与了项目 y"，则上述查询为

$$\forall y(p \rightarrow q)$$

SQL 中没有蕴涵逻辑运算，但是可以利用谓词演算将一个逻辑蕴涵的谓词等价转换为

$$p \rightarrow q \Leftrightarrow \neg p \vee q$$

该查询可以转换为如下等价形式：

$$\forall y(p \rightarrow q) \Leftrightarrow \forall y(\neg p \vee q) \Leftrightarrow \forall y(\neg\neg(\neg p \vee q)) \Leftrightarrow \neg\exists y(p \wedge \neg q)$$

它所表达的语义为：不存在这样的项目 y，学生 S202301014 参与了项目 y，而学生 x 没有参与。用 SQL 表示如下。

```
SELECT DISTINCT  Sno
FROM  SP  SPX
WHERE NOT   EXISTS
        (SELECT  *
         FROM    SP  SPY
         WHERE SPY.Sno = 'S202301014'  AND
           NOT  EXISTS
                (SELECT * FROM  SP  SPZ
```

```
                WHERE SPZ.Sno =  SPX.Sno   AND
                SPZ.Pno = SPY.Pno);
```

4.3.4　集合查询

SELECT 语句的查询结果是元组的集合，所以多条 SELECT 语句的结果可进行集合操作。集合操作主要包括并操作 UNION、交操作 INTERSECT 和差操作 EXCEPT。

注意，参加集合操作的各查询结果的列数必须相同，对应项的数据类型也必须相同。

[例 4.62] 查询 DP02 学院学生或年龄不大于 19 岁的学生。

```
SELECT   *
FROM   Student
WHERE Dno='DP02'
UNION
SELECT   *
FROM   Student
WHERE Sage <= 19;
```

本查询实际上是求 DP02 学院的所有学生与年龄不大于 19 岁的学生的并集。当使用 UNION 将多个查询结果合并起来时，系统会自动去掉重复元组。如果要保留重复元组，则应使用 UNION ALL 操作符。

[例 4.63] 查询参与了 P1001 或 P1002 项目的学生。

本例查询参与了 P1001 项目的学生集合与参与了 P1002 项目的学生集合的并集。

```
SELECT Sno
FROM   SP
WHERE  Pno = 'P1001'
UNION
SELECT  Sno
FROM   SP
WHERE Pno = 'P1002';
```

[例 4.64] 查询 DP02 学院的学生与年龄不大于 19 岁的学生的交集。

```
SELECT    *
FROM   Student
WHERE Dno = 'DP02'
INTERSECT
SELECT    *
FROM   Student
WHERE Sage <= 19;
```

这实际上就是查询 DP02 学院中年龄不大于 19 岁的学生。

```
SELECT   *
FROM   Student
WHERE Dn o ='DP02'   AND
Sage<=19;
```

[例 4.65] 查询既参与了 P1001 项目又参与了 P1002 项目的学生的集合。

```
SELECT   Sno
FROM   SP
WHERE  Pno = 'P1001'
INTERSECT
SELECT   Sno
FROM   SP
WHERE  Pno = 'P1002';
```

本例也可以表示为：

```
SELECT   Sno
FROM   SP
WHERE   Pno='P1001'  AND  Sno  IN
                   (SELECT  Sno
                    FROM   SP
                    WHERE  Pno = 'P1002'
                   );
```

[例 4.66] 查询 DP02 学院的学生与年龄不大于 19 岁的学生的差集。

```
SELECT   *
FROM   Student
WHERE  Dno = 'DP02'
EXCEPT
SELECT   *
FROM   Student
WHERE  Sage <= 19;
```

也就是查询 DP02 学院中年龄大于 19 岁的学生。

```
SELECT    *
FROM   Student
WHERE  Sdept = 'DP02' AND   Sage > 19;
```

4.3.5　基于派生表的查询

子查询不仅可以出现在 WHERE 子句中，还可以出现在 FROM 子句中，这时子查询生成的临时派生表成为主查询的查询对象。

[例 4.67] 查询所有参与了 P1002 项目的学生的姓名。

```
SELECT   Sname
FROM    Student, (SELECT Sno FROM SP WHERE Pno='P1002')  AS   SP1
WHERE  Student.Sno = SP1.Sno;
```

需要说明的是，FROM 子句连接派生表时，AS 关键词不可以省略，必须为派生关系指定一个别名。而对于基本表，别名是可选择项。

4.4 数据更新

数据更新操作有三种：向表中添加若干行数据、修改表中的数据和删除表中的若干行数据，在 SQL 中有相应的三类语句。

4.4.1 插入数据

SQL 的数据插入语句 INSERT 通常有两种形式：一种是插入一个元组；另一种是插入子查询结果。后者可以一次插入多个元组。

1. 插入元组

插入元组的 INSERT 语句的格式为：
```
INSERT
INTO<表名>[(<属性列1>[,<属性列2>]…)]
VALUES(<常量1>[,<常量2>]…);
```

其功能是将新元组插入指定表中。其中，新元组的属性列 1 的值为常量 1，属性列 2 的值为常量 2，以此类推。对于 INTO 子句中没有出现的属性列，新元组在这些列上将取空值。但必须注意的是，在表定义时说明了 NOT NULL 的属性列不能取空值，否则会出错。

如果 INTO 子句中没有指明任何属性列名，则新插入的元组必须在每个属性列上均有值。

[例 4.68] 将一个新学生元组（学号：S202301018，姓名：吴茜，性别：女，学院号：DP01，年龄：21 岁）插入 Student 表中。
```
INSERT INTO Student(Sno,Sname,Ssex,Dno,Sage)
VALUES('S202301018','吴茜','女','DP01',21);
```

在 INTO 子句中指出了表名 Student，并指出了新增加的元组在哪些属性列上要赋值，属性列的顺序可以与 CREATE TABLE 语句中的顺序不一样。VALUES 子句对新元组的各属性列赋值，字符串常数要用单引号（英文符号）引起来。

[例 4.69] 将学生张成民的信息插入 Student 表中。
```
INSERT INTO Student
VALUES('S202301019','张成民','男',21,'DP02');
```

与例 4.68 的不同是，本例在 INTO 子句中只指出了表名，没有指出属性列名。这表示新元组要在表的所有属性列上都指定值，属性列的顺序与 CREATE TABLE 语句中的顺序相同。VALUES 子句对新元组的各属性列赋值，一定要注意，值与属性列要一一对应，如果像例 4.68 那样写为('S202301019','张成民','男','DP02',21)，则含义是将'DP02'赋予列 Sage，将 21 赋予列 Dno，这样会因为数据类型不匹配而出错。

[例 4.70] 插入一条参与项目的记录('S202301018','P3005')。

```
INSERT INTO SP(Sno,Pno)
VALUES('S202301018','P3005');
```

关系数据库管理系统将在新插入记录的 Remark 等列上自动地赋空值。或者

```
INSERT  INTO SP
VALUES('S202301018','P3005',NULL,NULL,NULL,NULL);
```

因为没有指出 SP 表的属性名，所以在这些属性的列上要明确地给出空值。

2. 插入子查询结果

子查询不仅可以嵌套在 SELECT 语句中用于构造父查询的条件，也可以嵌套在 INSERT 语句中用于生成要插入的批量数据。

插入子查询结果的 INSERT 语句格式为：

```
INSERT
INTO<表名>[(<属性列 1>[,<属性列 2>…])]
子查询;
```

[例 4.71] 对每个学院，求学生的平均年龄，并把结果存入数据库中。

首先在数据库中建立一个新表，其中一列存放学院号，另一列存放相应的学生平均年龄。

```
CREATE TABLE Dept_age
          (Dno CHAR(4),
           Avg_age SMALLINT);
```

然后对 Student 表按学院分组求平均年龄，最后把学院号和平均年龄存入新表中。

```
INSERT  INTO Dept_age(Dno,Avg_age)
SELECT Dno,AVG(Sage)
FROM  Student
GROUP BY Dno;
```

4.4.2 修改数据

修改（UPDATE）语句的一般格式为：

```
UPDATE<表名>
SET<列名>=<表达式>[,<列名>=<表达式>]…
[WHERE<条件>];
```

UPDATE 语句的功能是修改指定表中满足 WHERE 子句条件的元组。其中，SET 子句给出<表达式>的值，用于取代相应的属性列值。如果省略 WHERE 子句，则表示要修改表中的所有元组。

1. 修改某一个元组的值

[例 4.72] 将学生 S202301014 的年龄改为 22 岁。

```
UPDATE  Student
SET Sage = 22
WHERE Sno ='S202301014';
```

2. 修改多个元组的值

[例 4.73] 将所有学生的年龄增加 1 岁。

```
UPDATE Student
SET Sage = Sage + 1;
```

3. 带子查询的 UPDATE 语句

子查询也可以嵌套在 UPDATE 语句中,用于构造修改的条件。

[例 4.74] 将 DP02 学院全体学生的年龄置零。

```
UPDATE  Student
SET Sage =0
WHERE Sno IN
        (SELETE Sno
         FROM   Student
         WHERE Dno  = 'DP02');
```

4.4.3 删除数据

删除(DELETE)语句的一般格式为:

```
DELETE
FROM <表名>
[WHERE<条件>];
```

DELETE 语句的功能是从指定表中删除满足 WHERE 子句条件的所有元组。如果省略 WHERE 子句,则表示删除表中全部元组,但表的定义仍在字典中。也就是说,DELETE 语句删除的是表中的数据,而不是关于表的定义。

1. 删除某一个元组的值

[例 4.75] 删除学号为 S202301018 的学生的记录。

```
DELETE
FROM Student
   WHERE Sno  = 'S202301018';
```

2. 删除多个元组的值

[例 4.76] 删除所有的学生参与项目的记录。

```
DELETE
FROM  SP;
```

这条 DELETE 语句使 SP 表成为空表,它删除了 SP 表的所有元组。

3. 带子查询的 DELETE 语句

子查询同样也可以嵌套在 DELETE 语句中,用于构造执行删除操作的条件。

[例 4.77] 删除 DP02 学院所有学生参与项目的记录。

```
DELETE
```

```
    FROM   SP
        WHERE Sno    IN
            (SELETE  Sno
             FROM    Student
             WHERE Dno = 'DP02');
```

4.5 空值的处理

前面已经多处提到空值（NULL）的概念和空值的处理，这里再系统地介绍一下这个问题。所谓空值，就是"不知道"、"不存在"或"无意义"的值。SQL 中允许某些元组的某些属性在一定情况下取空值。一般有以下几种情况。

（1）该属性应该有一个值，但目前不知道它的具体值。例如，某学生的年龄属性，因为学生登记表漏填了，不知道该学生年龄，所以取空值。

（2）该属性不应该有值。例如，缺考学生的成绩为空，因为他没有参加考试。

（3）由于某种原因不便于填写。例如，一个人的电话号码不想让大家知道，所以取空值。

因此，空值是一个很特殊的值，含有不确定性，对于关系运算带来的特殊问题，需要做特殊的处理。

1. 空值的产生

[例 4.78] 向 SP 表中插入一个元组，学号是 S202301019，项目号是 P2004，其他属性为空。

```
INSERT INTO SP(Sno,Pno,Times,Awards,Supervisor,Remark)
VALUES ('S202301019','P2004',NULL,NULL,NULL,NULL);
/*在插入时该学生还没有考试成绩，取空值*/
```

或

```
INSERT INTO SP(Sno,Pno)
VALUES ('S202301019','P2004');
/*在 INSERT 语句中没有赋值的属性，其值为空值*/
```

[例 4.79] 将 Student 表中学号为 S202301019 的学生的学院号改为空值。

```
UPDATE   Student
SET   Dno = NULL
WHERE Sno = 'S202301019';
```

另外，外连接也会产生空值，空值的关系运算也会产生空值。

2. 空值的判断

一个属性的值是否为空值用 IS NULL 或 IS NOT NULL 来表示。

[例 4.80] 从 Student 表中找出漏填了数据的学生信息。

```
SELECT    *
FROM    Student
```

```
WHERE Sname IS NULL OR Ssex IS NULL OR Sage IS NULL OR Dno IS NULL ;
```

3. 空值的约束条件

属性定义（或者域定义）中有 NOT NULL 约束条件的不能取空值，加了 UNIQUE 限制的属性不能取空值，码属性不能取空值。

4. 空值的算术运算、比较运算和逻辑运算

空值与另一个值（包括另一个空值）的算术运算的结果为空值，空值与另一个值（包括另一个空值）的比较运算的结果为 UNKNOWN。有了 UNKNOWN 后，传统的逻辑运算中二值（TRUE，FALSE）逻辑就扩展成了三值逻辑。逻辑运算符真值表如表 4.14 所示，其中 T 表示 TRUE，F 表示 FALSE，U 表示 UNKNOWN。

表 4.14 逻辑运算符真值表

x y	x AND y	x OR y	NOT x
T T	T	T	F
T U	U	T	F
T F	F	T	F
U T	U	T	U
U U	U	U	U
U F	F	U	U
F T	F	T	T
F U	F	U	T
F F	F	F	T

在 SELECT 语句中，只有使 WHERE 子句和 HAVING 子句中的选择条件为 TRUE 的元组才能被选出作为输出结果。

[例 4.81] 找出参与 P1004 项目且未参与 P2003 项目的学生的信息。

```
SELECT   Sno
FROM    SP
WHERE  Pno = 'P1004'
INTERSECT
SELECT   Sno
FROM    SP
WHERE  Pno <> 'P2003';
```

4.6 视图

视图是从一个或几个基本表导出的表。它与基本表不同，是一个虚表。数据库中只存放

视图的定义,而不存放视图对应的数据,这些数据仍存放在原来的基本表中。所以一旦基本表中的数据发生变化,从视图中查询出的数据也就随之改变了。从这个意义上讲,视图就像一个窗口,透过它可以看到数据库中的数据及其变化。

视图一经定义,就可以和基本表一样被查询、被删除。也可以在一个视图之上再定义新的视图,但对视图的更新(修改、插入、删除)操作有一定的限制。

本节专门讨论视图的定义、操作及作用。

4.6.1 定义视图

1. 建立视图

SQL 用 VIEW 命令建立视图,其一般格式为:

```
CREATE VIEW <视图名>[(<列名>[,<列名>]…)]
AS <子查询>
[WITH CHECK OPTION];
```

其中,子查询可以是任意的 SELECT 语句,是否可以含有 ORDER BY 子句和 DISTINCT 短语,则取决于具体系统的实现。

WITH CHECK OPTION 表示对视图进行 UPDATE、INSERT 和 DELETE 操作时要保证修改、插入和删除的行满足视图定义中的谓词条件(子查询中的条件表达式)。组成视图的属性列名或全部省略或全部指定,没有第三种选择。如果省略了视图的各个属性列名,则子查询中 SELECT 子目标的各列为隐含的该视图的列。但在下列三种情况下必须明确指定组成视图的所有列名。

(1)某个目标列不是单纯的属性列名,而是聚集函数或列表达式。

(2)多表连接时选出了几个同名列作为视图的字段。

(3)需要在视图中为某个列启用新的更合适的名字。

[例 4.82] 建立 DP02 学院学生的视图。

```
CREATE VIEW  DP02_Student
AS
SELECT  Sno, Sname, Sage
FROM    Student
WHERE Dno ='DP02';
```

本例中省略了 DP02_Student 视图的列名,隐含了由子查询中 SELECT 子句中的三个列名组成的列。

关系数据库管理系统执行 CREATE VIEW 语句的结果只是把视图的定义存入数据字典中,并不执行其中的 SELECT 语句。只有在查询视图时,才按视图的定义从基本表中将数据查出。

[例 4.83] 建立 DP02 学院学生的视图,并要求进行修改和插入操作时仍需保证该视图只有 DP02 学院的学生。

```
CREATE VIEW DP02_Student
```

```
AS
SELECT Sno , Sname , Sage
FROM Student
WHERE Dno ='DP02'
WITH CHECK OPTION;
```

由于在定义 DP02_Student 视图时加上了 WITH CHECK OPTION 子句，因此以后对该视图进行修改、插入和删除操作时，关系数据库管理系统会自动加上 WHERE Dno ='DP02'的条件。

视图不仅可以建立在单个基本表上，也可以建立在多个基本表上。

[例 4.84] 建立 DP02 学院中参与了 P1001 项目的学生的视图（包括学号、姓名）。

```
CREATE VIEW DP02_S1(Sno, Sname)
AS
SELECT Student.Sno, Sname
FROM    Student, SP
WHERE Dno ='DP02' AND
Student. Sno = SP.Sno AND
SP.Pno ='P1001';
```

由于 DP02_S1 视图的属性列中包含了 Student 表与 SP 表的同名列 Sno，所以必须在视图名后面明确说明视图的各个属性列名。

视图不仅可以建立在一个或多个基本表上，也可以建立在一个或多个已定义好的视图上，或者建立在基本表与视图上。

[例 4.85] 建立 DP02 学院中参与了 P1001 项目且年龄大于 20 岁的学生的视图。

```
CREATE VIEW DP02_S2
AS
SELECT   Sno,Sname,Sage
FROM   DP02_S1
WHERE Sage>= 20;
```

这里的 DP02_S2 视图就是建立在 DP02_S1 视图之上的。

定义基本表时，为了减少数据库中的冗余数据，表中只存放基本数据，由基本数据经过各种计算派生出的数据一般是不存储的。由于视图中的数据并不实际存储，因此定义视图时可以根据应用的需要设置一些派生属性列。由于这些派生属性列在基本表中并不实际存在，因此称它们为虚拟列。带虚拟列的视图称为带表达式的视图。

[例 4.86] 定义一个反映学生出生年份的视图。

```
CREATE VIEW BT_S(Sno, Sname, Sbirth)
AS
SELECT   Sno, Sname, 2023-Sage
FROM   Student;
```

这里 BT_S 视图是一个带表达式的视图。该视图中的出生年份值是通过计算得到的。可以用带有聚集函数和 GROUP BY 子句的查询来定义视图，这种视图称为分组视图。

[例 4.87] 将学生的学院号及平均年龄定义为一个视图。

```
CREATE VIEW D_G(Dno,Gavg)
AS
SELECT   Dno, AVG(Sage)
FROM     Student
GROUP    BY   Dno;
```

由于 AS 子句中 SELECT 语句的目标列平均年龄是通过作用聚集函数得到的，因此 CREATE VIEW 中必须明确定义组成 D_G 视图的各个属性列名。D_G 是一个分组视图。

[例 4.88] 将 Student 表中所有女生的记录定义为一个视图。

```
CREATE VIEW F_Student(F_Sno, Sname, Ssex, Sage, Dno)
AS
SELECT    *
FROM     Student
WHERE Ssex = '女';
```

这里视图 F_Student 是由子查询 SELECT *建立的。F_Student 视图的属性列与 Student 表的属性列一一对应。如果以后修改了 Student 表的结构，则 Student 表与 F_Student 视图的映像关系就会被破坏，该视图就不能正常工作。为避免出现这类问题，最好在修改基本表之后删除由该基本表导出的视图，并重建这个视图。

2．删除视图

删除视图语句的格式为：
```
DROP  VIEW  <视图名>;
```

视图被删除后，视图的定义将从数据字典中被删除。如果该视图上还导出了其他视图，则需要删除其他相关视图，才能删除本视图。

[例 4.89] 删除 DP02_Student 视图和 DP02_S2 视图。

```
DROP  VIEW  DP02_Student             /*成功执行*/
DROP  VIEW  DP02_S2;                 /*拒绝执行*/
```

执行此语句时，由于 DP02_S1 视图上还导出了 DP02_S2 视图，所以该语句被拒绝执行。如果确定要删除 DP02_S2 视图，则需要先删除 DP02_S1 视图，之后才能删除 DP02_S2 视图。

```
DROP  VIEW  DP02_S1    /*删除 DP02_S1 视图*/
```

4.6.2 查询视图

定义视图后，用户就可以像对基本表一样对视图进行查询。

[例 4.90] 在 DP02 学院视图中找出年龄小于 20 岁的学生。

```
SELECT   Sno, Sage
FROM    DP02_Student
WHERE Sage < 20;
```

关系数据库管理系统执行对视图的查询时，首先进行有效性检查，检查查询中涉及的表、视图等是否存在。如果存在，则从数据字典中取出视图的定义，把定义中的子查询和用户的查询结合起来，转换成等价的对基本表的查询，然后执行修正了的查询。这一转换过程称为视图消解。

本例转换后的查询语句为:
```
SELECT  Sno, Sage
FROM    Student
WHERE   Dno = 'DP02' AND  Sage  <  20;
```

[**例 4.91**] 查询参与了 P1001 项目的 DP02 学院的学生。
```
SELECT DP02_Student.Sno, Sname
FROM   DP02_Student, SP
WHERE  DP02_Student.Sno = SP.Sno AND SP.Pno = 'P1001';
```

本查询涉及视图 DP02_Student(虚表)和基本表 SP,通过这两个表的连接来完成用户请求。在一般情况下,视图查询的转换是直截了当的。但在有些情况下,这种转换不能直接进行,否则查询时会出现问题。

[**例 4.92**] 在 D_G 视图(例 4.87 中定义的视图)中查询平均年龄在 20 岁以上的学生的学号和姓名,语句为:
```
SELECT  *
FROM    D_G
WHERE Gavg >= 20;
```

例 4.87 中定义 D_G 视图的子查询为:
```
SELECT  Dno, AVG(Sage)
FROM    Student
GROUP BY Dno;
```

将本例中的查询语句与定义 D_G 视图的子查询结合,形成下列查询语句。
```
SELECT  Dno,AVG(Sage)
FROM    Student
WHERE AVG(Sage) >= 20
GROUP BY Dno;
```

因为 WHERE 子句中是不能用聚集函数作为条件表达式的,因此执行此修正后的查询将会出现语法错误。正确转换的查询语句如下。
```
SELECT  Dno,AVG(Sage)
FROM    Student
GROUP BY Dno
 HAVING AVG(Sage) >= 20
```

例 4.92 也可以用如下 SQL 语句完成。
```
SELECT  *
FROM    (SELECT Dno, AVG(Sage)
    FROM    Student
    GROUP BY Dno) AS  D_G (Sno , Gavg )  /*子查询生成一个派生表 D_G*/
WHERE Gavg >= 20;
```

但定义并查询视图与基于派生表的查询是有区别的。视图一旦被定义,其定义将永久保存在数据字典中,之后的所有查询都可以直接引用该视图。而派生表只是在语句执行时临时定义,语句执行后该定义即被删除。

4.6.3 更新视图

更新视图是指通过视图来增加、删除和修改数据。由于视图是不实际存储数据的虚表，因此对视图的更新最终要转换为对基本表的更新。像查询视图那样，对视图的更新操作也是通过视图消解转换为对基本表的更新操作的。为防止用户通过视图对数据进行增加、删除、修改时，有意无意地对不属于视图范围内的基本表数据进行操作，可在定义视图时加上 WITH CHECK OPTION 子句。这样在视图上增加、删除和修改数据时，关系数据库管理系统会检查视图定义中的条件，若条件不满足，则拒绝执行该操作。

[例 4.93] 将 DP02_Student 视图中学号为 S202301013 的学生的姓名改为张翊。

```
UPDATE  DP02_Student
SET   Sname ='张翊'
WHERE Sno ='S202301013';
```

转换后的更新语句为：

```
UPDATE  Student
SET Sname ='张翊'
WHERE Sno ='S202301013' AND Dno = 'DP02';
```

[例 4.94] 向 DP02_Student 视图中插入一个新的学生记录，其中，学号为 S202301020，姓名为"赵新"，年龄为 20 岁。

```
INSERT
INTO  DP02_Student
VALUES ('S202301020','赵新',20);
```

转换为对基本表的更新语句：

```
INSERT
INTO   Student(Sno, Sname, Sage, Dno)
VALUES ('S202301020','赵新',20,'DP02');
```

这里系统自动将学院号 DP02 放入 VALUES 的学生子句中。

[例 4.95] 删除 DP02_Student 视图中学号为 S202301020 的学生的记录。

```
DELETE
FROM   DP02_Student
WHERE Sno ='S202301020';
```

转换为对基本表的更新语句：

```
DELETE
FROM   Student
WHERE Sno ='S202301020' AND Dno ='DP02';
```

目前，各关系数据库管理系统一般都只允许对行列子集视图进行更新，而且各系统对视图的更新还有更进一步的规定。由于各系统实现方法上的差异，这些规定也不尽相同。

例如，DB2 规定：

（1）若视图是由两个以上基本表导出的，则此视图不允许更新。

（2）若视图的字段来自字段表达式或常数，则不允许对此视图执行增加和修改操作，但允许执行删除操作。

（3）若视图的字段来自聚集函数，则此视图不允许更新。

（4）若视图定义中含有 GROUP BY 子句，则此视图不允许更新。

（5）若视图定义中含有 DISTINCT 短语，则此视图不允许更新。

（6）若视图定义中有嵌套查询，并且内层查询的 FROM 子句中涉及的表也是导出该视图的基本表，则此视图不允许更新。

（7）一个不允许更新的视图中定义的视图也不允许更新。

应该指出的是，不可更新的视图与不允许更新的视图是两个不同的概念。前者指理论上已证明其是不可更新的视图。后者指实际系统中不支持其更新，但它本身有可能是可更新的视图。

4.6.4 视图的作用

视图最终是定义在基本表之上的，对视图的一切操作最终也要转换为对基本表的操作。而且，对非行列子集视图进行查询或更新时还有可能出现问题。既然如此，为什么还要定义视图呢？这是因为合理使用视图能够带来许多好处。

1. 视图能够简化用户的操作

视图机制使用户可以将注意力集中在其所关心的数据上。如果这些数据不是直接来自基本表的，则可以通过定义视图使数据库看起来结构简单、清晰，并且可以简化用户的数据查询操作。例如，那些定义了若干表连接的视图就将表与表之间的连接操作对用户隐藏起来了。换句话说，用户所做的只是对一个虚表的简单查询，而这个虚表是怎样得来的，用户无须了解。

2. 视图使用户能从多个角度看待同一数据

视图机制能使不同的用户以不同的方式看待同一数据，当许多不同种类的用户共享同一个数据库时，这种灵活性是非常重要的。

3. 视图对重构数据库提供了一定程度的逻辑独立性

前面已经介绍过数据的物理独立性与逻辑独立性的概念。数据的物理独立性是指用户的应用程序不依赖于数据库的物理结构。数据的逻辑独立性是指当数据库重构（如增加新的关系或对原有关系增加新的字段等）时，用户的应用程序不会受影响。层次数据库和网状数据库一般能较好地支持数据的物理独立性，而对于数据的逻辑独立性则不能完全地支持。

在关系数据库中，数据库的重构往往是不可避免的。重构数据库最常见的形式是将一个基本表垂直地分成多个基本表。例如，将学生表

```
Student(Sno,Sname,Ssex,Sage,Dno)
```

分为：
```
SX(Sno,Sname,Sage)
SY(Sno,Ssex,Dno)
```
这时原表 Student 为 SX 表和 SY 表自然连接的结果。建立一个视图 Student：
```
CREATE VIEW Student(Sno,Sname,Sage,Dno)
  AS
SELECT SX.Sno,SX.Sname,SY.Ssex,SX.Sage,SY.Dno
FROM SX,SY
WHERE SX.Sno = SY.Sno;
```
这样尽管数据库的逻辑结构改变了（变为 SX 和 SY 两个表），但应用程序不必修改，因为新建立的视图定义为用户原来的关系，使用户的外模式保持不变，用户的应用程序通过视图仍然能够查找数据。

当然，视图只能在一定程度上提供数据的逻辑独立性，比如由于对视图的更新是有条件的，因此应用程序中修改数据的语句可能仍会因基本表结构的改变而需要做相应的修改。

有了视图机制，就可以在设计数据库应用系统时对不同的用户定义不同的视图，使机密数据不出现在不应看到这些数据的用户的视图上。这样视图机制就自动提供对机密数据的安全保护功能。

习题

1. 有两个关系 $S(A,B,C)$ 和 $R(C,D,E,F)$，写出与下列查询等价的 SQL 表达式。

（1）$\sigma_{A=10}(S)$；

（2）$\Pi_{C,D}(R)$；

（3）$S \underset{S.C=R.C}{\bowtie} R$。

2. 设有一个学生选课数据库，由 3 个关系模式组成，分别为：

$\qquad$ S(Sno,Sname,Sage,Sdept)、C(Cno,Cname,PCno)、SP(Sno,Cno,Grade)

学生表 S 由学号（Sno）、姓名（Sname）、年龄（Sage）、所在系（Sdept）组成。课程表 C 由课程号（Cno）、课程名（Cname）、先修课号（PCno）组成。选课表 SP 由学号（Sno）、课程号（Cno）、成绩（Grade）组成。

用 SQL 完成以下各项操作。

（1）查询年龄大于 20 岁的学生的姓名。

（2）查询先修课号为 C1 的课程号。

（3）查询课程号为 C2 且成绩在 85 分以上的学生的姓名。

（4）查询学号为 S2 的学生选修的课程名。

（5）查询计算机系学生所选修的课程名。

（6）查询王华同学未选修的课程名。

（7）查询全部学生都选修的课程号和课程名。

（8）查询至少选修 C3 课程的学生的学号和姓名。

3．什么是基本表？什么是视图？两者的区别和联系是什么？

4．试述视图的优点。

5．在聚合函数中，哪个函数在统计时不考虑 NULL？

6．在 LIKE 运算符中，"%"的作用是什么？

7．在使用 UNION 合并多个查询语句的结果时，对各查询语句的要求是什么？

8．相关子查询与嵌套查询在执行方面的主要区别是什么？

9．对统计结果的筛选应该使用哪个子句完成？

10．在 ORDER BY 子句中，排序依据列的前后是否重要？"ORDER BY C1,C2"子句对数据的排序顺序是什么？

第 5 章

数据库完整性

学习目标

- ✓ 掌握数据库建立的实体完整性。
- ✓ 掌握数据表建立的参照完整性。
- ✓ 理解属性列建立的用户定义的完整性。
- ✓ 熟悉数据库中的违约机制。

学习重点

- ✓ 数据库建立的实体完整性。
- ✓ 数据表建立的参照完整性。
- ✓ 属性列建立的用户定义的完整性。
- ✓ 违约机制。

思政导学

- ✓ **关键词**：实体完整性、参照完整性及用户定义的完整性。
- ✓ **内容要意**：采用 SQL 语句实现数据表的完整性约束及违约机制，直观地展现出数据库中实体对数据表的核心作用，一方面反映数据表中各属性的关系和约束，另一方面通过参照完整性展现数据表之间的相关关系，重点突出关系数据库的核心思想，鼓励学生在数据库的建立过程中要积极思考、勇于创新、敢于发现问题并解决问题。
- ✓ **思政点拨**：通过联合主码引导学生熟悉学校的管理规则，激发学生的集体荣誉感和民族自豪感。通过约束规则，提高学生在解决实际问题中的合理规划、有效部署和团结协作的能力。
- ✓ **思政目标**：提高学生深度分析问题和能够解决复杂问题的能力，进一步培养学生的抽象思维能力。

5.1 实体完整性

5.1.1 定义实体完整性

关系模型的实体完整性在 CREATE TABLE 语句中用 PRIMARY KEY 短语定义。对于单属性构成的码有两种说明方法：一种是定义为列级约束条件；另一种是定义为表级约束条件。对于多个属性构成的码只有一种说明方法，即定义为表级约束条件。

[例 5.1] 将 Student 表中的 Sno 属性定义为码。

```
CREATE TABLE Student
    (Sno CHAR(10)PRIMARY KEY,        /*在列级定义主码*/
    Sname CHAR(20)NOT NULL,
    Ssex CHAR(2),
    Sage SMALLINT,
    Dno CHAR(4)
    );
```

或者

```
CREATE TABLE Student
    (Sno CHAR(10),
    Sname CHAR(20)NOT NULL,
    Ssex CHAR(2),
    Sage SMALLINT,
    Dno CHAR(4),
    PRIMARY KEY(So)                  /*在表级定义主码*/
    );
```

[例 5.2] 将 SP 表中的 Sno、Pno 属性组定义为码。

```
CREATE TABLE SP
(Sno CHAR(10),
    Pno CHAR(5),
    Times DATE,
    Awards CHAR(20),
    Supervisor CHAR(20),
    Remark  CHAR(20),
    PRIMARY KEY(Sno,Pno)             /*在表级定义主码*/
    );
```

5.1.2 实体完整性检查和违约处理

用 PRIMARY KEY 短语定义了关系的主码后，每当用户程序对基本表插入一条记录或对主码列进行更新操作时，关系数据库管理系统按照实体完整性规则自动进行检查，检查内容包括：

（1）检查主码值是否唯一，如果不唯一，则拒绝插入或修改。

（2）检查主码的各属性是否为空，只要有一个为空，就拒绝插入或修改，从而保证了实体完整性。

检查记录中主码值是否唯一的方法是进行全表扫描，依次判断表中每条记录的主码值与插入记录的主码值（或者修改的新主码值）是否相同。

全表扫描是十分耗时的。为了避免对基本表进行全表扫描，关系数据库管理系统一般在主码上自动建立一个 B+树索引，通过索引查找基本表中是否已经存在新的主码值，大大提高了效率。

5.2 参照完整性

5.2.1 定义参照完整性

关系模型的参照完整性在 CREATE TABLE 语句中用 FOREIGN KEY 短语定义哪些列为外码，用 REFERENCES 短语指明这些外码参照哪些表的主码。

例如，SP 表中一个元组表示一个学生参与了某个项目，(Sno,SP)是主码。Sno、Pno 分别参照引用了 Student 表的主码和 Project 表的主码。

［例 5.3］定义 SP 表中的参照完整性。

```
CREATE TABLE SP
(Sno CHAR(10),
    Pno CHAR(5),
    Times DATE,
    Awards CHAR(20),
    Supervisor CHAR(20),
    Remark  CHAR(20),
    PRIMARY KEY(Sno,Pno),  /*在表级定义主码*/
    FOREIGN KEY(Sno) REFERENCES Student(Sno),
    FOREIGN KEY(Pno) REFERENCES Project(Pno)
);
```

5.2.2 参照完整性检查和违约处理

参照完整性将两个表中的相应元组联系起来。因此，对被参照表和参照表进行增加、删除、修改操作时有可能破坏参照完整性，必须进行检查以保证这两个表的相容性。例如，对 SP 表和 Student 表有 4 种可能破坏参照完整性的情况及违约处理，如表 5.1 所示。

表 5.1 可能破坏参照完整性的情况及违约处理

被参照表（如 Student 表）	参照表（如 SP 表）	违约处理
可能破坏参照完整性 ←	插入元组	拒绝
可能破坏参照完整性 ←	修改外码值	拒绝
删除元组 →	可能破坏参照完整性	拒绝/级联删除/设置为空值
修改主码值 →	可能破坏参照完整性	拒绝/级联删除/设置为空值

（1）在 SP 表中增加一个元组，导致在 Student 表中找不到一个元组，其 Sno 属性值与增加的元组的 Sno 属性值相等。

（2）修改 SP 表中的一个元组，导致在 Student 表中找不到一个元组，其 Sno 属性值与修改后元组的 Sno 属性值相等。

（3）在 Student 表中删除一个元组，导致在 Student 表中找不到一个元组，其 Sno 属性值与 SP 表中某些元组的 Sno 属性值相等。

（4）修改 Student 表中一个元组的 Sno 属性，导致在 Student 表中找不到一个元组，其 Sno 属性值与 SP 表中某些元组的 Sno 属性值相等。

当上述的不一致发生时，系统可以采用以下策略加以处理。

（1）拒绝（NOACTION）执行。

不允许该操作执行。该策略一般设置为默认策略。

（2）级联（CASCADE）操作。

当删除或修改被参照表的一个元组，导致其与参照表不一致时，删除或修改参照表中的所有导致不一致的元组。例如，若删除 Student 表中 Sno 值为"S202301015"的元组，则要从 SP 表中级联删除 SP.Sno= S202301015 的所有元组。

（3）设置为空值。

当删除或修改被参照表的一个元组，导致其与参照表不一致时，将参照表中的所有造成不一致的元组的对应属性设置为空值。例如，有下面两个关系：

学生（学号，姓名，性别，学院号，年龄）

学院（学院号，学院名）

其中，学生关系的"学院号"是外码，因为学院号是学院关系的主码。假设学院表中某个元组被删除，学院号为 DP02，按照设置为空值的策略，就要把学生表中学院号为 DP02 的所有元组的学院号设置为空值。这对应了这样的语义：某个学院被删除，该学院的所有学生的学院未定，等待重新分配。

这里讲解一下外码能否接受空值的问题。

例如，学生表中"学院号"是外码，按照应用的实际情况其可以取空值，表示这个学生的学院尚未确定。但在学生项目数据库中，关系 Student 为被参照关系，其主码为 Sno；关系 SP 为参照关系，Sno 为外码，它能否取空值呢？答案是否定的。因为 Sno 为 SP 的主属性，按照实体完整性，Sno 不能为空值。若 SP 的 Sno 为空值，则表明尚不存在的某个学生，或者某个不知学号的学生,参与了某个项目。这与学校的应用环境是不相符的,因此 SP 的 Sno 不能取空值。同样,SP 的 Pno 是外码,也是 SP 的主属性,不能取空值。

因此对于参照完整性,除了应该定义外码,还应该定义外码列是否允许取空值。一般地,当对参照表和被参照表的操作违反了参照完整性时,系统选用默认策略,即拒绝执行。如果想让系统采用其他策略,则必须在创建参照表时显式地加以说明。

[例 5.4] 显式说明参照完整性的违约处理示例。

```
CREATE TABLE SP
(Sno CHAR(10),
 Pno CHAR(5),
  Times DATE,
 Awards CHAR(20),
 Supervisor CHAR(20),
 Remark  CHAR(20),
 PRIMARY KEY(Sno,Pno),   /*在表级定义主码*/
                         /*在表级定义实体完整性,Sno、Pno 都不能取空值*/
 FOREIGN KEY(Sno) REFERENCES Student(Sno)  /*在表级定义参照完整性*/
 ON DELETE CASCADE
 /*当删除 Student 表中的元组时,级联删除 SP 表中相应的元组*/
 ON UPDATE CASCADE,
 /*当修改 Studcnt 表中的 Sno 时,级联修改 SP 表中相应的元组*/
 FOREIGN KEY(Pno) REFERENCES Project(Pno)
 /*在表级定义参照完整性*/
 ON DELETE NO ACTION
 /*当删除 Project 表中的元组,导致其与 SP 表不一致时,拒绝删除*/
 ON UPDATE CASCADE,
 /*当修改 Project 表中的 Pno 时,级联修改 SP 表中相应的元组*/
);
```

可以对删除和修改操作采用不同的策略。例如,例 5.4 中当删除被参照表(Project 表)中的元组,导致其与参照表(SP 表)不一致时,拒绝删除被参照表的元组;对修改操作则采取级联修改的策略。

从上面的讨论可以看到,关系数据库管理系统在实现参照完整性时,除了需要提供定义主码、外码的机制,还需要提供不同的策略供用户选择。具体选择哪种策略,需要根据应用环境的要求确定。

5.3 用户定义的完整性

用户定义的完整性就是针对某一具体应用的数据必须满足的语义要求。目前的关系数据库管理系统都提供了定义和检验这类完整性的机制,使用与实体完整性、参照完整性相同的技术和方法来处理,而不必由应用程序承担这一功能。

5.3.1 属性上的约束条件

1. 属性上的约束条件的定义

在 CREATE TABLE 语句中定义属性的同时，可以根据应用要求定义属性上的约束条件，即属性值限制，包括：

- 列值非空（NOT NULL）。
- 列值唯一（UNIQUE）。
- 检查列值是否满足一个条件表达式（CHECK 短语）。

1）不允许取空值

[例 5.5] 在定义 SP 表时，说明 Sno、Pno 属性不允许取空值。

```
CREATE TABLE SP
    (Sno CHAR(10)NOT NULL,
     Pno CHAR(5) NOT NULL,
     Times date,
     Awards CHAR(20),
     Supervisor CHAR(20),
     Remark  CHAR(20),
     PRIMARY KEY(Sno,Pno)
/*在表级定义实体完整性，隐含了 Sno、Pno,不允许取空值,在列级不允许取空值的定义可不写*/
    );
```

2）列值唯一

[例 5.6] 建立学院表 Department，要求部门名称 Dname 列值唯一，部门编号 Dno 列为主码。

```
CREATE TABLE Department
(Dno CHAR(4)  PRIMARY KEY,           /*列级完整性约束条件,Dno 列是主码*/
  Dname CHAR(40) UNIQUE NOT NULL,    /*Dname 列值唯一,且不能取空值*/
  Dprexy CHAR(20),
  Dphone CHAR(20)
 );
```

3）用 CHECK 短语指定列值应该满足的条件

[例 5.7] Student 表的 Ssex 只允许取"男"或"女"。

```
CREATE TABLE Student
    (Sno CHAR(10) PRIMARY KEY,         /*在列级定义主码*/
     Sname CHAR(20) NOT NULL,          /*Sname 属性不允许取空值*/
     Ssex CHAR(2) CHECK(Ssex IN ('男','女')),
                                       /*性别属性 Ssex 只允许取男或女*/
     Sage SMALLINT,
     Dno CHAR(4)
     );
```

[例 5.8] Student 表的 Sage 应该在 16 岁到 30 岁之间。

```
CREATE TABLE Student
```

```
    (Sno CHAR(10) PRIMARY KEY,          /*在列级定义主码*/
    Sname CHAR(20) NOT NULL,            /*Sname 属性不允许取空值*/
    Ssex CHAR(2),
    Sage SMALLINT CHECK(Sage BETWEEN 16 AND 30),
                                        /*年龄属性 Sage 在 16 岁到 30 岁之间*/
    Dno CHAR(4)
    );
```

2．属性上的约束条件的检查和违约处理

当往表中插入元组或修改属性的值时，关系数据库管理系统检查属性上的约束条件是否被满足，如果不满足，则操作被拒绝执行。

5.3.2　元组上的约束条件

1．元组上的约束条件的定义

与属性上的约束条件的定义类似，在 CREATE TABLE 语句中可以用 CHECK 短语定义元组上的约束条件，即元组级限制。与属性值限制相比，元组级限制可以设置不同属性之间的取值的相互约束条件。

[**例 5.9**] 当学生的性别是男时，其名字不能以 Ms.打头。

```
CREATE TABLE Student
    (Sno CHAR(9),
    Sname CHAR(20)NOT NULL,
    Ssex CHAR(2),
    Sage SMALLINT,
    Dno CHAR(4),
    PRIMARY KEY(Sno),
    CHECK(Ssex='女' OR Sname NOT LIKE 'Ms.%')
    );    /*定义了元组中 Sname 和 Ssex 两个属性值之间的约束条件*/
```

性别是女的元组都能通过该项 CHECK 检查，因为 Ssex='女'成立；当性别是男时，若要通过检查，则名字一定不能以 Ms.打头，因为 Ssex='男'时，条件要想为真值，Sname NOT LIKE'Ms.'%必须为真值。

2．元组上的约束条件的检查和违约处理

当往表中插入元组或修改属性的值时，关系数据库管理系统检查元组上的约束条件是否被满足，如果不满足，则操作被拒绝执行。

5.4　完整性约束命名子句

以上讲解的完整性约束条件都在 CREATE TABLE 语句中定义，SQL 还在 CREATE

TABLE 语句中提供了完整性约束命名子句 CONSTRAINT，用来对完整性约束条件命名，从而可以灵活地增加、删除一个完整性约束条件。

1. 完整性约束命名子句

```
CONSTRAINT <完整性约束条件名><完整性约束条件>
```

<完整性约束条件>包括 NOT NULL、UNIQUE、PRIMARY KEY、FOREIGN KEY、CHECK 短语等。

[例 5.10] 建立学生登记表 Student，要求学号为 S202301001~S202309999，姓名不能取空值，年龄小于 30 岁，性别只能是男或女。

```
CREATE TABLE Student
    (Sno CHAR(10)
     CONSTRAINT C1 CHECK(Sno BETWEEN 'S202301001'  AND
                                     'S202309999'),
     Sname CHAR(20)CONSTRAINT C2 NOT NULL,
     Sage SMALLINT   CONSTRAINT C3 CHECK (Sage < 30),
     Ssex CHAR(2)
     CONSTRAINT C4 CHECK(Ssex IN('男','女')),
     CONSTRAINT StudentKey PRIMARY KEY(Sno),
     Dno CHAR(4)
     );
```

在 Student 表上建立了 5 个约束条件，包括主码约束（命名为 StudentKey），以及 C1、C2、C3、C4 4 个列级约束。

[例 5.11] 建立教师表 TEACHER，要求每个教师的应发工资不低于 6000 元，应发工资是工资列 Sal 与扣除项 Deduct 之和。

```
CREATE TABLE TEACHER
    (Eno NUMERIC(4)PRIMARY KEY ,           /*在列级定义主码*/
     Ename CHAR(10),
     Job CHAR(8),
     Sal  NUMERIC(7,2),
     Deduct NUMERIC(7,2),
     Dno CHAR(4),
     CONSTRAINT TEACHERKEY FOREIGN KEY(Dno)
     REFERENCES Department(Dno),
     CONSTRAINT C1 CHECK(Sal + Deduct >= 6000)
     );
```

2. 修改表中的完整性限制

可以使用 ALTER TABLE 语句修改表中的完整性限制。

[例 5.12] 去掉例 5.10 中 Student 表对性别的限制。

```
ALTER TABLE Student
    DROP CONSTRAINT C4;
```

[**例** 5.13] 修改 Student 表中的约束条件，要求学号改为 S202301001～S202399999，年龄由小于 30 岁改为小于 40 岁。

可以先删除原来的约束条件，再增加新的约束条件。

```
ALTER TABLE Student
DROP CONSTRAINT C1;
ALTER TABLE Student
            ADD CONSTRAINT C1 CHECK(Sno  BETWEEN 'S202301001' AND
                                                 'S202399999');
ALTER TABLE Student
DROP CONSTRAINT C3;
ALTER TABLE Student
ADD CONSTRAINT C3 CHECK(Sage < 40);
```

习题

1．假设有下面两个关系模式：

职工（职工号，姓名，年龄，职务，工资，部门号），其中职工号为主码；

部门（部门号，名称，经理名，电话），其中部门号为主码。

用 SQL 定义这两个关系模式，要求在模式中完成以下完整性约束条件的定义。

（1）定义每个模式的主码。

（2）定义参照完整性。

（3）定义职工年龄不得超过 60 岁。

2．写出创建如下 3 个表的 SQL 语句，要求在定义表的同时定义数据的完整性约束。

（1）"图书表"结构如下。

书号：统一字符编码定长类型，长度为 6，主码。

书名：统一字符编码可变长类型，长度为 30，非空。

第一作者：普通编码定长字符类型，长度为 10，非空。

出版日期：日期型。

价格：小数部分 1 位，整数部分 3 位，默认值为 20。

（2）"书店表"结构如下。

书店编号：统一字符编码定长类型，长度为 6，主码。

店名：统一字符编码可变长类型，长度为 30，非空。

电话：普通编码定长字符类型，长度为 8，取值不重。

地址：普通编码可变长字符类型，长度为 40。

邮政编码：普通编码定长字符类型，长度为 6。

（3）"图书销售表"结构如下。

书号：统一字符编码定长类型，长度为 6，非空。

书店编号：统一字符编码定长类型，长度为6，非空。

销售日期：小日期/时间型，非空。

销售数量：小整型，大于或等于1。

主码为（书号，书店编号，销售日期）。

其中，"书号"为引用"图书表"的"书号"的外码；"书店编号"为引用"书店表"的"书店编号"的外码。

3．什么是数据库的完整性？

4．关系数据库管理系统的完整性控制机制应具有哪三方面的功能？

5．关系数据库管理系统在实现参照完整性时需要考虑哪些方面？

6．在关系数据库管理系统中，当操作违反实体完整性、参照完整性和用户定义的完整性约束条件时，一般如何分别进行处理？

第6章

关系数据库规范化理论

学习目标

- 理解关系数据库规范化的必要性。
- 理解 1NF、2NF、3NF、BCNF 的定义及关系。
- 掌握关系数据库规范化及关系模式分解的方法和步骤。
- 了解 4NF 及其判定方法。

学习重点

- 掌握函数依赖和码的判定。
- 掌握 2NF、3NF、BCNF 的判定。
- 掌握关系数据库规范化及关系模式分解的方法和步骤。

思政导学

- **关键词**：关系数据库规范化、范式、关系模式分解。
- **内容要意**：关系数据库规范化理论是指导数据库设计的重要依据。本章首先从数据库逻辑设计中如何构造一个好的数据库模式这一问题出发，阐明关系数据库规范化理论研究的实际背景；然后讨论关系数据库中存在的函数依赖、多值依赖，介绍各种范式，以及可能存在的诸多异常；最后对关系模式的规范化、数据依赖的公理系统，以及关系模式的分解进行系统阐述。
- **思政点拨**：通过关系数据库规范化理论引出规范化、标准化的作用，要求学生在学习中"尊重标准，向标准看齐"，营造遵章守则的氛围；通过介绍规范化设计步骤，培养学生"求真务实、精益求精"的学习工作作风。
- **思政目标**：培养学生正确规范的思维方法、严谨的治学态度，以及敬业、精益、专注、创新的职业品质。

6.1 问题的提出

关系数据库在进行逻辑设计时，针对一个具体问题往往有很多种模式设计方法，但这些解决方法并不都是良好、合理的。因此，应该如何构造一个适合于该数据库的数据库模式，即应该构造几个关系、每个关系由哪些属性组成等，是数据库设计的问题，确切地讲是关系数据库逻辑设计问题。

实际上，设计任何一种数据库应用系统，不论是层次数据库应用系统、网状数据库应用系统还是关系数据库应用系统，都会遇到如何构造合适的数据库模式（逻辑结构）的问题。由于关系模型有严格的数学理论基础，并且可以向其他的数据模型转换，因此，人们就以关系模型为背景来讨论这个问题，形成了数据库逻辑设计的一个有力工具——关系数据库规范化理论。

6.1.1 关系模式的形式化定义

下面首先回顾一下关系模式的形式化定义。

一个关系模式应当是一个五元组：

$$R(U,D,DOM,F)$$

其中，关系名 R 是符号化的元组语义；U 为一组属性；D 为属性组 U 中的属性所来自的域；DOM 为属性到域的映射；F 为属性组 U 上的一组数据依赖。

由于 D、DOM 与模式设计关系不大，因此在本章中把关系模式看作一个三元组：$R(U,F)$，当且仅当 U 上的一个关系 r 满足 F 时，r 称为关系模式 $R(U,F)$ 的一个关系。

6.1.2 数据依赖的基本概念

数据依赖是一个关系内部属性之间的一种约束关系。这种约束关系是通过属性之间值的相等与否体现出来的数据之间的相关联系。它是现实世界属性之间相互联系的抽象，是数据内在的性质，是语义的体现。

人们已经提出了许多种类型的数据依赖，其中最重要的是函数依赖（Functional Dependency，FD）和多值依赖（Multi-Valued Dependency，MVD）。函数依赖普遍存在于现实生活中。例如，描述一个学生的关系，可以有学号（Sno）、姓名（Sname）、学院号（Dno）等属性。由于一个学号只对应一个学生，一个学生只在一个学院学习，因此当"学号"值确定之后，学生的姓名及所在学院的值也就被唯一确定了。属性之间的这种依赖关系类似于数学中的函数 $y=f(x)$，自变量 x 确定之后，相应的函数值 y 也就唯一确定了。类似的有 Sname=f(Sno)，Dno=f(Sno)，即 Sno 决定 Sname 函数，Sno 决定 Dno 函数，或者说 Sname 函数和 Dno 函数依赖于 Sno，记作 Sno→Sname，Sno→Dno。

6.1.3 不规范的数据库设计可能存在的问题

在模式设计中，假设已知一个模式 S_1 仅由单个关系模式组成，问题是要设计一个模式 S_2，它与 S_1 等价，但它在某些指定的方面更好一些。这里通过一个例子来说明一个不好的模式会有哪些问题，分析它们产生的原因，并从中找出设计一个好的关系模式的办法。

[例 6.1] 建立一个描述在校大学生参加各类项目的数据库，该数据库涉及的对象包括学生学号（Sno）、学生姓名（Sname）、学院号（Dno）、学院负责人（Dprexy）、项目号（Pno）和奖项（Awards）。假设用一个单一的关系模式 Stuproj 来表示，则该关系模式的属性集合为 $U=\{Sno,Sname,Dno,Dprexy,Pno,Awards\}$。

现实世界的已知事实（语义）告诉我们：

① 一个学院有若干学生，但一个学生只属于一个学院。
② 一个学院只有一名负责人。
③ 一个学生可以参加多个项目，一个项目可以有多个学生参加。
④ 一个学生参加某个项目获得一个奖项。

于是得到属性组 U 上的一组函数依赖 F：

$$F=\{Sno\rightarrow Sname, Sno\rightarrow Dno, Dno\rightarrow Dprexy, (Sno,Pno)\rightarrow Awards\}$$

如果只考虑函数依赖这一种数据依赖，则可以得到一个描述学生的关系模式 Stuproj(U,F)。表 6.1 所示为某一时刻关系模式 Stuproj 的一个实例，即数据表。

表 6.1 某一时刻关系模式 Stuproj 的一个实例

Sno	Sname	Dno	Dprexy	Pno	Awards
S202301011	李辉	DP02	李岚春	P2003	省级一等奖
S202301013	王翊	DP02	李岚春	P2003	校一等奖
S202301016	刘瑶瑶	DP03	赵聪	P2003	校二等奖
S202301011	李辉	DP02	李岚春	P1002	国家二等奖
S202301011	李辉	DP02	李岚春	P2023	省级三等奖
⋮	⋮	⋮	⋮	⋮	⋮

上例关系的码是(Sno,Pno)，这个关系模式存在以下问题。

1. 数据冗余

例如，某个学院的负责人姓名"李岚春"重复出现，重复次数与该学院所有学生参与所有项目的所有奖项出现的次数相同，如表 6.1 所示，这将浪费大量的存储空间。

2. 修改复杂

由于数据冗余，当修改数据库中的数据时，系统要付出很大的代价来维护数据库的完整性，否则会面临数据不一致的危险。例如，更换学院负责人后，必须修改与该学院学生有关的每个元组。

3. 插入异常

如果转来一个新生，但该学生没有参与任何项目，则无法将该学生的信息插入数据库中，因为主属性不能为空。这种想插入但不能插入的现象称为插入异常。

4. 删除异常

如果一个学生参与的所有项目中途取消了，则需要删除这个学生参与的所有项目信息，因为主属性不能为空，所以该学生的信息也丢掉了。这种不想删除但不得不删除的现象称为删除异常。

鉴于存在以上种种问题，可以得出这样的结论：关系模式 Stuproj 不是一个好的关系模式。一个好的模式应当不会发生修改复杂、插入异常和删除异常的问题，数据冗余问题应当尽可能少。

不合理的关系模式最突出的问题是数据冗余。而数据冗余的产生有着较为复杂的原因。虽然关系模式充分地考虑到文件之间的相互关联而有效地处理了多个文件之间的联系所产生的冗余问题，但关系本身内部数据之间的联系还没有得到充分的解决，正如例 6.1 所示，同一关系模式中各属性之间存在某种联系，如只有学生与学院、学生与项目、学院与学院负责人之间存在依赖关系，才使得数据出现大量冗余，引发各种操作异常。这种依赖关系就是数据依赖。

关系数据库系统中数据冗余产生的重要原因就在于对数据依赖的处理，从而影响到关系模式本身的结构设计。解决数据之间的依赖关系常常通过对关系进行分解来消除不合理的部分，以减少数据冗余。在例 6.1 中，可以将关系模式 Stuproj 分解为以下三个关系模式来表达：

$$ST(Sno,Sname,Dno)$$
$$D(Dno,Dprexy)$$
$$SP(Sno,Pno,Awards)$$

这三个关系模式都不会发生修改复杂、插入异常和删除异常的问题，数据冗余问题也得到了控制。一个关系模式的数据依赖会有哪些不好的性质，如何改造一个不好的关系模式，这些是 6.2 节要讨论的内容。

6.2 规范化

本节首先讨论关系属性之间不同的依赖情况，以及如何根据关系属性之间的依赖情况来判定关系是否具有某些不合适的性质，通常根据关系属性之间的依赖情况将关系模式规范化程度分为第一范式、第二范式、第三范式和第四范式等；然后直观地描述如何将关系具有的不合适的性质转换为更合适的性质。

6.2.1 函数依赖

定义 6.1 设 R 是属性集 U 上的关系模式，X、Y 是 U 的子集。若 R 的任意一个可能的

关系 r 中不可能存在两个元组在 X 上的属性值相等，且在 Y 上的属性值不等，则称 X 函数确定 Y，或者 Y 函数依赖于 X，记作 $X \rightarrow Y$。

函数依赖和其他的数据依赖一样是语义范畴的概念，因此人们只能根据语义来确定一个函数依赖。例如，"姓名→年龄"这个函数依赖只有在该部门没有同名人的条件下成立。如果允许有同名人，则年龄就不再函数依赖于姓名了。

设计者也可以对现实世界做强制性规定。例如，规定不允许同名人出现，使"姓名→年龄"函数依赖成立。这样当插入某个元组时，这个元组上的属性值必须满足规定的函数依赖，若发现有同名人存在，则拒绝插入该元组。

注意，函数依赖不是指关系模式 R 的某个或某些关系满足的约束条件，而是指关系模式 R 的一切关系均要满足的约束条件。

下面介绍一些术语和记号。

- 若 $X \rightarrow Y$，但 $Y \not\subseteq X$，则称 $X \rightarrow Y$ 是非平凡的函数依赖。
- 若 $X \rightarrow Y$，但 $Y \subseteq X$，则称 $X \rightarrow Y$ 是平凡的函数依赖。

对于任意的关系模式，平凡的函数依赖都是必然成立的，它不反映新的语义。若不特别声明，则表示讨论非平凡的函数依赖。

若 $X \rightarrow Y$，则 X 称为这个函数依赖的决定属性组，也称为决定因素（Determinant）。

若 $X \rightarrow Y$，$Y \rightarrow X$，则记作 $X \longleftrightarrow Y$。

若 Y 不函数依赖于 X，则记作 $X \nrightarrow Y$。

定义 6.2 设 R 是属性集 U 上的关系模式，X、Y 是 U 的子集，若 $X \rightarrow Y$，并且对于 X 的任何一个真子集 X'，都有 $X' \nrightarrow Y$，则称 Y 对 X 完全函数依赖，记作 $X \xrightarrow{F} Y$。若 $X \rightarrow Y$，但 Y 不完全函数依赖于 X，则称 Y 对 X 部分函数依赖（Partial Functional Dependency），记作 $X \xrightarrow{P} Y$。

例 6.1 中 (Sno,Pno)→Awards 是完全函数依赖，(Sno,Pno)→Dno 是部分函数依赖，Sno→Dno 成立，而 Sno 是 (Sno,Pno) 的真子集。

定义 6.3 设 R 是属性集 U 上的关系模式，X、Y 是 U 的子集，若 $X \rightarrow Y$（$Y \not\subseteq X$），$Y \nrightarrow X$，$Y \rightarrow Z$，$Z \not\subseteq Y$，则称 Z 对 X 传递函数依赖（Transitive Functional Dependency），记作 $X \xrightarrow{T} Y$。

这里之所以加上条件 $Y \nrightarrow X$，是因为若 $Y \rightarrow X$，则 $X \longleftrightarrow Y$，实际上是 $X \rightarrow Z$，是直接函数依赖而不是传递函数依赖。

例 6.1 中有 Sno→Dno，Dno→Dprexy 成立，所以 Sno $\xrightarrow{T}$ Dprexy。

6.2.2 码

码是关系模式中的一个重要概念。在第 3 章中已给出了有关码的若干定义，这里用函数依赖的概念来定义码。

定义 6.4 设 K 为 $R(U,F)$ 中的属性或属性组合，若 $K \xrightarrow{F} U$，则 K 为 R 的候选码。注意，U 是完全函数依赖于 K 的，而不是部分函数依赖于 K 的。若 U 部分函数依赖于 K，即 $K \xrightarrow{P} U$，

则 K 称为超码。候选码是最小的超码，即 K 的任意一个真子集都不是候选码。若候选码多于一个，则选定其中的一个候选码为主码。包含在任何一个候选码中的属性称为主属性；不包含在任何一个候选码中的属性称为非主属性或非码属性。最简单的情况是，单个属性是码；最极端的情况是，整个属性组是码，称为全码。

[例 6.2] 关系模式 S(Sno,Dno)中，单个属性 Sno 是码，用下画线显示出来。SP(Sno,Pno,Awards)中属性组合(Sno,Pno)是码。

[例 6.3] 关系模式 R(P,W,A)中，属性 P 表示演奏者，W 表示作品，A 表示听众。假设一个演奏者可以演奏多个作品，某一作品可被多个演奏者演奏，听众也可以欣赏不同演奏者的不同作品，这个关系模式的码为(P,W,A)，即 全码。

定义 6.5 设 R 是属性集 U 上的关系模式，X、Y 是 U 的子集，若在关系模式 R 中属性或属性组 X 并非 R 的码，但 X 是另一个关系模式的码，则称 X 是 R 的外部码，也称为外码。

若在关系模式 SP(Sno,Pno,Awards)中，Sno 不是码，但 Sno 是关系模式 S(Sno,Dno)的码，则称 Sno 是关系模式 SP 的外码。主码与外码提供了一个表示关系间联系的手段，如例 6.2 中关系模式 S 与 SP 的联系就是通过 Sno 体现的。

6.2.3 范式

关系数据库中的关系必须满足一定的规范化要求，对于不同的规范化程度可用范式来衡量。范式是符合某种级别的关系模式的集合，是衡量关系模式规范化程度的标准。目前主要有 6 种范式：第一范式、第二范式、第三范式、BC 范式、第四范式和第五范式。满足最低要求的范式称为第一范式，简称为 1NF。在第一范式基础上进一步满足一些要求的范式称为第二范式，简称为 2NF。其余以此类推。显然，各种范式之间存在以下联系：

$$1NF \supset 2NF \supset 3NF \supset BCNF \supset 4NF \supset 5NF$$

通常把某关系模式 R 满足第 n 范式简记为 $R \in nNF$。

范式的概念最早是由 E.F.Codd 提出的。在 1971—1972 年，他先后提出了 1NF、2NF、3NF 的概念，1974 年他又和 Boyee 共同提出了 BCNF 的概念。1976 年，Fagin 提出了 4NF 的概念，后来又有人提出了 5NF 的概念。在这些范式中，最重要的是 3NF 和 BCNF，它们是进行规范化的主要目标。一个低一级范式的关系模式，通过模式分解可以转换为若干高一级范式的关系模式的集合，这个过程称为规范化。

6.2.4 1NF

定义 6.6 如果关系模式 R 中每个属性值都是一个不可分解的数据项，则称该关系模式满足 1NF，记为 $R \in 1NF$。

1NF 规定了一个关系中的属性值必须是"原子"的。它排除了属性值为元组、数组或某种复合数据的可能性，使得关系数据库中所有关系的属性值都是"最简形式"的，这样要求的意义在于起始结构简单，为以后讨论复杂情形带来方便。一般而言，每个关系模式都必须满足 1NF，1NF 是对关系模式的基本要求。

[**例** 6.4] 下面的例子是某个学院的教师选择教材的信息，请判断表 6.2 是否满足 1NF。

在本例中，"书本"属性不是一个不可再分的原子属性，即它是由三部分组成的，因此表 6.2 不满足 1NF。

表 6.2 不满足 1NF 的教材信息表

姓名	学院	书本		
		书名	编号	价格/元
张恒	计算机学院	数据结构	00001	29
		数据库	00003	34

非规范化关系模式转化为 1NF 的方法很简单，但也不是唯一的，对例 6.4 中的表进行纵向展开，即可转化为表 6.3 所示的满足 1NF 的关系模式。

表 6.3 满足 1NF 的教材信息表

姓名	学院	书名	编号	价格/元
张恒	计算机学院	数据结构	00001	29
张恒	计算机学院	数据库	00003	34

但是满足 1NF 的关系模式并不一定是一个好的关系模式，如例 6.1，虽然满足 1NF，但仍然存在数据冗余、修改复杂、插入异常和删除异常的问题。

6.2.5 2NF

定义 6.7 若 $R \in 1NF$，且每个非主属性完全函数依赖于任何一个候选码，则 $R \in 2NF$。

例如，在例 6.1 中，存在非主属性 Sname、Dno 对码(Sno,Pno)的部分函数依赖，因此，关系模式 Stuproj(Sno,Sname,Dno,Dprexy,Pno,Awards)不满足 2NF。

如果一个关系模式 R 不满足 2NF，就会产生数据冗余、修改复杂、插入异常和删除异常的问题。

解决的办法是用投影分解把关系模式 Stuproj 分解为两个关系模式：S(Sno,Sname,Dno,Dprexy)和 SP(Sno,Pno,Awards)。关系模式 SP 的码为(Sno,Pno)，关系模式 S 的码为 Sno，这样就使得非主属性对码都是完全函数依赖了。

显然，在分解后的关系模式中，非主属性都完全函数依赖于码，从而使数据冗余、更新异常等问题在一定程度上得到部分解决。

（1）在关系模式 S 中可以插入没有参与项目的学生的信息。

（2）在关系模式 SP 中，如果一个学生所有的项目参与记录全部被删除了，只是关系模式 SP 中没有关于该学生的记录了，不会牵涉到关系模式 S 中关于该学生的记录。

（3）由于学生参与项目的情况与学生的基本情况是分开存储在两个关系中的，因此不论该学生参与了多少项目，其 Sname 值都只存储了 1 次，Dno 值和 Dprexy 值存储的次数也会有所减少，大大降低了数据冗余程度。

（4）假设某个学生从经济学院转到计算机学院，只需修改关系模式 S 中该学生元组的 Dno 值和 Dprexy 值，由于该学生的 Dno 和 Dprexy 并未重复存储，因此简化了修改操作。

上例中的关系模式 SP 和关系模式 S 都满足 2NF。可见，采用投影分解法将一个 1NF 关系分解为多个 2NF 关系，可以在一定程度上解决原 1NF 关系中存在的插入异常、删除异常、数据冗余、修改复杂等问题。

但是将一个 1NF 关系分解为多个 2NF 关系，并不能完全消除关系模式中的各种异常情况和数据冗余。也就是说，满足 2NF 的关系模式并不一定是一个好的关系模式。

例如，2NF 关系模式 S(Sno,Sname,Dno,Dprexy)中有下列函数依赖：

$$Sno \rightarrow Dno$$
$$Dno \rightarrow Dprexy$$

由上可知，Dprexy 传递函数依赖于 Sno，即关系模式 S 中存在非主属性对码的传递函数依赖，关系模式 S 中仍然存在插入异常、删除异常、数据冗余和修改复杂的问题。

（1）插入异常：新成立但尚未招生的学院的信息不能插入。

（2）删除异常：如果某个学院的学生全部毕业了，那么在删除该学院学生的信息的同时，把这个学院的信息也丢掉了。

（3）数据冗余：每个学院有很多学生，因此在关系模式 S 中的学院负责人信息重复出现，重复次数与该学院学生人数相同，而实际上某个学院的负责人姓名只需记录一遍即可。

（4）修改复杂：当某学院的负责人更换时，由于负责人信息是重复存储的，修改时必须同时更新该学院所有学生的 Dprexy 属性值。

所以关系模式 S 仍然存在操作异常问题，不是一个好的关系模式。

6.2.6　3NF

定义 6.8　如果一个关系模式 $R \in 2NF$，且所有非主属性都不传递函数依赖于任何候选码，则 $R \in 3NF$。

关系模式 S 出现上述问题的原因是 Dprexy 传递函数依赖于 Sno。为了消除该传递函数依赖，可以采用投影分解法，把关系模式 S 分解为两个关系模式：

$$ST(Sno,Sname,Dno)$$
$$D(Dno,Dprexy)$$

其中，关系模式 ST 的码为 Sno，关系模式 D 的码为 Dno。

显然，在关系模式中既没有非主属性对码的部分函数依赖，也没有非主属性对码的传递函数依赖，基本上解决了上述问题。

（1）关系模式 D 中可以插入新成立但尚未招生的学院的信息。

（2）某个学院的学生全部毕业了，只是删除了关系模式 ST 中的相应元组，关系模式 D 中关于该学院的信息仍然存在。

（3）学院的负责人信息只在关系模式 D 中存储一次。

（4）当某学院的负责人发生变化时，只需修改关系模式 D 中一个相应元组的 Dprexy 属性值即可。

上例中的关系模式 ST 和关系模式 D 都满足 3NF。可见，采用投影分解法将一个 2NF 关系分解为多个 3NF 关系，可以在一定程度上解决原 2NF 关系中存在的插入异常、删除异常、数据冗余、修改复杂等问题。但是将一个 2NF 关系分解为多个 3NF 关系后，并不能完全消除关系模式中的各种异常情况和数据冗余。也就是说，满足 3NF 的关系模式虽然基本上解决了大部分异常问题，但解决得并不彻底，仍然存在不足。

例如，在关系模式 SD(Sno,Sname,Pno,Awards)中，如果姓名是唯一的，则该关系模式存在两个候选码：(Sno,Pno)和(Sname,Pno)。关系模式 SD 只有一个非主属性 Awards，对两个候选码(Sno,Pno)和(Sname,Pno)都是完全函数依赖的，并且不存在对两个候选码的传递函数依赖，因此关系模式 SD∈3NF。

但是当学生中途放弃参与的所有项目时，元组被删除也就失去了学生学号与姓名的对应关系，因此仍然存在删除异常的问题；并且由于学生参与的项目可以有多个，姓名也会重复存储，从而造成数据冗余。因此，3NF 关系虽然已经是比较好的关系，但仍然存在改进的余地。

6.2.7 BCNF

定义 6.9 关系模式 $R\in 1NF$，对于任何非平凡的函数依赖 $X\rightarrow Y$（$Y\not\subseteq X$），若 X 均包含码，则 $R\in BCNF$。

BCNF 是从 1NF 直接定义而来的，可以证明，如果 $R\in BCNF$，则 $R\in 3NF$。
由 BCNF 的定义可知，每个 BCNF 的关系模式都具有以下三个性质。
（1）所有非主属性都完全函数依赖于每个候选码。
（2）所有主属性都完全函数依赖于每个不包含它的候选码。
（3）没有任何属性完全函数依赖于非码的任何一组属性。

如果关系模式 $R\in BCNF$，由 BCNF 的定义可知，关系模式 R 中不存在任何属性传递函数依赖于或部分函数依赖于任何候选码，所以必定有 $R\in 3NF$。但是，如果 $R\in 3NF$，则关系模式 R 未必满足 BCNF。

3NF 和 BCNF 是以函数依赖为基础的关系模式规范化程度的测度。如果一个关系数据库中的所有关系模式都满足 BCNF，那么在函数依赖范畴内，它已实现了关系模式的彻底分解，达到了最高的规范化程度，消除了插入异常和删除异常问题。

在信息系统的设计中，普遍采用的是"基于 3NF 的系统设计"方法。由于 3NF 是可以无条件达到的，并且基本解决了"异常"的问题，因此这种方法目前在信息系统的设计中仍然被广泛应用。

如果仅考虑函数依赖这一种数据依赖，那么满足 BCNF 的关系模式已经很完美了。但如果考虑其他数据依赖（如多值依赖），那么满足 BCNF 的关系模式仍然存在问题，不能算是一个完美的关系模式。

6.2.8　多值依赖与4NF

在关系模式中，数据之间是存在一定联系的，而对这种联系处理的适当与否直接关系到模式中数据冗余的情况。函数依赖是一种基本的数据依赖。通过对函数依赖进行讨论和分解，可以有效地消除关系模式中的冗余现象。函数依赖实质上反映的是"多对一"联系，在实际应用中还会有"一对多"形式的数据联系，诸如此类的不同于函数依赖的数据联系也会产生数据冗余，从而引发各种数据异常现象。本节就讨论数据依赖中"一对多"现象及其产生的问题。

1．问题的引入

[**例**6.5] 设有一个课程安排关系模式，如表6.4所示。

表6.4　课程安排示意图

课程名称	任课教师	教材名称
数据库	T11 T12 T13	B11 B12
数据结构	T21 T22 T23	B21 B22 B23

在这里的课程安排具有以下语义。

（1）"数据库"这门课程可以由三个教师担任，同时有两本教材可以选用。

（2）"数据结构"这门课程可以由三个教师担任，同时有三本教材可以选用。

如果用Cn、Tn和Bn分别表示课程名称、任课教师和教材名称，则上述情形可以表示为如表6.5所示的关系模式CTB。

很明显，这个关系模式表是数据高度冗余的。

通过仔细分析关系模式CTB，可以发现它具有以下特点。

（1）在属性集{Cn}与{Tn}之间存在着数据依赖关系，在属性集{Cn}与{Bn}之间也存在着数据依赖关系，而这两个数据依赖都不是函数依赖，当属性集{Cn}的一个值确定之后，另一属性集{Tn}就有一组值与之对应。例如，当课程名称Cn的一个值"数据库"确定之后，就有一组任课教师Tn的值"T11、T12、T13"与之对应。对于Cn与Bn的数据依赖也是如此。显然，这是一种"一对多"的情形。

（2）属性集{Tn}与{Bn}也有关系，这种关系是通过属性集{Cn}建立起来的间接关系，而且这种关系最值得注意的是，当属性集{Cn}的一个值确定之后，其所对应的属性集{Tn}的一组值与U-{Cn}-{Tn}无关，取定属性集{Cn}的一个值为"数据库"，则对应的属性集{Tn}的一组值"T11、T12、T13"与"数据库"课程选用的教材（U-{Cn}-{Tn}）无关。显然，这是"一对多"联系中的一种特殊情况。

表6.5 关系模式 CTB

Cn	Tn	Bn
数据库	T11	B11
数据库	T11	B12
数据库	T12	B11
数据库	T12	B12
数据库	T13	B11
数据库	T13	B12
数据结构	T21	B21
数据结构	T21	B22
数据结构	T21	B23
数据结构	T22	B21
数据结构	T22	B22
数据结构	T22	B23
数据结构	T23	B21
数据结构	T23	B22
数据结构	T23	B23

如果属性 X 与 Y 之间的依赖关系具有上述特征，则其不为函数依赖关系所包容，需要引入新的概念予以刻画与描述，这就是多值依赖的概念。

2．多值依赖基本概念

定义 6.10　设 R 是属性集 U 上的关系模式，X、Y 是 U 的子集，而 r 是 R 中任意给定的一个关系。如果有下述条件成立，则称 Y 多值依赖（Multivalued Dependency）于 X，记为 $X \rightarrow \rightarrow Y$。

（1）对于关系 r 在 X 上的一个确定值（元组），都有 r 在 Y 中一组值与之对应。

（2）Y 的这组对应值与 r 在 $Z=U-X-Y$ 中的属性值无关。

此时，如果 $X \rightarrow \rightarrow Y$，但 $Z=U-X-Y \neq \varnothing$，则称为非平凡多值依赖，否则称为平凡多值依赖。平凡多值依赖的一个常见情形是 $U=X \cup Y$，此时 $Z=\varnothing$，多值依赖定义中关于 $X \rightarrow \rightarrow Y$ 的要求总是满足的。

3．多值依赖的性质

由定义 6.10 可以得到多值依赖具有下述基本性质（其中 s 和 t 表示元组）。

（1）在 R 中 $X \rightarrow \rightarrow Y$ 成立的充分必要条件是 $X \rightarrow \rightarrow U-X-Y$ 成立。

必要性可以从上述分析中得到证明。事实上，交换 s 和 t 的 Y 值所得到的元组和交换 s 和 t 中的 $Z=U-X-Y$ 值得到的元组是一样的。充分性类似可证。

（2）在 R 中如果 $X \rightarrow Y$ 成立，则必有 $X \rightarrow \rightarrow Y$。事实上，此时，如果 s 和 t 在 X 上的投影

相等，则其在 Y 上的投影也必然相等，该投影自然与 s 和 t 在 $Z=U-X-Y$ 上的投影有关。

性质（1）表明多值依赖具有某种"对称性质"，只要知道了 R 上的一个多值依赖 $X→→Y$，就可以得到另一个多值依赖 $X→→Z$，而且 X、Y 和 Z 是 U 的分割；性质（2）说明多值依赖是函数依赖的某种推广，函数依赖是多值依赖的特例。

4．4NF

定义 6.11　关系模式 $R∈1NF$，对于 R 中的任意两个属性子集 X 和 Y，如果非平凡多值依赖 $X→→Y$（$Y⊄X$），X 含有码，则称 R 满足 4NF，记为 $R∈4NF$。

关系模式 R 上的函数依赖 $X→Y$ 可以看作多值依赖 $X→→Y$，如果 $R∈4NF$，此时 X 就是超码，所以 $X→Y$ 满足 BCNF。因此，根据 4NF 的定义，就可以得到下面两点基本结论。

（1）4NF 中可能的多值依赖都是非平凡多值依赖。

（2）4NF 中所有的函数依赖都满足 BCNF。

因此，可以粗略地说，若 R 满足 4NF，则其必满足 BCNF。反之是不成立的，所以 BCNF 不一定就是 4NF。

在例 6.5 中，关系模式 CTB(Cn,Tn,Bn) 唯一的候选码是 {Cn,Tn,Bn}，并且没有非主属性，当然就没有非主属性对候选码的部分函数依赖和传递函数依赖，所以 CTB 满足 BCNF。但在多值依赖 Cn→→Tn 和 Cn→→Bn 中的 "Cn" 不是码，所以 CTB 不满足 4NF。对 CTB 进行分解，得到 CTB1 和 CTB2，如表 6.6 和表 6.7 所示。

表 6.6　关系模式 CTB1

Cn	Tn
数据库	T11
数据库	T12
数据库	T13
数据结构	T21
数据结构	T22
数据结构	T23

表 6.7　关系模式 CTB2

Cn	Bn
数据库	B11
数据库	B12
数据结构	B21
数据结构	B22
数据结构	B23

在 CTB1 中，有 Cn→→Tn，不存在非平凡多值依赖，所以 CTB1∈4NF；同理，CTB2∈4NF。

6.3 函数依赖的公理系统

研究函数依赖是解决数据冗余的重要课题，其中首要的问题是在一个给定的关系模式中，找出其上的各种函数依赖。对于一个关系模式来说，在理论上总有函数依赖存在，如平凡函数依赖和候选码确定的函数依赖；在实际应用中，人们通常会制定一些语义明显的函数依赖。这样，一般总有一个作为问题展开的初始基础的函数依赖集 F。本节主要讨论如何通过已知的函数依赖集 F 得到其他大量的未知函数依赖。

6.3.1 函数依赖集的完备性

1．问题的引入

我们先考察下面的例子。

考察关系模式 R 上已知的函数依赖 $X \to \{A,B\}$ 时，按照函数依赖概念，得到函数依赖 $X \to \{A\}$ 和 $X \to \{B\}$；假设已知非平凡函数依赖 $X \to Y$ 和 $Y \to Z$，且有 $Y \nrightarrow X$ 时，按照传递函数依赖概念，可以得到新的函数依赖 $X \to Z$。若函数依赖 $X \to \{A\}$、$X \to \{B\}$ 和 $X \to Z$ 并不直接显现在问题中，而是按照一定的规则（函数依赖和传递函数依赖概念）由已知函数依赖推导出来，则将这个问题一般化，就是如何由已知的函数依赖集 F 推导出新的函数依赖。

为了表述简洁和推理方便，在本章的以下部分，对有关记号使用做如下约定。

（1）如果声明 X、Y 等是属性集，则将 $X \cup Y$ 简记为 XY。

（2）如果声明 A、B 等是属性，则将集合 $\{A,B\}$ 简记为 AB。

（3）如果 X 是属性集，A 是属性，则将 $X \cup \{A\}$ 简记为 XA 或 AX。

以上是两个对象的情形，对于多个对象也做类似约定。

（4）关系模式简称为三元组 $R(U,F)$，其中，U 为模式的属性集，F 为模式的函数依赖集。

2．函数依赖集 F 的逻辑蕴涵

我们先说明由函数依赖集 F 推导出的函数依赖的确切含义。

设有关系模式 $R(U,F)$，又设 X 和 Y 是属性集 U 的两个子集，如果对于 R 中每个满足 F 的关系 r 也满足 $X \to Y$，则称 F 逻辑蕴涵 $X \to Y$，记为 $F \models X \to Y$。

如果考虑到 F 所蕴涵（所推导）的所有函数依赖，就有函数依赖集的闭包的概念。

3．函数依赖集的闭包

设 F 是函数依赖集，被 F 逻辑蕴涵的函数依赖的全体构成的集合称为函数依赖集 F 的闭包（Closure），记为 F^+，即 $F^+ = \{X \to Y \mid F \models X \to Y\}$

由以上定义可知，由已知函数依赖集 F 求得新函数依赖可以归结为求 F 的闭包 F^+。为了用一套系统的方法求得 F^+，必须遵守一组函数依赖的推理规则。

6.3.2 函数依赖的推理规则

为了从关系模式 R 上已知的函数依赖集 F 中得到其闭包 F^+，W.W.Armstrong 于 1974 年提出了一套推理规则。使用这套规则，可以由已有的函数依赖推导出新的函数依赖。后来又经过不断完善，形成了著名的"Armstrong 公理系统"，为计算 F^+ 提供了一个有效且完备的理论基础。

1. Armstrong 公理系统

（1）Armstrong 公理系统有以下 3 条基本公理。

① A1（自反律，Reflexivity）：如果 $Y\subseteq X\subseteq U$，则 $X\rightarrow Y$ 在 R 上成立。

② A2（增广律，Augmentation）：如果 $X\rightarrow Y$ 在 R 上成立，且 $Z\subseteq U$，则 $XZ\rightarrow YZ$。

③ A3（传递律，Transitivity）：如果 $X\rightarrow Y$ 和 $Y\rightarrow Z$ 在 R 上成立，则 $X\rightarrow Z$ 在 R 上也成立。

基于函数依赖集 F，由 Armstrong 公理系统推导出的函数是否一定在 R 上成立呢？或者说，这个公理系统是否正确呢？这个问题并不明显，需要进行必要的讨论。

（2）由于公理是不能证明的，其正确性只能按照某种途径进行间接的说明。人们通常是按照这样的思路考虑正确性问题的：如果 $X\rightarrow Y$ 是基于 F 并由 Armstrong 公理系统推导出的，则 $X\rightarrow Y$ 一定属于 F^+，就可认为 Armstrong 公理系统是正确的。由此可知：

① 自反律是正确的。因为在一个关系中不可能存在两个元组在属性 X 上的值相等，而在 X 的某个子集 Y 上的值不等。

② 增广律是正确的。因为可以使用反证法，如果关系模式 R 中的某个具体关系 r 存在两个元组 t 和 s 违反了 $XZ\rightarrow YZ$，即 $t[XZ]=s[XZ]$，而 $t[YZ]\neq s[YZ]$，则可以知道 $t[Y]\neq s[Y]$ 或 $t[Z]\neq s[Z]$。此时可以分以下两种情形讨论。

如果 $t[Y]\neq s[Y]$，则与 $X\rightarrow Y$ 成立矛盾。

如果 $t[Z]\neq s[Z]$，则与假设 $t[XZ]=s[XZ]$ 矛盾。

这样假设就不成立，所以增广律是正确的。

③ 传递律是正确的。使用反证法证明，假设关系模式 R 中的某个具体关系 r 存在两个元组 t 和 s 违反了 $X\rightarrow Z$，即 $t[X]=s[X]$，但 $t[Z]\neq s[Z]$。此时可以分以下两种情形讨论。

如果 $t[Y]\neq s[Y]$，则与 $X\rightarrow Y$ 成立矛盾。

如果 $t[Y]=s[Y]$，而 $t[Z]\neq s[Z]$，则与 $Y\rightarrow Z$ 成立矛盾。

由此可以知道传递律是正确的。

（3）以 Armstrong 公理系统中的基本公理 A1、A2 和 A3 为初始点，可以推导出下面 5 条有用的推理规则。

① A4（合并性规则，Union）：若 $X\rightarrow Y$，$X\rightarrow Z$，则 $X\rightarrow YZ$。

② A5（分解性规则，Decomposition）：若 $X\rightarrow Y$，$Z\subseteq Y$，则 $X\rightarrow Z$。

③ A6（伪传递性规则，Pseudotransivity）：若 $X\rightarrow Y$，$WY\rightarrow Z$，则 $WX\rightarrow Z$。

④ A7（复合性规则，Compositon）：若 $X\rightarrow Y$，$W\rightarrow Z$，则 $WX\rightarrow YZ$。

⑤ A8（通用一致性规则，General Unification）：若 $X\rightarrow Y$，$W\rightarrow Z$，则 $X(W-Y)\rightarrow YZ$。

由合并性规则 A4 和分解性规则 A5，可以得到以下结论：如果 $A_1,A_2,\cdots,A_n$ 是关系模式 R 的属性集，则 $X \to A_1A_2\cdots A_n$ 的充分必要条件是 $X \to A_i$（$i=1,2,\cdots,n$）成立。

2．Armstrong 公理系统的完备性

如果从 F 出发根据 Armstrong 公理系统推导出的每个函数依赖 $X \to Y$ 一定在 F^+ 中，则称 Armstrong 公理系统是有效的。另外，如果 F^+ 中每个函数依赖都可以由 F 根据 Armstrong 公理系统推导出，则称 Armstrong 公理系统是完备的。可以证明，Armstrong 公理系统，即函数依赖推理规则系统具有完备性。

由 Armstrong 公理系统的完备性可以得到重要结论：F^+ 是由 F 根据 Armstrong 公理系统推导出的函数依赖的集合，从而在理论上解决了由 F 计算 F^+ 的问题。另外，由 Armstrong 公理系统的完备性和有效性还可以知道，"推导出"与"蕴涵"是两个完全等价的概念，由此得到函数依赖集的闭包的一个计算公式：

$$F^+ = \{X \to Y \mid X \to Y \text{ 由 } F \text{ 根据 Armstrong 公理系统推导出}\}$$

[例 6.6] 设有关系模式 $R(U,F)$，其中，$U=ABC$，$F=\{A \to B, B \to C\}$，则通过上述关于函数依赖集的闭包的计算公式，可以得到 F^+ 由 43 个函数依赖组成。例如，由自反律 A1 可以知道，$A \to \varnothing$，$B \to \varnothing$，$C \to \varnothing$，$A \to A$，$B \to B$，$C \to C$；由增广律 A2 可以推导出，$AC \to BC$，$AB \to B$，$A \to AB$ 等；由传递律 A3 可以推导出，$A \to C$ 等。为了说明清楚，将 F 的闭包 F^+ 列举在表 6.8 中。

表 6.8 F 的闭包 F^+

$A \to \varnothing$	$AB \to \varnothing$	$AC \to \varnothing$	$ABC \to \varnothing$	$B \to \varnothing$	$C \to \varnothing$
$A \to A$	$AB \to A$	$AC \to A$	$ABC \to A$	$B \to B$	$C \to C$
$A \to B$	$AB \to B$	$AC \to B$	$ABC \to B$	$B \to C$	$\varnothing \to \varnothing$
$A \to C$	$AB \to C$	$AC \to C$	$ABC \to C$	$B \to BC$	—
$A \to AB$	$AB \to AB$	$AC \to AB$	$ABC \to AB$	$BC \to \varnothing$	—
$A \to AC$	$AB \to AC$	$AC \to AC$	$ABC \to AC$	$BC \to B$	—
$A \to BC$	$AB \to BC$	$AC \to BC$	$ABC \to BC$	$BC \to C$	—
$A \to ABC$	$AB \to ABC$	$AC \to ABC$	$ABC \to ABC$	$BC \to BC$	—

由此可见，一个小的具有两个元素的函数依赖集 F 常常会有一个大的具有 43 个元素的闭包 F^+，当然 F^+ 中会有许多平凡函数依赖，如 $A \to \varnothing$、$AB \to B$ 等，这些并非都是实际应用中所需要的。

6.3.3 属性集闭包与 F 逻辑蕴涵的充分必要条件

从理论上来讲，对于给定的函数依赖集 F，只要反复使用 Armstrong 公理系统给出的推理规则，直到不能再产生新的函数依赖为止，就可以算出 F 的闭包 F^+。但在实际应用中，这种方法不仅效率较低，而且会产生大量无意义或意义不大的函数依赖。由于人们感兴趣的

可能只是 F^+ 的某个子集，所以许多实际过程几乎没有必要计算 F^+ 自身。正是为了解决这样的问题，引入了属性集闭包的概念。

1. 属性集闭包

设 F 是属性集 U 上的一个函数依赖集，$X \subseteq U$，称 $X_{F^+} = \{A \mid A \in U, X \to A$ 能由 F 根据 Armstrong 公理系统推导出$\}$ 为属性集 X 关于 F 的闭包。

如果只涉及一个函数依赖集 F，即无须对函数依赖集进行区分，属性集 X 关于 F 的闭包就可简记为 X^+。需要注意的是，当上述定义中的 A 是 U 中单属性子集时，总有 $X \subseteq X^+ \subseteq U$。

[例 6.7] 设有关系模式 $R(U,F)$，其中，$U=ABC$，$F=\{A \to B, B \to C\}$，按照属性集闭包的概念，则有 $A^+=ABC$，$B^+=BC$，$C^+=C$。

2. 属性集闭包的算法

设属性集 X 的闭包为 closure，其计算算法如下。

```
closure = X;
do
    {if  F中存在函数依赖UV满足 U closure
        then  closure = closure V;
    } while (closure 有所改变);
```

3. F 逻辑蕴涵的充分必要条件

一般而言，给定一个关系模式 $R(U,F)$，其中函数依赖集 F 的闭包 F^+ 只是 U 上所有函数依赖集的一个子集。那么对于 U 上的一个函数依赖 $X \to Y$，如何判定它是否属于 F^+，即如何判定 F 是否逻辑蕴涵 $X \to Y$ 呢？一个自然的思路就是先将 F^+ 计算出来，然后看 $X \to Y$ 是否在集合 F^+ 中。前面已经说过，由于种种原因，人们一般并不直接计算 F^+。计算一个属性集的闭包通常比计算一个函数依赖集的闭包更简便，我们有必要讨论能否将"$X \to Y$ 属于 F^+"的判断问题归结为决定因素 X^+ 的计算问题。下面对此做出回答。

设 F 是属性集 U 上的函数依赖集，X 和 Y 是 U 的子集，则 $X \to Y$ 能由 F 根据 Armstrong 公理系统推导出的充分必要条件是 $Y \subseteq X^+$。

事实上，如果 $Y=A_1A_2\cdots A_n$，并且 $Y \subseteq X^+$，则由 X 关于 F 的闭包 F^+ 的定义可知，对于每个 $A_i \in Y$（$i=1,2,\cdots,n$）都能够由 F 根据 Armstrong 公理系统推导出，再由合并性规则 A4 就可知道 $X \to Y$ 能由 F 根据 Armstrong 公理系统推导出。充分性得证。

如果 $X \to Y$ 能由 F 根据 Armstrong 公理系统推导出，并且 $Y=A_1A_2\cdots A_n$，按照分解性规则 A5 可以得知 $X \to A_i$（$i=1,2,\cdots,n$），这样由 X^+ 的定义就可得到 $A_i \in X^+$（$i=1,2,\cdots,n$），所以 $Y \subseteq X^+$，必要性得证。

6.3.4 最小函数依赖集

设有函数依赖集 F，F 中可能有些函数依赖是平凡的，有些是"多余的"。如果有两个函数依赖集，它们在某种意义上"等价"，其中一个"较大"些，另一个"较小"些，人们自然会选用"较小"的一个。这个问题的确切提法是给定一个函数依赖集 F，怎样求得一个与 F "等价"的"最小"的函数依赖集 $F_{\min}$。显然，这是一个有意义的问题。

1. 函数依赖集的覆盖与等价

设 F 和 G 是关系模式 R 上的两个函数依赖集，如果所有为 F 所蕴涵的函数依赖都为 G 所蕴涵，即 F^+ 是 G^+ 的子集：$F^+ \subseteq G^+$，则称 G 是 F 的覆盖。

当 G 是 F 的覆盖时，只要实现了 G 中的函数依赖，就自动实现了 F 中的函数依赖。如果 G 是 F 的覆盖，同时 F 又是 G 的覆盖，即 $F^+ = G^+$，则称 F 和 G 是相互等价的函数依赖集。当 F 和 G 等价时，只要实现了其中一个的函数依赖，就自动实现了另一个的函数依赖。

2. 最小函数依赖集

对于一个函数依赖集 F，若函数依赖集 $F_{\min}$ 满足下述条件，则称函数依赖集 $F_{\min}$ 为 F 的最小函数依赖集。

（1）$F_{\min}$ 与 F 等价，即 $F^+_{\min} = F^+$。

（2）$F_{\min}$ 中每个函数依赖 $X \rightarrow Y$ 的依赖因素 Y 为单元素集，即 Y 只含有一个属性。

（3）$F_{\min}$ 中每个函数依赖 $X \rightarrow Y$ 的决定因素 X 没有冗余，即只要删除 X 中任何一个属性，就会改变 $F_{\min}$ 的闭包 $F^+_{\min}$。

（4）$F_{\min}$ 中每个函数依赖都不是冗余的，即删除 $F_{\min}$ 中任何一个函数依赖，$F_{\min}$ 就会变为另一个不等价于 $F_{\min}$ 的集合。

最小函数依赖集 $F_{\min}$ 实际上是函数依赖集 F 的一种没有冗余的标准或规范形式，定义中的"1"表明 F 和 $F_{\min}$ 具有相同的功能；"2"表明 $F_{\min}$ 中每个函数依赖都是标准的，即其中的依赖因素都是单属性集；"3"表明 $F_{\min}$ 中每个函数依赖的决定因素都没有冗余的属性；"4"表明 $F_{\min}$ 中没有可以从 F 的剩余函数依赖推导出的冗余的函数依赖。

3. 最小函数依赖集的算法

任何一个函数依赖集 F 都存在最小函数依赖集 $F_{\min}$。事实上，对于函数依赖集 F 来说，根据 Armstrong 公理系统中的分解性规则 A5 可知，如果其中的函数依赖的依赖因素不是单属性集，就可以将其分解为单属性集，不失一般性，可以假定 F 中任意一个函数依赖的依赖因素 Y 都是单属性集。对于任意函数依赖 $X \rightarrow Y$ 决定因素 X 中的每个属性 A，如果将 A 去掉而不改变 F 的闭包，就将 A 从 X 中删除，否则将 A 保留。按照同样的方法逐一考察 F 中的其余函数依赖。对所有如此处理过的函数依赖，逐一讨论如果将其删除，函数依赖集 F 是否改变，不改变就真正删除，否则保留。由此就得到函数依赖集 F 的最小函数依赖集 $F_{\min}$。

需要注意的是，虽然任何一个函数依赖集的最小依赖集都是存在的，但并不唯一。

下面给出上述思路的实现算法。

（1）由分解性规则 A5 得到一个与 F 等价的函数依赖集 G，G 中任意函数依赖的依赖因素都是单属性集。

（2）在 G 的每个函数依赖中消除决定因素中的冗余属性。

（3）在 G 中消除冗余的函数依赖。

[例 6.8] 设有关系模式 $R(U,F)$，其中，$U=ABC$，$F=\{A\to\{B,C\},B\to C,A\to B,\{A,B\}\to C\}$，按照上述算法，可以求出 F_{min}。

（1）将 F 中所有函数依赖的依赖因素写成单属性集形式：

$$G=\{A\to B,A\to C,B\to C,A\to B,\{A,B\}\to C\}$$

这里多出一个 $A\to B$，可以删掉，得到：

$$G=\{A\to B,A\to C,B\to C,\{A,B\}\to C\}$$

（2）G 中的 $A\to C$ 可以由 $A\to B$ 和 $B\to C$ 推导出来，$A\to C$ 是冗余的，删掉 $A\to C$ 可得：

$$G=\{A\to B,B\to C,\{A,B\}\to C\}$$

（3）G 中的 $\{A,B\}\to C$ 可以由 $B\to C$ 推导出来，$\{A,B\}\to C$ 是冗余的，删掉 $\{A,B\}\to C$ 可得：

$$G=\{A\to B,B\to C\}$$

所以 F 的最小函数依赖集 $F_{min}=\{A\to B,B\to C\}$。

6.4 关系模式分解

设有关系模式 $R(U,F)$，取定 U 的子集的集合 $\{U_1,U_2,\cdots,U_n\}$，使得 $U=U_1\cup U_2\cup\cdots\cup U_n$，如果用一个关系模式的集合 $\rho=\{R_1(U_1),R_2(U_2),\cdots,R_n(U_n)\}$ 代替 R，则称 ρ 是关系模式 R 的一个分解。

在 R 分解为 ρ 的过程中，需要考虑以下两个问题。

（1）分解前的 R 和分解后的 ρ 是否表示同样的数据，即 R 和 ρ 是否等价的问题。

（2）分解前的 R 和分解后的 ρ 是否保持相同的函数依赖，即在 R 上有函数依赖集 F，在其上的每个关系模式 R_i 上有一个函数依赖集 F_i，则 $\{F_1,F_2,\cdots,F_n\}$ 是否与 F 等价。

如果这两个问题不解决，导致分解前后的关系模式不一致，就会失去关系模式分解的意义。

上述第一点考虑了分解后关系中的信息是否保持的问题，由此又引入了保持函数依赖概念，该内容将在 6.4.2 节详细介绍。

6.4.1 无损分解

1. 无损分解概念

设 $R(U,F)$ 是一个关系模式，F 是 R 上的一个函数依赖集，R 分解为关系模式集合 $\rho=\{R_1(U_1),R_2(U_2),\cdots,R_n(U_n)\}$。如果对于 R 中满足 F 的每个关系 r，都有

$$r=\Pi R_1(r)\bowtie\Pi R_2(r)\bowtie\cdots\bowtie\Pi R_n(r)$$

则称分解相对于 F 是无损连接分解（Lossingless Join Decomposition），简称为无损分解，否

则称为有损分解（Lossy Decomposition）。

[**例 6.9**] 设有关系模式 $R(U,F)$，其中，$U=\{A,B,C\}$，将其分解为关系模式集合 $\rho=\{R_1(A,B),R_2(A,C)\}$，如图 6.1 所示。

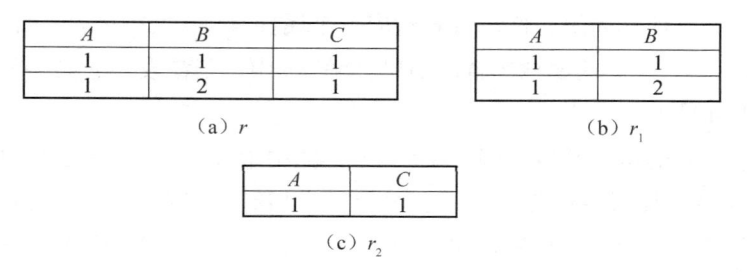

A	B	C
1	1	1
1	2	1

(a) r

A	B
1	1
1	2

(b) r_1

A	C
1	1

(c) r_2

图 6.1 无损分解

图 6.1（a）所示为 R 上的一个关系 r，图 6.1（b）和图 6.1（c）所示分别为 r 在关系模式 $R_1(A,B)$ 和 $R_2(A,C)$ 上的投影 r_1 和 r_2。此时不难得到 $r_1 \bowtie r_2=r$，也就是说，r 在投影和连接之后仍然能够恢复为 r，即没有丢失任何信息，这种模式分解就是无损分解。

有损分解如图 6.2 所示。

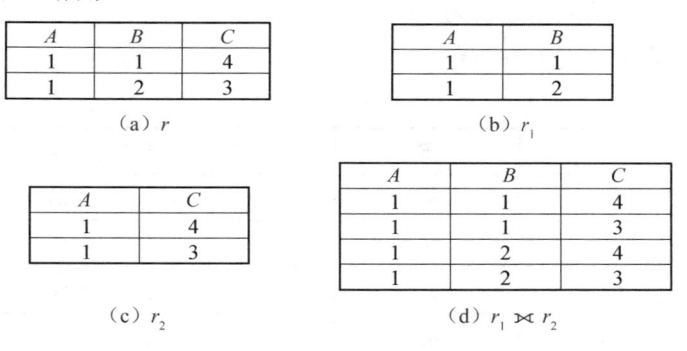

A	B	C
1	1	4
1	2	3

(a) r

A	B
1	1
1	2

(b) r_1

A	C
1	4
1	3

(c) r_2

A	B	C
1	1	4
1	1	3
1	2	4
1	2	3

(d) $r_1 \bowtie r_2$

图 6.2 有损分解

图 6.2（a）所示为 R 上的一个关系 r，图 6.2（b）和图 6.2（c）所示分别为 r 在关系模式 $R_1(A,B)$ 和 $R_2(A,C)$ 上的投影 r_1 和 r_2，图 6.2（d）所示为 $r_1 \bowtie r_2$，此时，r 在投影和连接之后比原来 r 的元组还要多（增加了噪声），同时将原有的信息丢失了。此时的分解就是有损分解。

2．无损分解测试算法

如果一个关系模式的分解不是无损分解，则分解后的关系通过自然连接运算就无法恢复到分解前的关系。如何保证关系模式分解具有无损分解性呢？这需要在对关系模式分解时利用属性间的依赖性质，并且通过适当的方法判定其分解是否为无损分解。为达到此目的，人们提出了一种"追踪"过程。

输入：

（1）关系模式 $R(U,F)$，其中，$U=\{A_1,A_2,\cdots,A_n\}$。

（2）$R(U,F)$ 上成立的函数依赖集 F。

（3）$R(U,F)$ 的一个分解 $\rho=\{R_1(U_1),R_2(U_2),\cdots,R_k(U_k)\}$，而 $U=U_1 \cup U_2 \cup \cdots U_k$。

输出：

ρ 相对于 F 的具有或不具有无损分解性的判断。

计算步骤如下。

(1) 构造一个 k 行 n 列的表格，每列对应一个属性 A_j（$j=1,2,\cdots,n$），每行对应一个关系模式 $R_i(U_i,F_i)$（$i=1,2,\cdots,k$）的属性集合。如果 A_j 在 U_i 中，则在表格的第 i 行第 j 列处添上标号 a_j，否则添上标号 b_{ij}。

(2) 重复检查 F 的每个函数依赖，并且修改表格中的元素，直到表格不能修改为止。取 F 中函数依赖 $X \rightarrow Y$，如果表格总有两行在 X 分量上相等，在 Y 分量上不相等，则修改 Y 分量的值，使这两行在 Y 分量上相等，实际修改分为两种情况：①如果 Y 分量中有一个是 a_j，则另一个也修改成 a_j；②如果 Y 分量中没有 a_j，则用标号较小的那个 b_{ij} 替换另一个标号。

(3) 如果修改结束后的表格中有一行全是 a，即 $a_1,a_2,\cdots,a_n$，则 ρ 相对于 F 是无损分解，否则不是无损分解。

[例 6.10] 设有关系模式 $R(U,F)$，其中，$U=\{A,B,C,D,E\}$，$F=\{A \rightarrow C, B \rightarrow C, C \rightarrow D, \{D,E\} \rightarrow C, \{C,E\} \rightarrow A\}$。$R(U,F)$ 的一个模式分解为 $\rho=\{R_1(A,D), R_2(A,B), R_3(B,E), R_4(C,D,E), R_5(A,E)\}$。

下面使用"追踪"法判断是否为无损分解。

(1) 构造初始表格，如表 6.9 所示。

表 6.9 初始表格

	A	B	C	D	E
{A,D}	a_1	b_{12}	b_{13}	a_4	b_{15}
{A,B}	a_1	a_2	b_{23}	b_{24}	b_{25}
{B,E}	b_{31}	a_2	b_{33}	b_{34}	a_5
{C,D,E}	b_{41}	b_{42}	a_3	a_4	a_5
{A,E}	a_1	b_{52}	b_{53}	b_{54}	a_5

(2) 重复检查 F 中的函数依赖，修改表格元素。

① 根据 $A \rightarrow C$ 对表 6.9 的行进行处理，由于第 1、2、5 行在 A 分量（列）上的值相等，在 C 分量（列）上的值不相等，将 C 列的第 1、2、5 行上的值都统一为 b_{13}，结果如表 6.10 所示。

表 6.10 第 1 次修改结果

	A	B	C	D	E
{A,D}	a_1	b_{12}	b_{13}	a_4	b_{15}
{A,B}	a_1	a_2	b_{13}	b_{24}	b_{25}
{B,E}	b_{31}	a_2	b_{33}	b_{34}	a_5
{C,D,E}	b_{41}	b_{42}	a_3	a_4	a_5
{A,E}	a_1	b_{52}	b_{13}	b_{54}	a_5

② 根据 $B \to C$ 对表 6.10 的行进行处理，由于第 2、3 行在 B 列上的值相等，在 C 列上的值不相等，将 C 列的第 2、3 行上的值都统一为 b_{13}，结果如表 6.11 所示。

表 6.11　第 2 次修改结果

	A	B	C	D	E
{A,D}	a_1	b_{12}	b_{13}	a_4	b_{15}
{A,B}	a_1	a_2	b_{13}	b_{24}	b_{25}
{B,E}	b_{31}	a_2	b_{13}	b_{34}	a_5
{C,D,E}	b_{41}	b_{42}	a_3	a_4	a_5
{A,E}	a_1	b_{52}	b_{13}	b_{54}	a_5

③ 根据 $C \to D$ 对表 6.11 的行进行处理，由于第 1、2、3、5 行在 C 列上的值相等，在 D 列上的值不相等，将 D 列的第 1、2、3、5 行上的值都统一为 a_4，结果如表 6.12 所示。

表 6.12　第 3 次修改结果

	A	B	C	D	E
{A,D}	a_1	b_{12}	b_{13}	a_4	b_{15}
{A,B}	a_1	a_2	b_{13}	a_4	b_{25}
{B,E}	b_{31}	a_2	b_{13}	a_4	a_5
{C,D,E}	b_{41}	b_{42}	a_3	a_4	a_5
{A,E}	a_1	b_{52}	b_{13}	a_4	a_5

④ 根据 $\{D,E\} \to C$ 对表 6.12 的行进行处理，由于第 3、4、5 行在 D 列上的值相等，在 E 列上的值相等，在 C 列上的值不相等，将 C 列的第 3、4、5 行上的值都统一为 a_3，结果如表 6.13 所示。

表 6.13　第 4 次修改结果

	A	B	C	D	E
{A,D}	a_1	b_{12}	b_{13}	a_4	b_{15}
{A,B}	a_1	a_2	b_{13}	a_4	b_{25}
{B,E}	b_{31}	a_2	a_3	a_4	a_5
{C,D,E}	b_{41}	b_{42}	a_3	a_4	a_5
{A,E}	a_1	b_{52}	a_3	a_4	a_5

⑤ 根据 $\{C,E\} \to A$ 对表 6.13 的行进行处理，将 A 列的第 3、4、5 行上的值都统一为 a_1，结果如表 6.14 所示。由于 F 中的所有函数依赖都已经检查完毕，表 6.14 的第 3 行是全 a 行，因此关系模式的分解 ρ 是无损分解。

表 6.14　第 5 次修改结果

	A	B	C	D	E
{A,D}	a_1	b_{12}	b_{13}	a_4	b_{15}
{A,B}	a_1	a_2	b_{13}	a_4	b_{25}
{B,E}	a_1	a_2	a_3	a_4	a_5
{C,D,E}	a_1	b_{42}	a_3	a_4	a_5
{A,E}	a_1	b_{52}	a_3	a_4	a_5

6.4.2　保持函数依赖

1. 保持函数依赖概念

设 F 是属性集 U 上的函数依赖集，Z 是 U 的一个子集，F 在 Z 上的一个投影用 $\prod_Z(F)$ 表示，定义为 $=\{X\to Y|(X\to Y)\in F^+$，且 $XY\subseteq Z\}$。

设有关系模式 R 的一个分解 $\rho=\{R_1(U_1),R_2(U_2),\cdots,R_n(U_n)\}$，$F$ 是 $R(U)$ 上的函数依赖集，如果 $F^+=(\cup \prod_{U_i}(F))^+$，则 ρ 保持函数依赖。

[**例 6.11**] 设有关系模式 $R(U,F)$，其中，$U=\{C\#,Cn,TEXTn\}$，$C\#$ 表示课程号，Cn 表示课程名称，$TEXTn$ 表示教科书名称；而 $F=\{C\#\to Cn,Cn\to TEXTn\}$。

在这里，我们规定每个 $C\#$ 表示一门课程，但一门课程可以有多个课程号（表示开设了多个班级），每门课程只允许采用一种教材。

将 R 分解为 $\rho=\{R_1(U_1,F_1),R_2(U_2,F_2)\}$，这里，$U_1=\{C\#,Cn\}$，$F_1=\{C\#\to Cn\}$，$U_2=\{C\#,TEXTn\}$，$F_2=\{C\#\to TEXTn\}$，不难证明，模式分解 ρ 是无损分解。但是，由 R_1 上的函数依赖 $C\#\to Cn$ 和 R_2 上的函数依赖 $C\#\to TEXTn$ 得不到在 R 上成立的函数依赖 $Cn\to TEXTn$，因此，分解 ρ 丢失了 $Cn\to TEXTn$，即 ρ 不保持函数依赖，分解结果如图 6.3 所示。

图 6.3（a）和图 6.3（b）所示分别为满足 F_1 和 F_2 的关系 r_1 和 r_2，图 6.3（c）所示为 $r_1\bowtie r_2$，但 $r_1\bowtie r_2$ 违反了 $Cn\to TEXTn$。

C#	Cn
C2	数据库
C4	数据库
C6	数据结构

（a）关系 r_1

C#	TEXTn
C2	数据库原理
C4	高级数据库
C6	数据结构教程

（b）关系 r_2

C#	Cn	TEXTn
C2	数据库	数据库原理
C4	数据库	高级数据库
C6	数据结构	数据结构教程

（c）$r_1\bowtie r_2$

图 6.3　不保持函数依赖的分解结果

2. 保持函数依赖测试算法

由保持函数依赖的概念可知，检验一个分解是否保持函数依赖，其实就是检验函数依赖集 $G=\cup \prod_{U_i}(F)$ 与 F^+ 是否相等，也就是检验一个函数依赖 $X \rightarrow Y \in F^+$ 是否可以由 G 根据 Armstrong 公理系统推导出，即是否有 $Y \subseteq X_G^+$。

按照上述分析，可以得到保持函数依赖测试算法。

输入：

（1）关系模式 $R(U)$。

（2）关系模式集合 $\rho=\{R(U_1),R(U_2),\cdots,R_n(U_n)\}$。

输出：

ρ 是否保持函数依赖。

计算步骤：

（1）令 $G=\cup \prod_{U_i}(F)$，$F=F-G$，Result=Ture。

（2）对于 F 中的第一个函数依赖 $X \rightarrow Y$，计算 X_G^+，并令 $F=F-\{X \rightarrow Y\}$。

（3）若 $Y \not\subseteq X_G^+$，则令 Result=False，转向步骤（4）。

若 $F \neq \varnothing$，则转向步骤（2），否则转向步骤（4）。

（4）若 Result=Ture，则 ρ 保持函数依赖，否则 ρ 不保持函数依赖。

[例 6.12] 设有关系模式 $R(U,F)$，其中，$U=ABCD$，$F=\{A \rightarrow B, B \rightarrow C, C \rightarrow D, D \rightarrow A\}$。$R(U,F)$ 的一个模式分解 $\rho=\{R_1(U_1,F_1),R_2(U_2,F_2),R_3(U_3,F_3)\}$，其中，$U_1=\{A,B\}$，$U_2=\{B,C\}$，$U_3=\{C,D\}$，$F_1=\prod U_1=\{A \rightarrow B\}$，$F_2=\prod U_2=\{B \rightarrow C\}$，$F_3=\prod U_3=\{C \rightarrow D\}$。按照上述算法可得：

（1）$G=\{A \rightarrow B, B \rightarrow A, B \rightarrow C, C \rightarrow B, C \rightarrow D, D \rightarrow C\}$，$F=F-G=\{D \rightarrow A\}$，Result=Ture。

（2）对于函数依赖 $D \rightarrow A$，即令 $X=\{D\}$，有 $X \rightarrow Y$，$F=\{X \rightarrow Y\}=F-\{D \rightarrow A\}=\varnothing$，经过计算可以得到 $X_G^+=\{A,B,C,D\}$。

（3）由于 $Y=\{A\} \subseteq X_G^+=\{A,B,C,D\}$，所以转向步骤（4）。

（4）由于 Result=Ture，所以 ρ 保持函数依赖。

6.5 关系模式规范化步骤

规范化程度过低的关系模式不一定能够很好地描述现实世界，可能会存在插入异常、删除异常、数据冗余、修改复杂等问题，解决方法就是对其进行规范化，转换成高级范式。

规范化的基本思想是逐步消除数据依赖中不合适的部分，使关系数据库中的各关系模式达到某种程度的"分离"，即采用"一事一地"的模式设计原则，让一个关系描述一个概念、一个实体或实体间的一种联系。若多于一个概念，则把它"分离"出去。因此规范化实质上是概念的单一化。

关系模式规范化的基本步骤如图 6.4 所示。

```
                    ┌─────┐
          ┌────→    │ 1NF │
          │         └──┬──┘
   消             ↓        消除非主属性对码的部分函数依赖
   除          ┌─────┐
   决          │ 2NF │
   定          └──┬──┘
   属             ↓        消除非主属性对码的传递函数依赖
   性          ┌─────┐
   集          │ 3NF │
   非          └──┬──┘
   码             ↓        消除主属性对码的部分函数依赖和传递函数依赖
   的          ┌─────┐
   非          │BCNF │
   平          └──┬──┘
   凡             ↓        消除非平凡且非函数依赖的多值依赖
   函          ┌─────┐
   数          │ 4NF │
   依          └──┬──┘
   赖             ↓        消除不是由候选码所蕴涵的连接依赖
          ↓    ┌─────┐
               │ 5NF │
               └─────┘
```

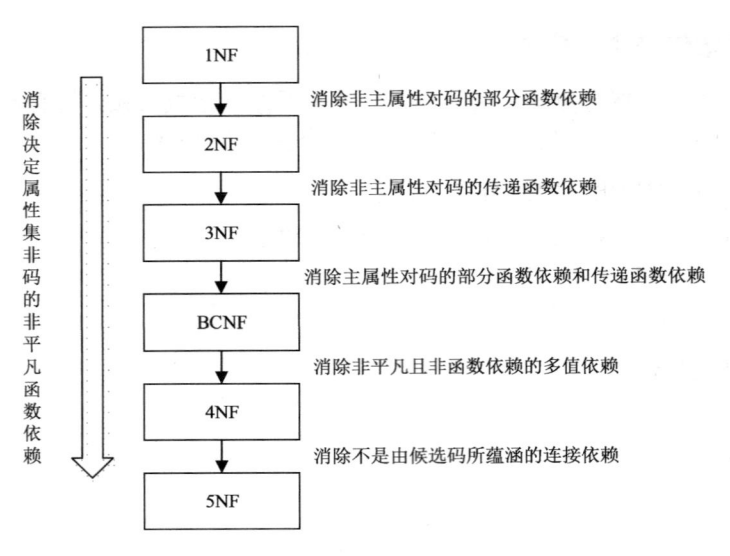

图 6.4 关系模式规范化的基本步骤

（1）对 1NF 关系进行投影，消除原关系中非主属性对码的部分函数依赖，将 1NF 关系转换成若干 2NF 关系。

（2）对 2NF 关系进行投影，消除原关系中非主属性对码的传递函数依赖，从而产生一组 3NF 关系。

（3）对 3NF 关系进行投影，消除原关系中主属性对码的部分函数依赖和传递函数依赖（也就是说，使决定属性都成为投影的候选码），得到一组 BCNF 关系。

以上三步也可以合并为一步：对原关系进行投影，消除决定属性不是候选码的任何函数依赖。

（4）对 BCNF 关系进行投影，消除原关系中非平凡且非函数依赖的多值依赖，从而产生一组 4NF 关系。

（5）对 4NF 关系进行投影，消除原关系中不是由候选码所蕴涵的连接依赖，即可得到一组 5NF 关系。

规范化程度过低的关系模式可能会存在插入异常、删除异常、数据冗余、修改复杂等问题，需要对其进行规范化，转换成高级范式。但这并不意味着规范化程度越高的关系模式就越好。在设计数据库模式结构时，必须根据现实世界的实际情况和用户应用需求做进一步分析，确定一个合适的、能够反映现实世界的模式，即上面的规范化步骤可以在其中任何一步终止。

习题

1. 解释下列名词：

函数依赖、部分函数依赖、完全函数依赖、传递函数依赖、候选码、主码、全码、1NF、

2NF、3NF、BCNF、多值依赖、4NF、连接依赖、5NF、最小函数依赖集、无损分解。

2．现要建立关于系、学生、班级、学会等信息的一个关系数据库。语义为：一个系有若干专业，每个专业每年只招一个班，每个班有若干学生，一个系的学生住在同一个宿舍区，每个学生可参加若干学会，每个学会有若干学生。

描述学生的属性：学号、姓名、出生日期、系名、班号、宿舍区。

描述班级的属性：班号、专业名、系名、人数、入校年份。

描述系的属性：系名、系号、系办公室地点、人数。

描述学会的属性：学会名、成立年份、地点、人数、入会年份。

（1）请写出关系模式。

（2）写出每个关系模式的最小函数依赖集，指出是否存在传递函数依赖，在函数依赖左部是多属性的情况下，讨论函数依赖是完全依赖，还是部分依赖。

（3）指出各关系模式的候选码、外码，以及有没有全码。

3．设关系模式 $R(A,B,C,D)$，函数依赖集 $F=\{A\to C, C\to A, B\to AC, D\to AC, BD\to A\}$。

（1）求出 R 的候选码。

（2）求出 F 的最小函数依赖集。

（3）将 R 分解为 3NF，使其既具有无损连接性又具有函数依赖保持性。

4．设关系模式 $R(A,B,C)$，函数依赖集 $F=\{AB\to C, C\to A\}$，R 满足第几范式？为什么？

第 7 章

数据库设计

学习目标

- ✓ 理解数据库设计的基本任务与目标。
- ✓ 了解数据库设计过程中的常见问题并能够加以解决。
- ✓ 学会需求分析的基本方法。
- ✓ 学会数据字典的创建方法。

学习重点

- ✓ 掌握数据流图的设计方法。
- ✓ 能够根据需求说明书按照工程化的方法和步骤建立正确的 E-R 模型。
- ✓ 掌握数据库逻辑结构设计中 E-R 图向关系模型转换的方法与过程。
- ✓ 掌握数据库物理结构设计的方法。

思政导学

- ✓ **关键词**：数据库设计步骤、E-R 图的设计。
- ✓ **内容要意**：数据库设计的步骤是创建数据库的工程化方法的总结，有助于用户迅速准确地建立应用系统需要的数据库。其中，数据流图、数据字典、E-R 图等都是数据库设计过程中主要的设计方法。
- ✓ **思政点拨**：在设计步骤中融入求真务实的敬业精神；通过介绍规范化理论，培养学生正确规范的思维、严谨的治学态度和逻辑思维。
- ✓ **思政目标**：培养学生"求真务实、精益求精"的工匠精神，提升学生的逻辑推理能力，以及敬业、精益的职业品质。

7.1 数据库设计概述

在数据库领域中，通常把使用数据库的各类信息系统都称为数据库应用系统，如以数据库为基础的各种管理信息系统、办公自动化系统、地理信息系统、电子政务系统、电子商务系统等。

数据库设计，广义地讲，是数据库及其应用系统的设计，即设计整个数据库应用系统；狭义地讲，是设计数据库本身，即设计数据库的各级模式并建立数据库，这是数据库应用系统设计的一部分。本书的重点是讲解狭义的数据库设计。当然，设计一个好的数据库与设计一个好的数据库应用系统是密不可分的，一个好的数据库结构是数据库应用系统的基础，特别在实际的系统开发项目中两者更是密切相关、并行进行的。

下面给出数据库设计的一般定义。

数据库设计是指对于一个给定的应用环境，构造（设计）优化的数据库逻辑模式和物理结构，并据此建立数据库及其应用系统，使其能够有效地存储和管理数据，满足各种用户的应用要求，包括信息管理要求和数据操作要求。

信息管理要求是指在数据库中应该存储和管理哪些数据对象；数据操作要求是指对数据对象需要进行哪些操作，如查询、插入、删除、修改、统计等操作。

数据库设计的目标是为用户和各种应用系统提供一个信息基础设施和高效的运行环境。高效的运行环境指数据库数据的存取效率、数据库存储空间的利用率、数据库系统运行管理的效率等都是高的。

7.1.1 数据库设计的特点

大型数据库的设计和开发是一项庞大的工程，是涉及多学科的综合性技术。数据库建设是指数据库应用系统从设计、实施到运行与维护的全过程。数据库建设与一般的软件系统的设计、开发、运行与维护有许多相同之处，更有其自身的一些特点。

1．数据库建设的基本规律

"三分技术，七分管理，十二分基础数据"是数据库设计的特点之一。

在数据库建设中不仅涉及技术，还涉及管理。要建设好一个数据库应用系统，开发技术固然重要，但是相比之下管理更加重要。这里的管理不仅包括数据库建设作为一个大型的工程项目，其本身的项目管理，还包括该企业（应用部门）的业务管理。

企业的业务管理更加复杂，也更重要，对数据库结构的设计有直接影响。这是因为数据库结构（数据库模式）是对企业中业务部门数据及各业务部门之间数据的联系的描述和抽象。业务部门数据及各业务部门之间数据的联系是与各部门的职能、整个企业的管理模式密切相关的。

人们在数据库建设的长期实践中深刻认识到，一个企业数据库建设的过程是企业管理模式的改革和提高的过程。只有把企业的管理创新做好，才能实现技术创新并建设好一个数据库应用系统。

"十二分基础数据"强调了数据的收集、整理、组织和不断更新是数据库建设中的重要环节。人们往往忽视基础数据在数据库建设中的地位和作用。基础数据的收集、入库是数据库建立初期工作量最大、最烦琐，也最细致的工作。在以后数据库的运行过程中需要不断地把新数据加入数据库中，并且把历史数据加入数据仓库中，以便进行分析挖掘，改进业务管理，提高企业竞争力。

2. 结构（数据）设计与行为（处理）设计相结合

数据库设计应该与应用系统设计相结合。也就是说，在整个设计过程中要把数据库结构设计和对数据的处理设计密切结合起来。这是数据库设计的特点之二。

在早期的数据库应用系统开发过程中，常常把数据库设计和应用系统设计分离开来，如图 7.1 所示。由于数据库设计有其专门的技术和理论，因此需要专门讲解数据库设计。但这并不等于数据库设计和在数据库之上开发应用系统是相互分离的，相反，必须强调设计过程中数据库设计和应用系统设计的密切结合，并把它作为数据库设计的重要特点。

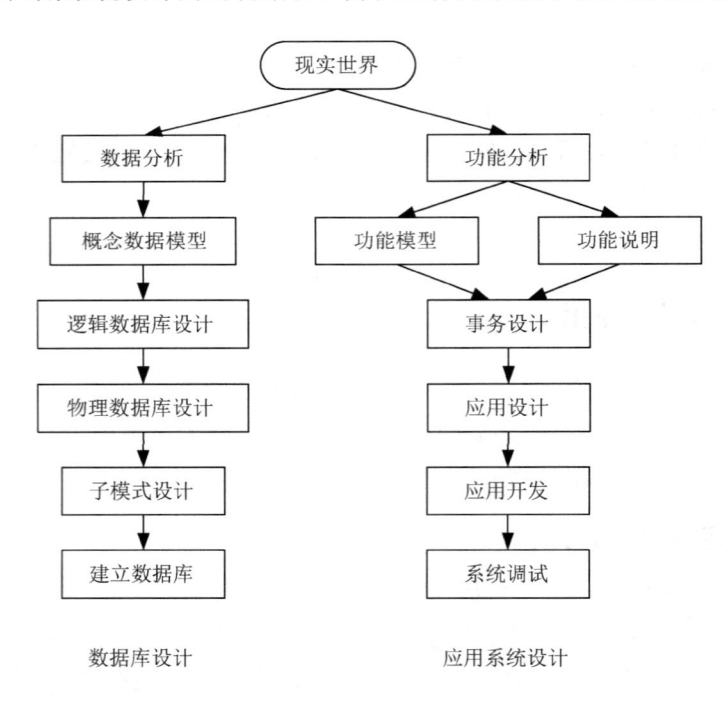

图 7.1 结构和行为分离设计

传统的软件工程忽视对应用中数据语义的分析和抽象。例如，结构化设计（Structure Design，SD）方法和逐步求精的方法着重于处理过程，只要有可能就尽量推迟数据结构设计的决策。这种方法对于数据库应用系统的设计显然是不妥的。

早期的数据库设计致力于数据模型和数据库建模方法的研究,着重结构特性的设计而忽视了行为设计对结构设计的影响,这种方法是不完善的。

我们则强调在数据库设计中要把结构特性和行为特性结合起来。

7.1.2 数据库设计方法

大型数据库设计是涉及多学科的综合性技术,又是一项庞大的工程项目。它要求从事数据库设计的专业人员具备多方面的知识和技术。主要包括:
- 计算机的基础知识。
- 软件工程的原理和方法。
- 程序设计的方法和技巧。
- 数据库的基本知识。
- 数据库设计技术。
- 应用领域的知识。

这样才能设计出符合具体领域要求的数据库及其应用系统。早期数据库设计主要采用手工与经验相结合的方法,设计质量往往与设计人员的经验和水平有直接的关系。数据库设计是一种技艺,如果缺乏科学理论和工程方法的支持,则设计质量难以保证。常常是在数据库运行一段时间后,发现各种不同程度的问题,需要进行修改甚至重新设计,增加了系统维护的代价。

为此,人们努力探索,提出了各种数据库设计方法。例如,新奥尔良(New Orleans)方法、基于 E-R 模型的设计方法、3NF(第三范式)的设计方法、面向对象的数据库设计方法、统一建模语言(Unified Model Language,UML)方法等。这些年,数据库工作者一直在研究和开发数据库设计工具。经过多年的努力,数据库设计工具已经实用化和产品化了。这些工具软件可以辅助设计人员完成数据库设计过程中的很多任务,已经普遍地用于大型数据库设计中。

7.1.3 数据库设计的基本步骤

按照结构化系统设计方法,考虑数据库及其应用系统开发全过程,将数据库设计分为以下 6 个阶段,如图 7.2 所示。
- 需求分析阶段。
- 概念结构设计阶段。
- 逻辑结构设计阶段。
- 物理结构设计阶段。
- 数据库实施阶段。
- 数据库运行和维护阶段。

在数据库设计过程中,需求分析和概念结构设计可以独立于任何数据库管理系统进行,逻辑结构设计和物理结构设计与选用的数据库管理系统密切相关。

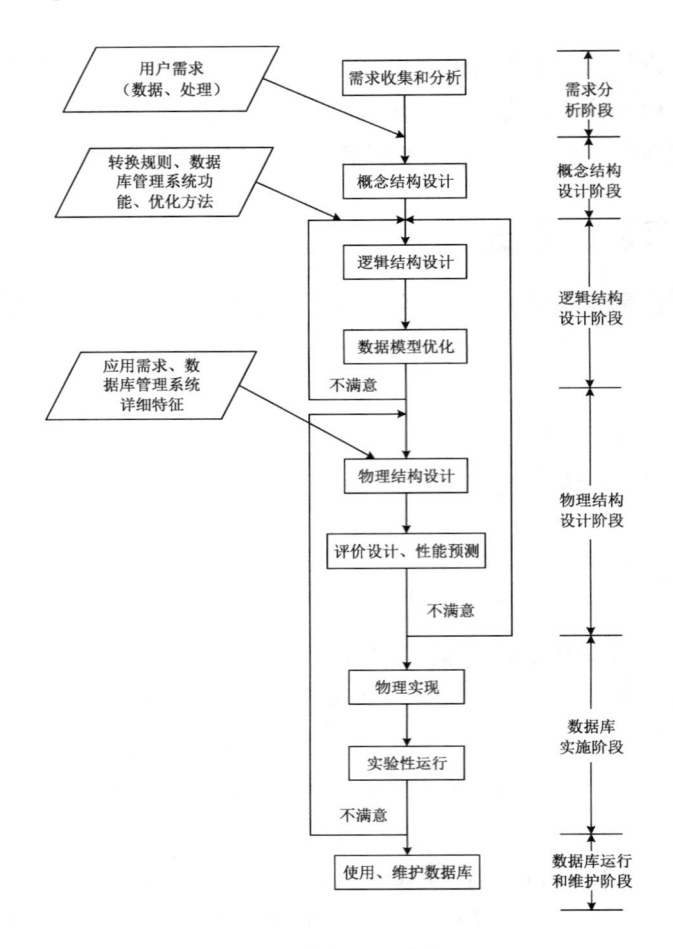

图 7.2　数据库设计步骤

数据库设计开始之前，首先必须选定参加设计的人员，包括系统分析人员、数据库设计人员、应用开发人员、数据库管理员和用户。系统分析人员和数据库设计人员是数据库设计的核心人员，将自始至终参与数据库设计，其水平决定了数据库系统的质量。用户和数据库管理员在数据库设计中的作用也是举足轻重的，主要参与需求分析阶段与数据库运行和维护阶段，其积极参与不但能加速数据库设计，而且是决定数据库设计质量的重要因素。应用开发人员包括程序员和操作员，分别负责编制程序和准备软硬件环境，他们在数据库实施阶段参与进来。

如果所设计的数据库应用系统比较复杂，还应该考虑是否需要使用数据库设计工具，以及选用何种工具，以提高数据库设计质量并减少设计工作量。

1. 需求分析阶段

进行数据库设计首先必须准确了解与分析用户需求（包括数据与处理）。需求分析是整个设计过程的基础，是最困难和最耗费时间的一步。作为"地基"的需求分析是否做得充分与准确，决定了在其上构建数据库"大厦"的速度与质量。需求分析做得不好，可能会导致整个数据库设计返工重做。

2．概念结构设计阶段

概念结构设计是整个数据库设计的关键，它通过对用户需求进行综合、归纳与抽象，形成一个独立于具体数据库管理系统的概念数据模型。

3．逻辑结构设计阶段

逻辑结构设计是将概念结构转换为某个数据库管理系统所支持的数据模型，并对其进行优化。

4．物理结构设计阶段

物理结构设计是为逻辑数据模型选取一个最适合应用环境的物理结构（包括存储结构和存取方法）。

5．数据库实施阶段

在数据库实施阶段，设计人员运用数据库管理系统提供的数据库语言及宿主语言，根据逻辑结构设计和物理结构设计的结果建立数据库，编写与调试应用程序，组织数据入库，并进行试运行。

6．数据库运行和维护阶段

数据库应用系统经过试运行后即可投入正式运行。在数据库应用系统运行过程中必须不断地对其进行评估、调整与修改。

设计一个完善的数据库应用系统是不可能一蹴而就的，它往往是上述 6 个阶段的不断反复。

需要指出的是，这个设计步骤既是数据库设计的过程，也包括了数据库应用系统的设计过程。在设计过程中把数据库的设计和对数据库中数据处理的设计紧密结合起来，将这两个方面的需求分析、抽象、设计、实现在各阶段同时进行，相互参照，相互补充，以完善这两个方面的设计。事实上，如果不了解应用环境对数据的处理要求，或者没有考虑如何实现这些处理要求，是不可能设计一个良好的数据库结构的。有关处理特性的设计描述，包括设计原理、采用的设计方法及工具等在软件工程和信息系统设计的课程中有详细介绍，这里不再讨论。表 7.1 概括地给出了数据库设计各阶段关于数据特性的设计描述。

表 7.1　数据库设计各阶段关于数据特性的设计描述

设计阶段	设计描述
需求分析	系统中数据项、数据结构、数据流、数据存储的描述
概念结构设计	概念数据模型（E-R 图） 数据字典

续表

设计阶段	设计描述
逻辑结构设计	某种数据模型
物理结构设计	存储安排 存取方法选择 存取路径建立
数据库实施	创建数据库模式 装入数据 数据库试运行 Create … Load …
数据库运行和维护	性能监测、转储/恢复、数据库重组和重构

7.1.4 数据库设计过程中的各级模式

按照 7.1.3 节的设计过程，数据库设计的不同阶段形成数据库的各级模式，如图 7.3 所示。在需求分析阶段综合各用户的应用需求；在概念结构设计阶段形成独立于机器特点、独立于各关系数据库管理系统产品的概念模式，即 E-R 图；在逻辑结构设计阶段将 E-R 图转换成具体的数据库产品支持的数据模型（如关系模型）形成数据库逻辑模式，根据用户处理的要求，并基于安全性的考虑，在基本表的基础上建立必要的视图形成数据库外模式；在物理结构设计阶段，根据关系数据库管理系统的特点和处理的需要进行物理存储安排，建立索引，形成数据库内模式。

下面就以图 7.3 的设计过程为主线，讨论数据库设计各阶段的设计内容、设计方法和工具。

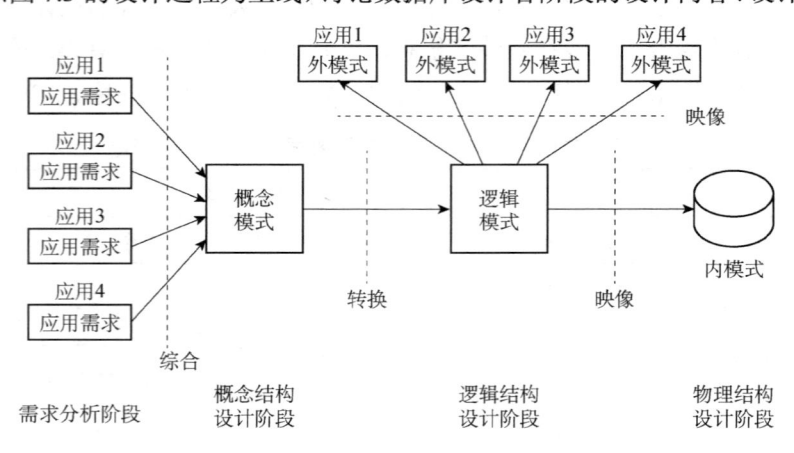

图 7.3 数据库的各级模式

7.2 需求分析

需求分析简单地说就是分析用户的需求。需求分析是设计数据库的起点，需求分析结果是否准确反映用户的实际需求将直接影响后面各阶段的设计，并影响设计结果是否合理和实用。

7.2.1 需求分析的任务

需求分析的任务是通过详细调查现实世界要处理的对象（组织、部门、企业等），充分了解原系统（手工系统或计算机系统）的工作概况，明确用户的各种需求，并在此基础上确定新系统的功能。新系统必须充分考虑今后可能的扩充和改变，不能仅仅按当前应用需求来设计数据库。

调查的重点是"数据"和"处理"，通过调查、收集与分析，获得用户对数据库的以下要求。

（1）信息要求，即用户需要从数据库中获得的信息内容与性质。由信息要求可以导出数据要求，即在数据库中需要存储哪些数据。

（2）处理要求，即用户要完成的数据处理功能对处理性能的要求。

（3）安全性与完整性要求。

确定用户的最终需求是一件很困难的事，一方面用户缺少计算机知识，开始时无法确定计算机究竟能为自己做什么，不能做什么，因此往往不能准确地表达自己的需求，所提出的需求往往不断地变化。另一方面，设计人员缺少用户的专业知识，不易理解用户的真正需求，甚至误解用户的需求，因此设计人员必须不断深入地与用户交流，才能逐步确定用户的实际需求。

7.2.2 需求分析的方法

进行需求分析首先要调查清楚用户的实际需求，与用户达成共识，然后分析与表达这些需求。

调查用户需求的具体步骤如下。

（1）调查组织机构总体情况，包括了解该组织的部门组成情况、各部门的职责等，为分析信息流程做准备。

（2）调查各部门的业务活动情况，包括了解各部门输入和使用什么数据，如何加工处理这些数据，输出什么信息，输出到什么部门，输出结果的格式是什么等，这是调查的重点。

（3）在熟悉业务活动的基础上，协助用户明确对新系统的各种要求，包括信息要求、处理要求、安全性与完整性要求，这是调查的又一个重点。

（4）确定系统的边界。对前面调查的结果进行初步分析，确定哪些功能由计算机完成或将来准备让计算机完成，哪些功能由人工完成。由计算机完成的功能就是系统应该实现的功能。

在调查过程中，可以根据不同的问题和条件使用不同的调查方法。常用的调查方法如下。

（1）跟班作业。通过亲身参加业务工作来了解业务活动的情况。

（2）开调查会。通过与用户座谈来了解业务活动情况及用户需求。

（3）请专人介绍。

（4）询问。对于某些调查中的问题可以找专人询问。

（5）设计调查表请用户填写。如果调查表设计得合理，那么这种方法是很有效的。

（6）查阅记录。查阅与原系统有关的数据记录。

做需求调查时往往需要同时采用上述多种调查方法，但无论采用何种调查方法，都必须有用户的积极参与和配合。

调查了解用户需求以后，还需要进一步分析和表达用户的需求。在众多分析方法中，结构化分析（Structured Analysis，SA）方法是一种简单实用的方法。SA方法从最上层的系统组织机构入手，采用自顶向下、逐层分解的方式分析系统。

对用户需求进行分析和表达后，需求分析报告必须提交给用户，并征得用户的认可。图7.4 描述了需求分析的过程。

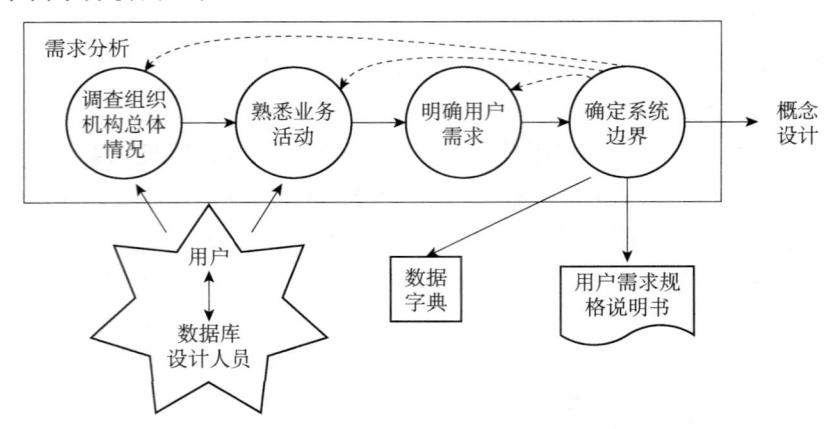

图 7.4　需求分析的过程

7.2.3　数据字典

数据字典是进行详细的数据收集和数据分析所获得的主要成果。它是关于数据库中数据的描述，即元数据，而不是数据本身。数据字典是在需求分析阶段建立的，并在数据库设计过程中不断修改、充实、完善。它在数据库设计中占有很重要的地位。

数据字典通常包括数据项、数据结构、数据流、数据存储和处理过程几部分。其中，数据项是数据的最小组成单位，若干数据项可以组成一个数据结构。数据字典通过对数据项和数据结构的定义来描述数据流、数据存储的逻辑内容。

1. 数据项

数据项是不可再分的数据单位。对数据项的描述通常包括以下内容。

数据项描述={数据项名,数据项含义说明,别名,数据类型,长度,取值范围,取值含义,与其他数据项的逻辑关系,数据项之间的联系}

其中,"取值范围""与其他数据项的逻辑关系"(如该数据项值等于其他几个数据项值的和、该数据项值等于另一个数据项值等)定义了数据的完整性约束条件,是设计数据检验功能的依据。

可以以关系规范化理论作为指导,用数据依赖的概念分析和表示数据项之间的联系,即按实际语义写出数据项之间的数据依赖,这些数据依赖关系是数据库逻辑结构设计阶段数据模型优化的依据。

2. 数据结构

数据结构反映了数据之间的组合关系。一个数据结构可以由若干数据项组成,也可以由若干数据结构组成,或者由若干数据项和数据结构混合组成。对数据结构的描述通常包括以下内容。

数据结构描述={数据结构名,含义说明,组成:{数据项或数据结构}}

3. 数据流

数据流是数据结构在系统内传输的路径。对数据流的描述通常包括以下内容。

数据流描述={数据流名,说明,数据流来源,数据流去向,组成:{数据结构},平均流量,高峰期流量}

其中,"数据流来源"说明该数据流来自哪个过程;"数据流去向"说明该数据流将到哪个过程去;"平均流量"指在单位时间(每天、每周、每月等)内的传输次数;"高峰期流量"指在高峰时期的数据流量。

4. 数据存储

数据存储是数据结构停留或保存的地方,也是数据流的来源和去向之一。它可以是手工文档或手工凭单,也可以是计算机文档。对数据存储的描述通常包括以下内容。

数据存储描述={数据存储名,说明,编号,输入的数据流,输出的数据流,组成{数据结构},数据量,存取频度,存取方式}

其中,"存取频度"指每小时、每天或每周存取次数及每次存取的数据量等信息;"存取方式"指是批处理还是联机处理、是检索还是更新、是顺序检索还是随机检索等;"输入的数据流"要指出其来源;"输出的数据流"要指出其去向。

5. 处理过程

处理过程的具体处理逻辑一般用判定表或判定树来描述。数据字典中只需要描述处理过程的说明性信息即可,通常包括以下内容。

处理过程描述={处理过程名,说明,输入:{数据流},输出:{数据流},处理:{简要说明}}

其中,"简要说明"主要说明该处理过程的功能及处理要求。功能指该处理过程用来做什么(而不是怎么做),处理要求指处理频度要求,如单位时间内处理多少事务、多少数据量、响应时间要求等。这些处理要求是后面物理结构设计的输入及性能评价的标准。

明确地把需求收集和分析作为数据库设计的第一阶段是十分重要的。这一阶段收集到的基础数据（用数据字典来表达）是下一步进行概念结构设计的基础。

最后，要强调两点：

（1）需求分析阶段的一个重要且困难的任务是收集将来应用所涉及的数据，设计人员应充分考虑到可能的扩充和改变，使设计易于更改、系统易于扩充。

（2）必须强调用户的参与，这是数据库应用系统设计的特点。数据库应用系统与广泛的用户有密切的联系，许多人要使用数据库，数据库的设计和建立又可能对更多人的工作环境产生重要影响。因此用户的参与是数据库设计不可分割的一部分。在需求分析阶段，任何调查研究没有用户的积极参与都是寸步难行的。设计人员应该和用户取得共同的语言，以帮助不熟悉计算机的用户建立数据库环境下的共同概念，并对设计工作的最后结果承担共同的责任。

7.3 概念结构设计

将需求分析得到的用户需求抽象为信息结构（概念数据模型）的过程就是概念结构设计。它是整个数据库设计的关键。本节讲解概念数据模型的特点，以及用 E-R 模型来表示概念数据模型的方法。

7.3.1 概念数据模型

在需求分析阶段所得到的用户需求应该首先抽象为信息世界的结构，然后才能更好、更准确地用某一数据库管理系统满足这些需求。

概念数据模型的主要特点如下。

（1）能真实、充分地反映现实世界（包括事物，以及事物之间的联系），能满足用户对数据的处理要求，是现实世界的一个真实模型。

（2）易于理解。可以用它和不熟悉计算机的用户交换意见。用户的积极参与是数据库设计成功的关键。

（3）易于更改。当应用环境和应用要求改变时容易对概念数据模型进行修改和扩充。

（4）易于向关系模型、网状模型、层次模型等各种数据模型转换。

描述概念数据模型的有力工具是 E-R 模型。

7.3.2 E-R 模型

P.P.S. Chen 提出的 E-R 模型是用 E-R 图来描述现实世界的概念数据模型。前面章节已经简单介绍了 E-R 模型涉及的主要概念，包括实体、属性、实体之间的联系等，指出了实体应该区分实体集和实体型，初步讲解了实体之间的联系。下面首先对实体之间的联系做进一步介绍，然后讲解 E-R 图。

在现实世界中，事物内部及事物之间都是有联系的。实体内部的联系通常是指组成实体的各属性之间的联系，实体之间的联系通常是指不同实体型的实体集之间的联系。

（1）两个实体型之间的联系。

两个实体型之间的联系可以分为以下三种。

① 一对一联系（1∶1）。

如果对于实体集 A 中的每个实体，实体集 B 中至多有一个（也可以没有）实体与之联系，反之亦然，则称实体集 A 与实体集 B 之间具有一对一联系，记为 1∶1。

例如，学校中每个班级只有一个正班长，而一个班长只在一个班中任职，则班级与班长之间具有一对一联系。

② 一对多联系（1∶n）。

如果对于实体集 A 中的每个实体，实体集 B 中有 n 个实体（$n \geq 0$）与之联系，反之，对于实体集 B 中的每个实体，实体集 A 中至多只有一个实体与之联系，则称实体集 A 与实体集 B 之间具有一对多联系，记为 1∶n。

例如，一个班级中有若干学生，而每个学生只在一个班级中学习，则班级与学生之间具有一对多联系。

③ 多对多联系（m∶n）。

如果对于实体集 A 中的每个实体，实体集 B 中有 n 个实体（$n \geq 0$）与之联系，反之，对于实体集 B 中的每个实体，实体集 A 中也有 m 个实体（$m \geq 0$）与之联系，则称实体集 A 与实体集 B 之间具有多对多联系，记为 m∶n。

例如，一门课程同时有若干学生选修，而一个学生可以同时选修多门课程，则课程与学生之间具有多对多联系。

可以用图形来表示两个实体型之间的这三类联系，如图 7.5 所示。

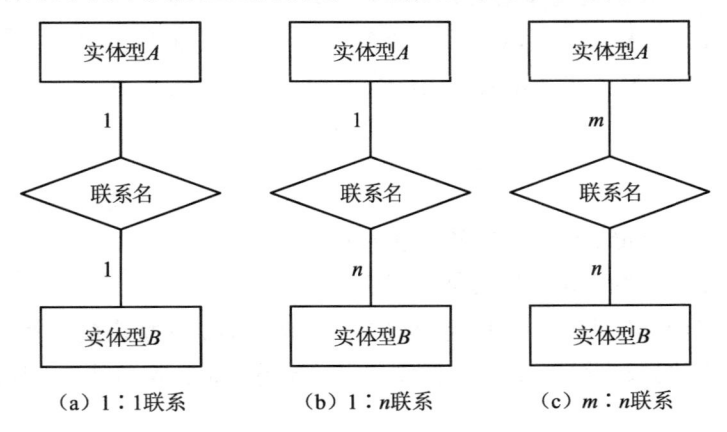

(a) 1∶1 联系　　(b) 1∶n 联系　　(c) m∶n 联系

图 7.5　两个实体型之间的三类联系

（2）两个以上的实体型之间的联系。

一般地，两个以上的实体型之间也存在着一对一、一对多和多对多联系。

例如，对于课程、教师与参考书三个实体型，如果一门课程可以由若干教师讲授，使用若干参考书，而每个教师只讲授一门课程，每本参考书只供一门课程使用，则课程与教师、参考书之间的联系是一对多联系，如图7.6（a）所示。

又例如，有三个实体型：供应商、项目、零件，一个供应商可以供给若干项目多种零件，而每个项目可以使用多个供应商供应的零件，每种零件可以由不同供应商供给，由此看出供应商、项目、零件三者之间的联系是多对多联系，如图7.6（b）所示。

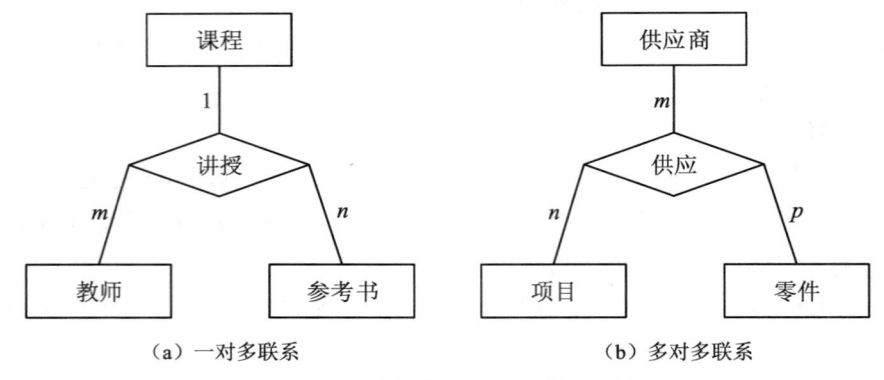

（a）一对多联系　　　　　　　（b）多对多联系

图7.6　三个实体型之间的联系示例

（3）单个实体型内的联系。

同一个实体集内的各实体之间也可以存在一对一、一对多和多对多联系。例如，职工实体型内部具有领导与被领导的联系，即某个职工（干部）"领导"若干职工，而一个职工仅被另一个职工直接领导，因此这是一对多联系，如图7.7所示。

一般地，把参与联系的实体型的数目称为联系度。两个实体型之间的联系度为2，也称为二元联系；三个实体型之间的联系度为3，也称为三元联系；N个实体型之间的联系度为N，也称为N元联系。

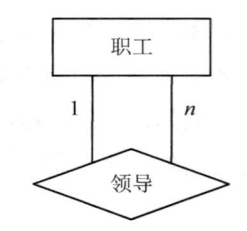

图7.7　单个实体的一对多联系示例

1. E-R图

E-R图提供了表示实体型、属性和联系的方法。

（1）实体型用矩形框表示，矩形框内写明实体名。

（2）属性用椭圆形框表示，并用无向边将其与相应的实体型连接起来。

例如，学生实体具有学号、姓名、性别、出生年份、系、入学时间等属性，用E-R图表示如图7.8所示。

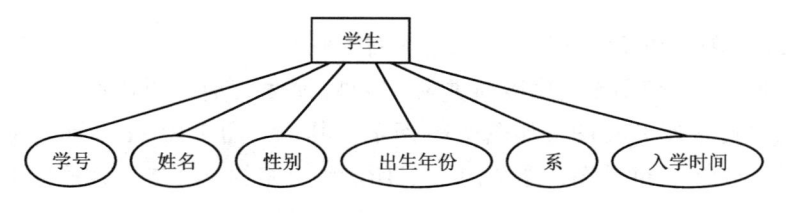

图 7.8 学生实体及其属性

（3）联系用菱形表示，菱形框内写明联系名，并用无向边分别与有关实体型连接起来，同时在无向边旁标上联系的类型（1∶1、1∶n 或 $m∶n$）。

需要注意的是，如果一个联系具有属性，则这些属性也要用无向边与该联系连接起来。例如，在图 7.6（b）中，如果用"供应量"来描述联系"供应"的属性，表示某供应商供应了多少数量的零件给某个项目，如图 7.9 所示。

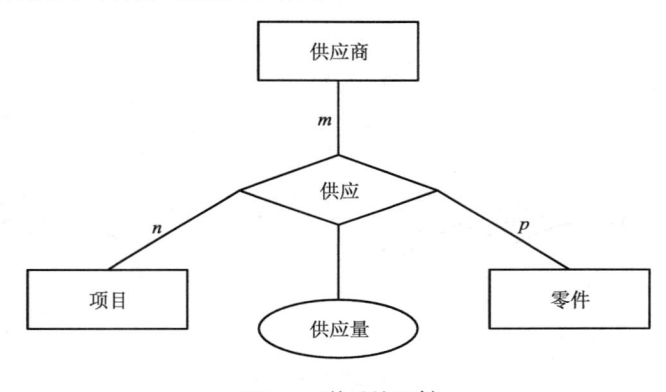

图 7.9 联系的属性

2．一个实例

下面用 E-R 图来表示某个工厂物资管理的概念数据模型。

物资管理涉及以下几个实体。

- 仓库：属性有仓库号、面积、电话号码。
- 零件：属性有零件号、名称、规格、单价、描述。
- 供应商：属性有供应商号、姓名、地址、电话号码、账号。
- 项目：属性有项目号、预算、开工日期。
- 职工：属性有职工号、姓名、年龄、职称。

这些实体之间的联系如下。

（1）一个仓库可以存放多种零件，一种零件可以存放在多个仓库中，因此仓库与零件之间具有多对多联系。用库存量表示某种零件在某个仓库中的数量。

（2）一个仓库有多个职工当仓库保管员，一个职工只能在一个仓库工作，因此仓库与职工之间具有一对多联系。

（3）职工之间具有领导与被领导关系，即仓库主任领导若干仓库保管员，因此职工实体型中具有一对多联系。

（4）供应商、项目和零件三者之间具有多对多联系，即一个供应商可以供给若干项目多种零件，每个项目可以使用不同供应商供应的零件，每种零件可以由不同供应商供给。下面给出此工厂的物资管理 E-R 图，如图 7.10 所示。其中，图 7.10（a）所示为实体属性图，图 7.10（b）所示为实体联系图，图 7.10（c）所示为完整的 E-R 图。这里把实体的属性单独画出仅仅是为了更清晰地表示实体，以及实体之间的联系。

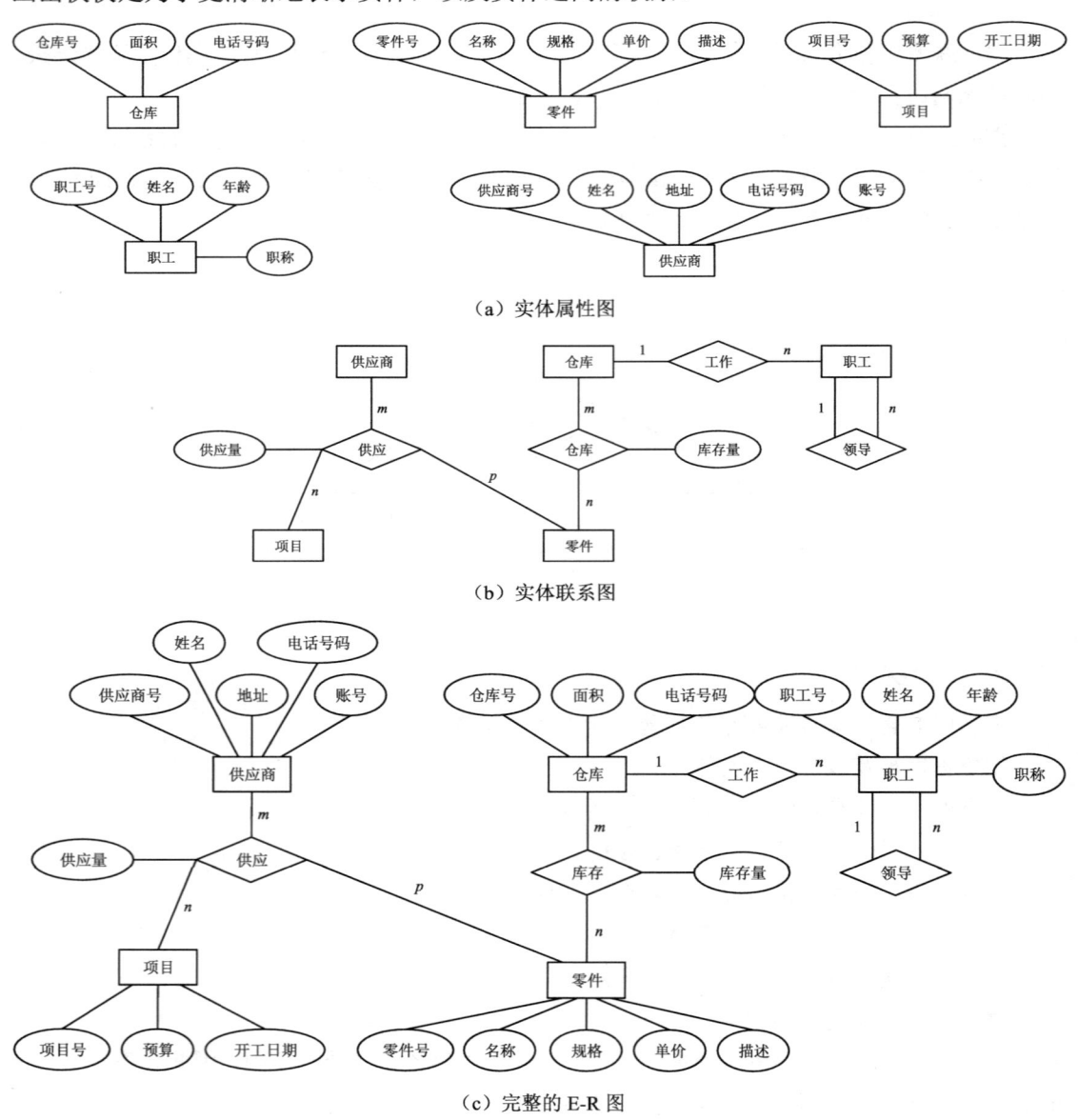

（a）实体属性图

（b）实体联系图

（c）完整的 E-R 图

图 7.10　工厂的物资管理 E-R 图

7.3.3　概念结构设计

前面讲解了 E-R 图的基本概念，本节介绍在设计 E-R 图的过程中如何确定实体与属性，以及在生成 E-R 图时如何解决冲突等关键问题。

概念结构设计的第一步就是对需求分析阶段收集到的数据进行分类、组织，确定实体、实体的属性、实体之间的联系类型，形成 E-R 图。首先，如何确定实体和属性这个看似简单的问题常常会困扰设计人员，因为实体与属性之间并没有形式上可以截然划分的界限。

事实上，在现实世界中具体的应用环境常常已经对实体和属性做了自然的大体划分。在数据字典中，数据结构、数据流和数据存储都是若干属性有意义的聚合，这就已经体现了这种划分。可以先从这些内容出发定义 E-R 图，再进行必要的调整。在调整中遵循的一条原则是，为了简化 E-R 图的绘制过程，现实世界的事物能作为属性对待的尽量作为属性对待。

那么，符合什么条件的事物可以作为属性对待呢？可以给出以下两条准则。

（1）作为属性，不能再具有需要描述的性质，即属性必须是不可分的数据项，不能包含其他属性。

（2）属性不能与其他实体具有联系，即 E-R 图中所表示的联系是实体之间的联系。

凡满足上述两条准则的事物，一般均可作为属性对待。

例如，职工是一个实体，职工号、姓名、年龄是职工的属性，如果职称没有与工资、岗位津贴、附加福利挂钩，换句话说，没有需要进一步描述的特性，则根据准则（1）职称可以作为职工实体的属性。但如果不同的职称有不同的工资、岗位津贴和附加福利，则职称作为一个实体就更恰当，如图 7.11 所示。

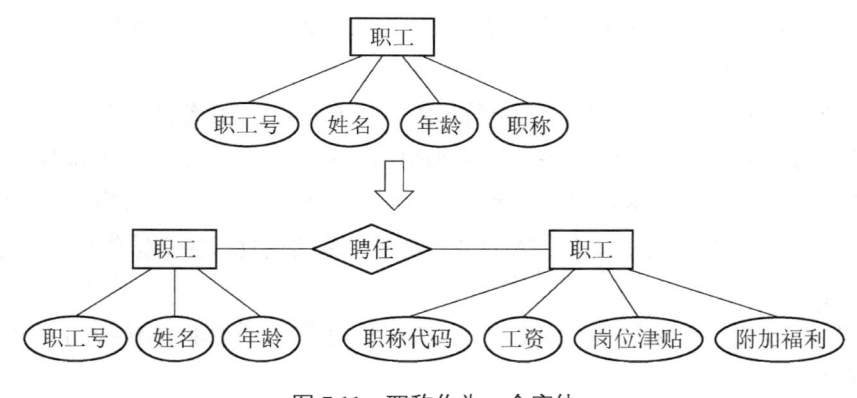

图 7.11 职称作为一个实体

7.4 逻辑结构设计

概念结构是独立于任何一种数据模型的信息结构，逻辑结构设计的任务就是把概念结构设计阶段设计好的基本 E-R 图转换为与选用的数据库管理系统产品所支持的数据模型相符合的逻辑结构。

目前的数据库应用系统都采用支持关系模型的关系数据库管理系统，所以这里只介绍 E-R 图向关系模型转换的原则与方法。

7.4.1　E-R 图向关系模型转换

E-R 图向关系模型转换要解决的问题是，如何将实体之间的联系转换为关系模式，如何确定这些关系模式的属性和码。

关系模型的逻辑结构是一组关系模式的集合。E-R 图是由实体型、实体的属性、实体型之间的联系三个要素组成的，所以将 E-R 图转换为关系模型实际上就是要将实体型、实体的属性和实体型之间的联系转换为关系模式。下面介绍转换的一般原则。一个实体型转换为一个关系模式，关系的属性就是实体的属性，关系的码就是实体的码。

对于实体型之间的联系有以下不同的情况。

（1）一个 1∶1 联系可以转换为一个独立的关系模式，也可以与任意一端实体对应的关系模式合并。如果转换为一个独立的关系模式，则与该联系相连的各实体的码，以及联系本身的属性均转换为关系的属性，每个实体的码均是该关系的候选码。如果与某一端实体对应的关系模式合并，则需要在该关系模式的属性中加入另一个关系模式的码和联系本身的属性。

（2）一个 1∶n 联系可以转换为一个独立的关系模式，也可以与 n 端实体对应的关系模式合并。如果转换为一个独立的关系模式，则与该联系相连的各实体的码，以及联系本身的属性均转换为关系的属性，而关系的码为 n 端实体的码。

（3）一个 m∶n 联系可以转换为一个关系模式，与该联系相连的各实体的码，以及联系本身的属性均转换为关系的属性，各实体的码组成关系的码或关系码的一部分。

（4）三个或三个以上实体之间的一个多元联系可以转换为一个关系模式。与该多元联系相连的各实体的码，以及联系本身的属性均转换为关系的属性，各实体的码组成关系的码或关系码的一部分。

（5）具有相同码的关系模式可合并。下面把图 7.12 所示的 E-R 图转换为关系模型。关系的码用下画线标出。

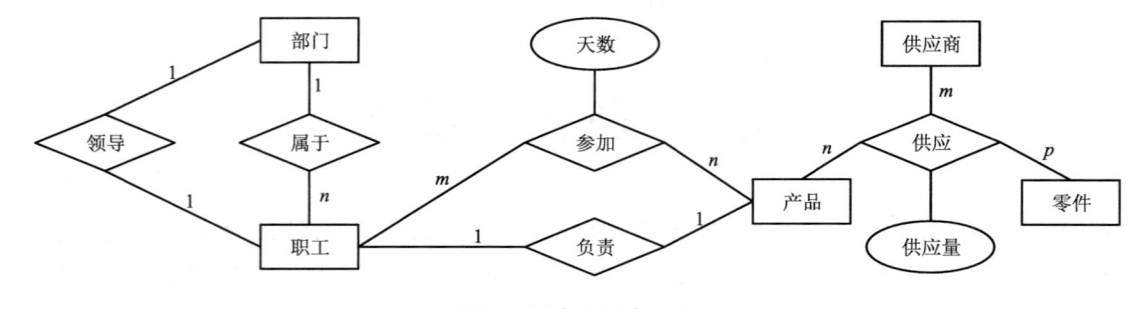

图 7.12　某企业基本 E-R 图

部门（<u>部门号</u>，部门名，经理的职工号，…）

此为部门实体对应的关系模式。该关系模式已包含了联系"领导"对应的关系模式。经理的职工号是关系的候选码。

职工（<u>职工号</u>，部门号，职工名，职务，…）

此为职工实体对应的关系模式。该关系模式已包含了联系"属于"对应的关系模式。

产品（<u>产品号</u>，产品名，产品组长的职工号，…）

此为产品实体对应的关系模式。

供应商（<u>供应商号</u>，姓名，…）

此为供应商实体对应的关系模式。

零件（<u>零件号</u>，零件名，…）

此为零件实体对应的关系模式。

参加（<u>职工号，产品号</u>，工作天数，…）

此为联系"参加"所对应的关系模式。

供应（<u>产品号，供应商号，零件号</u>，供应量）

此为联系"供应"所对应的关系模式。

7.4.2 数据模型的优化

数据库逻辑结构设计的结果不是唯一的。为了进一步提高数据库应用系统的性能，还应该根据应用需求适当地修改、调整数据模型的结构，这就是数据模型的优化。关系模型的优化通常以规范化理论为指导，方法如下。

（1）确定数据依赖。按需求分析阶段所得到的语义，分别写出每个关系模式内部各属性之间的数据依赖，以及不同关系模式的属性之间的数据依赖。

（2）对各属性之间的数据依赖进行极小化处理以消除冗余的联系。

（3）按照数据依赖的理论对关系模式逐一进行分析，判断是否存在部分函数依赖、传递函数依赖、多值依赖等，确定各关系模式分别满足第几范式。

（4）按照需求分析阶段得到的处理要求，分析这些模式对于这样的应用环境是否适合，确定是否要对某些模式进行合并或分解。

（5）对关系模式进行必要的分解，从而提高数据的操作效率和存储空间的利用率。

必须注意的是，并不是规范化度越高的关系就越优。例如，当查询涉及两个或多个关系模式的属性时，系统需要进行连接运算。连接运算的代价是相当高的，可以说关系模型低效的主要原因就是连接运算。这时可以考虑将这几个关系合并为一个关系。因此在这种情况下，2NF 甚至 1NF 也许是合适的。

又例如，非 BCNF 的关系模式虽然从理论上分析会存在不同程度的更新异常，但如果在实际应用中对此关系模式只是查询，并不执行更新操作，则不会产生实际影响。所以对于一个具体应用来说，到底规范化到什么程度，需要权衡响应时间和潜在问题两者的利弊后再决定。

7.5 物理结构设计

数据库在物理设备上的存储结构和存取方法称为数据库的物理结构,它依赖于选定的数据库管理系统。为一个给定的逻辑数据模型选取一个最符合应用要求的物理结构的过程,就是数据库物理结构设计。

数据库物理结构设计通常分为以下两步。

(1)确定数据库的物理结构,在关系数据库中主要指存取方法和存储结构。

(2)对物理结构进行评价,评价的重点是时间效率和空间效率。

如果评价结果满足原设计要求,则可进入物理实施阶段,否则,就需要重新设计或修改物理结构,有时甚至要返回逻辑结构设计阶段修改数据模型。

7.5.1 数据库物理结构设计的内容和方法

不同的数据库产品所提供的物理环境、存取方法和存储结构有很大差别,能供设计人员使用的设计变量、参数范围也不相同,因此没有通用的物理结构设计方法可遵循,只能给出一般的设计内容和原则。希望设计优化的数据库物理结构,使得在数据库上运行的各种事务响应时间短、存储空间利用率高、事务吞吐率大。为此,首先对要运行的事务进行详细分析,获得选择数据库物理结构设计所需要的参数;其次要充分了解所用关系数据库管理系统的内部特征,特别是系统提供的存取方法和存储结构。

对于数据库查询事务,需要得到以下信息。

- 查询的关系。
- 查询条件所涉及的属性。
- 连接条件所涉及的属性。
- 查询的投影属性。

对于数据库更新事务,需要得到以下信息。

- 被更新的关系。
- 每个关系上的更新操作条件所涉及的属性。
- 修改操作要改变的属性值。

除此之外,还需要知道每个事务在各关系上运行的频率和性能要求。例如,事务 T 必须在 2s 内结束,这对于存取方法的选择具有重大影响。

上述这些信息是确定关系的存取方法的依据。

应注意的是,数据库上运行的事务会不断变化、增加或减少,以后需要根据上述设计信息的变化调整数据库的物理结构。

通常关系数据库物理结构设计的内容主要包括为关系模式选择存取方法，以及设计关系索引等数据库文件的物理存储结构。

7.5.2　关系模式存取方法的选择

数据库系统是多用户共享的系统，只有对同一个关系建立多条存取路径才能满足多用户的多种应用要求。物理结构设计的任务之一是根据关系数据库管理系统支持的存取方法确定选择哪些存取方法。

存取方法是快速存取数据库中数据的技术。数据库管理系统一般提供多种存取方法，常用的存取方法为索引存取方法和聚簇存取方法。B+树索引存取方法和 Hash 索引存取方法是数据库中经典的存取方法，使用最普遍。

1．B+树索引存取方法的选择

选择索引存取方法，实际上就是根据应用要求确定对关系的哪些属性列建立索引、对哪些属性列建立组合索引、将哪些索引设计为唯一索引等。一般来说，选择 B+树索引存取方法的规则如下。

（1）如果一个（或一组）属性经常在查询条件中出现，则考虑在这个（或这组）属性上建立索引（或组合索引）。

（2）如果一个属性经常作为最大值和最小值等聚集函数的参数，则考虑在这个属性上建立索引。

（3）如果一个（或一组）属性经常在连接操作的连接条件中出现，则考虑在这个（或这组）属性上建立索引。

关系上定义的索引数并不是越多越好，系统为维护索引要付出代价，查找索引也要付出代价。例如，若一个关系的更新频率很高，则这个关系上定义的索引数不能太多。因为更新一个关系时，必须对这个关系上有关的索引做相应的修改。

2．Hash 索引存取方法的选择

选择 Hash 索引存取方法的规则如下。

如果一个关系的属性主要出现在等值连接条件中或主要出现在等值比较选择条件中，并且满足下列两个条件之一，则此关系可以选择 Hash 索引存取方法。

（1）一个关系的大小可预知，并且不变。

（2）关系的大小动态改变，但数据库管理系统提供了动态 Hash 索引存取方法。

3．聚簇存取方法的选择

为了提高某个属性（或属性组）的查询速度，把这个或这些属性上具有相同值的元组集中存放在连续的物理块中，称为聚簇。该属性（或属性组）称为聚簇码。聚簇功能可以大大提高按聚簇码进行查询的效率。例如，要查询软件系的所有学生名单，设软件系有 500 名学生，在极端情况下，这 500 名学生所对应的数据元组分布在 500 个不同的物理块上。尽管对

学生关系已按所在系建立索引，由索引很快找到软件系学生的元组标识，避免了全表扫描，但是在根据元组标识访问数据块时就要存取 500 个物理块，执行 500 次 I/O 操作。如果将同一系的学生元组集中存放，则每读一个物理块可得到多个满足查询条件的元组，从而显著地减少了访问磁盘的次数。

聚簇功能不但适用于单个关系，而且适用于经常进行连接操作的多个关系，即把多个连接关系的元组按连接属性值聚集存放。这就相当于把多个关系按"预连接"的形式存放，从而大大提高了连接操作的效率。

一个数据库可以建立多个聚簇，一个关系只能加入一个聚簇。选择聚簇存取方法，即确定需要建立多少个聚簇，每个聚簇中包括哪些关系。

首先设计候选聚簇，一般来说：

（1）对经常在一起进行连接操作的关系可以建立聚簇。

（2）如果一个关系的一组属性经常出现在相等条件的比较中，则该单个关系可建立聚簇。

（3）如果一个关系的一个（或一组）属性上的值重复率很高，则该单个关系可建立聚簇。对应每个聚簇码值的平均元组数不能太少，否则聚簇的效果不明显。

检查候选聚簇中的关系，取消其中不必要的关系。

（1）从聚簇中删除经常进行全表扫描的关系。

（2）从聚簇中删除更新操作远多于连接操作的关系。

（3）不同的聚簇中可能包含相同的关系，一个关系可以在某一个聚簇中，但不能同时加入多个聚簇。要从多个聚簇方案（包括不建立聚簇）中选择一个较优的，即在这个聚簇上运行各种事务的总代价最小。

必须强调的是，聚簇只能提高某些应用的性能，而且建立与维护聚簇的开销是相当大的。对已有关系建立聚簇将导致关系中元组移动其物理存储位置，并使此关系上原来建立的所有索引无效，必须重建。当一个元组的聚簇码值改变时，该元组的存储位置也要做相应移动，聚簇码值要相对稳定，以减少修改聚簇码值所产生的维护开销。

7.5.3 确定数据库物理结构

确定数据库物理结构主要指确定数据的存放位置和存储结构，包括确定关系、索引、聚簇、日志、备份等的存储安排和存储结构，以及确定系统配置等。

确定数据的存放位置和存储结构要综合考虑存取时间、存储空间利用率和维护代价三个方面的因素。这三个方面常常是相互矛盾的，因此需要进行权衡，选择一个折中方案。

1. 确定数据的存放位置

为了提高系统性能，应该根据应用情况将数据的易变部分与稳定部分、经常存取部分与存取频率较低部分分开存放。

例如，目前很多计算机有多个磁盘或磁盘阵列，因此可以将表和索引放在不同的磁盘中，在查询时，由于磁盘驱动器并行工作，从而可以提高物理 I/O 读写的效率；也可以将比较大的表分放在两个磁盘中，以加快存取速度，这在多用户环境下特别有效；还可以将日志文件与数据库对象（表、索引等）放在不同的磁盘中，以改进系统性能。

由于各系统所能提供的对数据进行物理安排的手段、方法差异很大，因此设计人员应仔细了解给定的关系数据库管理系统提供的方法和参数，针对应用环境的要求对数据进行适当的物理安排。

2．确定系统配置

关系数据库管理系统产品一般都提供了一些系统配置变量和存储分配参数，供设计人员和数据库管理员对数据库进行物理优化。在初始情况下，系统为这些变量赋予了合理的默认值。但是这些值不一定适合每种应用环境，在进行物理设计时需要重新对这些变量赋值，以改进系统性能。

系统配置变量很多，如同时使用数据库的用户数、同时打开的数据库对象数、内存分配参数、缓冲区分配参数（使用的缓冲区长度、个数）、存储分配参数、物理块的大小、物理块装填因子、时间片大小、数据库大小、锁的数目等，这些参数值影响存取时间和存储空间的分配。因此，在物理结构设计时就要根据应用环境确定这些参数值，以使系统性能最佳。

在物理结构设计时对系统配置变量的调整只是初步的，在系统运行时还要根据系统实际运行情况做进一步调整，以期切实改进系统性能。

7.5.4 评价物理结构

在数据库物理结构设计过程中需要对时间效率、空间效率、维护代价和各种用户需求进行权衡，其结果可以产生多种方案。数据库设计人员必须对这些方案进行细致的评价，从中选择一个较优的方案作为数据库的物理结构。

选择数据库物理结构的方法完全依赖于所选用的关系数据库管理系统，主要从定量估算各种方案的存储空间、存取时间和维护代价入手，对估算结果进行权衡、比较，选择出一个较优的、合理的物理结构。如果该结构不满足用户需求，则需要修改设计。

7.6 数据库的实施和维护

完成数据库物理结构设计之后，设计人员首先用关系数据库管理系统提供的数据定义语言和其他实用程序将数据库逻辑结构设计和物理结构设计结果严格描述出来，形成关系数据库管理系统可以接受的源代码，然后经过调试产生目标模式，最后就可以组织数据入库了，这就是数据库实施阶段。

7.6.1 数据的载入、应用程序的编码和调试

数据库实施阶段包括两项重要的工作：一项是数据的载入，另一项是应用程序的编码和

调试。

一般数据库系统中数据量都很大，而且数据源于部门中的各个不同的单位，数据的组织方式、结构和格式都与新设计的数据库系统有差距。对于组织数据载入，首先要将各类源数据从各个局部应用中抽取出来，输入计算机，然后分类转换，最后综合成符合新设计的数据库结构的形式，输入数据库。因此这样的数据转换、组织入库的工作是相当费力、费时的。

特别是在原有系统是手工数据处理系统时，各类数据分散在各种不同的原始表格、凭证单据中。在向新的数据库系统中输入数据时还要处理大量的纸质文件，工作量更大。

为提高数据输入工作的效率和质量，应该针对具体的应用环境设计一个数据录入子系统，由计算机来完成数据入库的任务。在源数据入库之前要采用多种方法对其进行检验，以防不正确的数据入库，这部分的工作在整个数据输入子系统中是非常重要的。

现有的关系数据库管理系统一般都提供不同关系数据库管理系统之间数据转换的工具，若原来是数据库系统，则要充分利用新系统的数据转换工具。

数据库应用程序的设计应该与数据库设计同时进行，因此在组织数据入库的同时还要调试应用程序。应用程序的设计、编码和调试的方法、步骤在软件工程等课程中有详细讲解，这里就不再赘述了。

7.6.2 数据库的试运行

在原有系统的数据有一小部分已输入数据库后，就可以开始对数据库系统进行联合调试了，这称为数据库的试运行。

这一阶段要实际运行数据库应用程序，执行对数据库的各种操作，测试应用程序的功能是否满足设计要求。如果不满足，则要修改、调整应用程序部分，直到达到设计要求为止。

在数据库试运行时，还要测试系统的性能指标，分析其是否达到设计目标。在对数据库进行物理结构设计时已初步确定了系统的物理参数值，但在一般情况下，设计时的考虑在许多方面只是近似估计，与实际系统运行总有一定的差距，因此必须在试运行阶段实际测量和评价系统性能指标。事实上，有些参数的最佳值往往是经过运行调试后找到的。如果测试的结果与设计目标不符，则要返回物理结构设计阶段重新调整物理结构，修改系统参数，在某些情况下甚至要返回逻辑结构设计阶段修改逻辑结构。

这里特别要强调两点：第一，上面已经讲到组织数据入库是十分费力、费时的事，如果在数据库试运行后还要修改数据库的设计、重新组织数据入库，则应分期、分批地组织数据入库，先输入小批量数据用于调试，在试运行基本合格后再大批量输入数据，逐步增加数据量，逐步完成运行评价；第二，在数据库试运行阶段，由于系统还不稳定，硬、软件故障随时都可能发生，而系统的操作人员对新系统还不熟悉，误操作也不可避免，因此要做好数据库的转储和恢复工作，以保证一旦发生故障，能使数据库尽快恢复，尽量减少对数据库的破坏。

7.6.3 数据库的运行和维护

数据库试运行合格后，数据库开发工作就基本完成，可以投入正式运行了。但是由于应用环境在不断发生变化，数据库运行过程中物理存储也会不断发生变化，对数据库设计进行评价、调整、修改等维护工作是一个长期的任务。

在数据库运行阶段，对数据库经常性的维护工作主要是由数据库管理员完成的。数据库的维护工作主要包括以下几个方面。

1．数据库的转储和恢复

数据库的转储和恢复是系统正式运行后最重要的维护工作之一。数据库管理员要针对不同的应用要求制订不同的转储和恢复计划，以保证一旦发生故障，能尽快将数据库恢复到某种一致的状态，并尽可能减少对数据库的破坏。

2．数据库的安全性、完整性控制

在数据库运行过程中，由于应用环境发生变化，对安全性的要求也会发生变化，如有的数据原来是机密的，现在可以公开查询，而新加入的数据又可能是机密的，系统中用户的密级也会改变。这些都需要数据库管理员根据实际情况修改原有的安全性控制。同样数据库的完整性约束条件也会发生变化，也需要数据库管理员不断修正，以满足用户要求。

3．数据库性能的监督、分析和改造

在数据库运行过程中，监督系统运行，对监测数据进行分析，找出改进系统性能的方法是数据库管理员的又一重要任务。目前有些关系数据库管理系统提供了监测系统性能参数的工具，数据库管理员可以利用这些工具方便地得到系统运行过程中一系列性能参数的值。数据库管理员应仔细分析这些数据，判断当前系统运行状况是否为最佳，应当做哪些改进，如调整系统物理参数，或者对数据库进行重组织或重构造等。

4．数据库的重组织与重构造

数据库运行一段时间后，由于记录不断增、删、改，因此数据库的物理存储情况变坏，降低了数据的存取效率，数据库性能下降，这时数据库管理员就要对数据库进行重组织或部分重组织（只对频繁增、删的表进行重组织）。关系数据库管理系统一般都提供用于数据重组织的实用程序。在重组织的过程中，按原设计要求重新安排存储位置、回收垃圾、减少指针链等，提升系统性能。

数据库的重组织并不修改原设计的逻辑结构和物理结构，而数据库的重构造不同，它是指部分修改数据库的模式和内模式。

由于数据库应用环境发生变化，增加了新的应用或新的实体，取消了某些应用，有的实体与实体之间的联系也发生了变化等，因此原有的数据库设计不能满足新的需求，需要调整数据库的模式和内模式，如在表中增加或删除某些数据项、改变数据项的类型、增加或删除某个表、改变数据库的容量、增加或删除某些索引等。当然数据库的重构造也是有限的，只

能做部分修改。如果应用变化太大，重构造也无济于事，说明此数据库应用系统的生命周期已经结束，应该设计新的数据库应用系统。

习题

1. 试述数据库设计过程。
2. 需求分析阶段的设计目标是什么？调查的内容是什么？
3. 学校中有若干系，每个系有若干班级和教研室，每个教研室有若干教员，其中有的教授和副教授每人各带若干研究生，每个班有若干学生，每个学生选修若干课程，每门课程可由若干学生选修。请用 E-R 图画出此学校的概念数据模型。
4. 某工厂生产若干产品，每种产品由不同的零件组成，有的零件可用在不同的产品上。这些零件由不同的原材料制成，不同零件所用的材料可以相同。这些零件按所属的不同产品分别放在仓库中，原材料按照类别分别放在若干仓库中。请用 E-R 图画出此工厂产品、零件、材料、仓库的概念数据模型。

第 8 章

数据库编程

学习目标

- ✓ 理解数据库编程的基本任务与目标。
- ✓ 理解主要的数据库编程技术。
- ✓ 理解存储过程和触发器的作用。

学习重点

- ✓ 掌握嵌入式 SQL 的设计方法。
- ✓ 掌握 SQL 编程的主要方法。
- ✓ 掌握存储过程和触发器设计方法。

思政导学

✓ **关键词**：数据库编程的方法和主要技术。

✓ **内容要意**：通过介绍不同的数据库编程方法，使学生体会数据库编程技术的发展过程；通过介绍我国数据库技术在发展过程中取得的成果，使学生对我国目前数据库技术的发展状况有全面的了解，增强学生对未来我国数据库技术发展的信心。

✓ **思政点拨**：通过介绍数据库编程的工程化方法，使学生了解现代社会复杂技术的实现过程，引导学生把复杂的事做到简单，化繁为简，面对复杂问题时要进行分解，分步骤执行。

✓ **思政目标**：培养学生乐学善思的学习素养；培养学生严谨的工程学思维方式；引导学生在学习生活中做好规划，并按照制订的规划稳步前进。

8.1 嵌入式 SQL

前面的章节已经讲到，SQL 的特点之一是在交互式和嵌入式两种不同的使用方式下，SQL 的语法结构基本上是一致的。当然在程序设计环境下，SQL 语句要做某些必要的扩充。

8.1.1 嵌入式 SQL 的处理过程

嵌入式 SQL 是将 SQL 语句嵌入程序设计语言中，被嵌入的程序设计语言，如 C、C++、Java 等称为宿主语言，简称主语言。

对于嵌入式 SQL，数据库管理系统一般采用预编译方法处理，即由数据库管理系统的预处理程序对源程序进行扫描，识别出嵌入式 SQL 语句，把它们转换成主语言调用语句，以使主语言编译程序能识别它们，由主语言编译程序将纯的主语言程序编译成目标码。嵌入式 SQL 基本处理过程如图 8.1 所示。

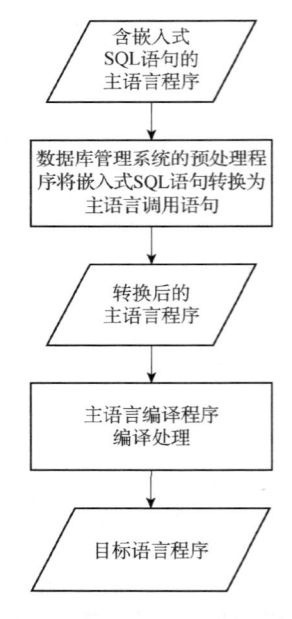

图 8.1 嵌入式 SQL 基本处理过程

在嵌入式 SQL 中，为了能够快速区分 SQL 语句与主语言语句，所有 SQL 语句都必须加前缀。当主语言为 C 语言时，语法格式为：

```
EXEC SQL<SQL 语句>;
```

本书使用这个语法格式。

如果主语言为 Java，则嵌入式 SQL 称为 SQLJ，语法格式为：

```
#SQL<SQL 语句>;
```

8.1.2 嵌入式 SQL 语句与主语言之间的通信

将 SQL 嵌入高级语言中混合编程，SQL 语句负责操纵数据库，高级语言语句负责控制逻辑流程。这时程序中会含有两种不同计算模型的语句，它们之间应该如何通信呢？

数据库工作单元与源程序工作单元之间的通信主要包括：

（1）向主语言传递 SQL 语句的执行状态信息，使主语言能够据此信息控制程序流程，主要用 SQL 通信区（SQL Communication Area，SQLCA）实现。

（2）主语言向 SQL 语句提供参数，主要用主变量（Host Variable）实现。

（3）将 SQL 语句查询数据库的结果交由主语言处理，主要用主变量和游标（Cursor）实现。

1．SQL 通信区

SQL 语句执行后，系统要反馈给应用程序若干信息，主要包括描述系统当前工作状态和运行环境的各种数据。这些信息被送到 SQL 通信区中，应用程序从 SQL 通信区中取出这些状态信息，据此决定接下来执行的语句。

SQL 通信区在应用程序中用 EXEC SQL INCLUDE SQLCA 加以定义。SQL 通信区中有一个变量 SQLCODE，用来存放每次执行 SQL 语句后返回的代码。

应用程序每执行完一条 SQL 语句之后都应该测试一下 SQLCODE，以了解该 SQL 语句执行情况并做相应处理。如果 SQLCODE 等于预定义的常量 SUCCESS，则表示 SQL 语句成功，否则在 SQLCODE 中存放错误代码。程序员可以根据错误代码查找问题。

2．主变量

嵌入式 SQL 语句中可以使用主语言程序变量来输入或输出数据。SQL 语句中使用的主语言程序变量简称为主变量。主变量根据其作用的不同分为输入主变量和输出主变量。输入主变量由应用程序对其赋值，由 SQL 语句引用；输出主变量由 SQL 语句对其赋值或设置状态信息，返回给应用程序。

一个主变量可以附带一个任选的指示变量（Indicator Variable）。指示变量是一个整型变量，用来"指示"所指主变量的值或条件。指示变量可以指示输入主变量是否为空值，还可以检测输出主变量是否为空值，以及值是否被截断。

所有主变量和指示变量必须在 SQL 语句 BEGIN DECLARE SECTION 与 END DECLARE SECTION 之间进行说明。说明之后，主变量可以在 SQL 语句中任何一个能够使用表达式的地方出现，为了与数据库对象名（表名、视图名、列名等）区别，SQL 语句中的主变量名和指示变量前要加冒号（:）作为标志。

3．游标

SQL 是面向集合的，一条 SQL 语句可以产生或处理多条记录；而主语言是面向记录的，一组主变量一次只能存放一条记录。所以仅使用主变量并不能完全满足 SQL 语句向应用程序输出数据的要求，为此嵌入式 SQL 引入了游标的概念，用游标来协调这两种不同的处理方式。

游标是系统为用户开设的一个数据缓冲区，用于存放 SQL 语句的执行结果，每个游标区都有一个名字。用户可以通过游标逐一获取记录并赋给主变量，交由主语言进一步处理。

4. 建立和关闭数据库连接

嵌入式 SQL 程序要访问数据库必须先连接数据库，关系数据库管理系统根据用户信息对连接请求进行合法性验证，只有通过了身份验证，才能建立一个可用的合法连接。

1）建立数据库连接

建立数据库连接的嵌入式 SQL 语句为：

```
EXEC SQL CONNECT TO target [AS connection-name][USER user-name];
```

其中：

target 是要连接的数据库服务器，它可以是一个常见的服务器标识串，如<dbname>@<hostname>:<port>，也可以是包含服务器标识的 SQL 串常量，还可以是 DEFAULT。

connection-name 是可选的连接名，连接名必须是一个有效的标识符，主要用来识别整个程序内同时建立的多个连接，如果在整个程序内只有一个连接，则可以不指定连接名；如果在程序运行过程中建立了多个连接，则执行的所有数据库单元的工作都在该操作提交时所选择的当前连接上。在程序运行过程中可以修改当前连接，对应的嵌入式 SQL 语句为：

```
EXEC SQL SET CONNECTION connection-name|DEFAULT;
```

2）关闭数据库连接

当某个连接上的所有数据库操作完成后，应用程序应该主动释放所占用的连接资源。关闭数据库连接的嵌入式 SQL 语句为：

```
EXEC SQL DISCONNECT [connection];
```

其中，connection 是 EXEC SQL CONNECT 所建立的数据库连接。

5. 程序实例

为了能够更好地理解有关概念，下面给出一个简单的嵌入式 SQL 编程实例。

[例 8.1] 依次检查某个系的学生记录，交互式更新某些学生的年龄。

```
EXEC SQL BEGIN DECLARE SECTION;                 /*主变量说明开始*/
    char deptname[20];
    char hsno[9];
    char hsname[20];
    char hssex[2];
    int HSage;
    int NEWAGE;
EXEC SQL END DECLARE SECTION;                   /*主变量说明结束*/
long SQLCODE;
EXEC SQL INCLUDE SQLCODE;                       /*定义SQL通信区*/
int main(void)                                  /*C语言主程序开始*/
{
    int  count=0;
```

```
    char yn;                                    /*变量 yn 代表 yes 或 no*/
    printf("Please choose the department name: ");
    scanf("%s", &deptname);                     /*为主变量 deptname 赋值*/
    EXEC SQL CONNECT TO TEST@ocalhost:54321 USER"SYSTEM"/"MANAGER";
    /*连接数据库 TEST*/
    EXEC SQL DECLARE SX CURSOR FOR              /*定义游标 SX*/
        SELECT  Sno,Sname,Ssex,Sage             /*SX 对应的语句*/
        FROM Student
        WHERE Dno=:deptname;
    EXEC SQL OPEN SX;          /*打开游标 SX,游标指针指向结果集中的第一条记录*/
    for( ;  ; )                /*用循环结构逐条处理结果集中的记录*/
        {EXEC SQL FETCH SX INTO:HSno,:HSname,:HSsex,:HSage;
                               /*推进游标,将当前数据放入主变量中*/
    if(SQLCA.SQLCODE!=0)       /*SQLCODE!=0,表示操作不成功*/
        break;                 /*根据 SQL 通信区中的状态信息决定何时退出循环*/
    if(count++==0)             /*如果是第一行的话,先打出行头*/
        printf("\n%-10s %-20s %-10s %-10s\n","Sno","Sname","Ssex","Sage");
        printf("%-10s %-20s %-10s %-10d\n",HSno,HSname,HSsex,HSage);
        /*打印查询结果*/
        printf("UPDATE AGE(y/n)?");             /*是否更新该学生的年龄*/
        do{   scanf("%c", &yn)   };
        while(yn!='N' && yn!='n' && yn!='Y' && yn!='y');
        if(yn=='y'||yn=='Y')                    /*选择更新操作*/
             { printf("INPUT NEW AGE:");
               scanf("%d", &NEWAGE);            /*用户输入新年龄到主变量中*/
               EXEC SQL UPDATE Student          /*嵌入式 SQL 更新语句*/
                   SET Sage=:NEWAGE
                   WHERE CURRENT OF SX;         /*游标指针指向的学生年龄更新*/
             }
        EXEC SQL CLOSE SX;            /*关闭游标 SX,其不再与查询结果对应*/
        EXEC SQL COMMIT WORK;         /*提交更新*/
        EXEC SQL DISCONNECT TEST;     /*断开数据库连接*/
}
```

8.1.3 不用游标的 SQL 语句

有的嵌入式 SQL 语句不需要使用游标,它们是说明性语句、数据定义语句、数据控制语句、查询结果为单条记录的 SELECT 语句,以及非 CURRENT 形式的增、删、改语句。

1. 查询结果为单条记录的 SELECT 语句

这类语句因为查询结果只有一个,所以只需用 INTO 子句指定存放查询结果的主变量,不需要使用游标。

[**例 8.2**] 根据学号查询学生信息。

```
EXEC SQL SELECT Sno,Sname,Ssex,Sage,Dno
    INTO:Hsno,:Hname,:Hsex,:Hag,:Hdept
    FROM Student
    WHERE Sno=:givensno;    /*将要查询的学号赋值给变量givensno*/
```

使用查询结果为单条记录的 SELECT 语句时需要注意以下几点。

（1）INTO 子句、WHERE 子句和 HAVING 短语的条件表达式中均可以使用主变量。

（2）查询结果为空值的处理。查询返回的记录中可能某些列为空值（NULL）。为了表示空值，在 INTO 子句的主变量后面跟有指示变量，当查询得出的某个数据项为空值时，系统会自动将相应主变量后面的指示变量置为负值，且不再向该主变量赋值。所以当指示变量值为负值时，不管主变量为何值，均认为主变量值为空值。

（3）如果查询结果实际上并不是单条记录，而是多条记录，则程序出错，关系数据库管理系统会在 SQL 通信区中返回错误信息。

2．非 CURRENT 形式的增、删、改语句

有些非 CURRENT 形式的增、删、改语句不需要使用游标。在 UPDATE 的 SET 子句和 WHERE 子句中可以使用主变量，SET 子句还可以使用指示变量。

8.1.4　使用游标的 SQL 语句

必须使用游标的 SQL 语句有查询结果为多条记录的 SELECT 语句、CURRENT 形式的 UPDATE 和 DELETE 语句。

1．查询结果为多条记录的 SELECT 语句

一般情况下，SELECT 语句的查询结果是多条记录，因此需要用游标机制将多条记录一次性地送给主程序处理，从而把对集合的操作转换为对单条记录的处理。使用游标的步骤如下。

1）说明游标

用 DECLARE 语句为一条 SELECT 语句定义游标。

```
EXEC SQL DECLARE <游标名> CURSOR FOR <SELECT 语句>;
```

定义的游标仅仅是一条说明性语句，这时关系数据库管理系统并不执行 SELECT 语句。

2）打开游标

用 OPEN 语句将定义的游标打开。

```
EXEC SQL OPEN<游标名>;
```

打开游标实际上是执行相应的 SELECT 语句，把查询结果放到缓冲区中。这时游标处于活动状态，游标指针指向结果集中的第一条记录。

3）推进游标指针并取出当前记录

```
EXEC SQL FETCH <游标名>
    INTO <主变量>[<指示变量>][,<主变量>[<指示变量>]]…;
```

其中，主变量必须与 SELECT 语句中的目标列表达式具有一一对应关系。

用 FETCH 语句把游标指针向前推进一条记录，同时将缓冲区中的当前记录取出并送至主变量供主语言进一步处理。通过循环执行 FETCH 语句逐条取出结果集中的行进行处理。

4）关闭游标

用 CLOSE 语句关闭游标，释放结果集占用的缓冲区及其他资源。

```
EXEC SQL CLOSE <游标名>;
```

游标被关闭后就不再与原来的结果集相联系。但被关闭的游标可以再次被打开并与新的结果集相联系。

2. CURRENT 形式的 UPDATE 和 DELETE 语句

UPDATE 语句和 DELETE 语句执行的都是集合操作，如果只想修改或删除其中某条记录，则需要用带游标的 SELECT 语句查出所有满足条件的记录，从中进一步找出要修改或删除的记录，用 CURRENT 形式的 UPDATE 和 DELETE 语句修改或删除，即 UPDATE 语句和 DELETE 语句中要用子句：

```
WHERE CURRENT OF<游标名>
```

来表示修改或删除的是最近一次取出的记录，即游标指针指向的记录。

注意，当游标定义中的 SELECT 语句带有 UNION 或 ORDER BY 子句，或者该 SELECT 语句相当于定义了一个不可更新的视图时，不能使用 CURRENT 形式的 UPDATE 语句和 DELETE 语句。

8.2 过程化 SQL

SQL：1999 标准支持过程和函数的概念，SQL 可以使用程序设计语言来定义过程和函数，也可以使用关系数据库管理系统自己的过程语言来定义。Oracle 的 PL/SQL、Microsoft SQL Server 的 T-SQL、IBM DB2 的 SQL PL、KingbaseES 的 PL/SQL 都是过程化的 SQL 编程语言。本节介绍过程化 SQL（Procedural Language/SQL，PL/SQL）。

8.2.1 过程化 SQL 的块结构

基本的 SQL 是高度非过程化的语言。嵌入式 SQL 将 SQL 语句嵌入程序设计语言中，借助高级语言的控制功能实现过程化。过程化 SQL 是对 SQL 的扩展，使其增加了过程化语句功能。

过程化 SQL 程序的基本结构是块。所有的过程化 SQL 程序都是由块组成的。这些块之间可以互相嵌套，每个块完成一个逻辑操作。图 8.2 所示为过程化 SQL 块的基本结构。

```
定义部分 ┌ DECLARE              /*定义的变量、常量等只能在该基本块中使用*/
         └ 变量、常量、游标、异常等  /*当基本块执行结束时，定义就不再存在*/

执行部分 ┌ BEGIN
         │   SQL语句、过程化SQL的流程控制语句
         │   EXCEPTION          /*不能继续执行的情况称为异常*/
         │   异常处理部分        /*在出现异常时，采取措施来纠正错误或报告*/
         └ END;
```

图 8.2　过程化 SQL 块的基本结构

8.2.2　变量和常量的定义

1．变量定义

变量名　数据类型　[[NOT NULL]:=初值表达式]

或

变量名　数据类型　[[NOT NULL] 初值表达式]

2．常量的定义

常量名　数据类型 CONSTANT:=常量表达式

必须给常量一个值，并且该值在存在期间或常量的作用域内不能改变。如果试图修改它，过程化 SQL 将返回一个异常。

3．赋值语句

变量名:=表达式

8.2.3　流程控制

过程化 SQL 提供了流程控制语句，主要有条件控制语句和循环控制语句。这些语句的语法、语义和一般的高级语言（如 C 语言）类似，这里只做概要的介绍。学生使用时要参考具体产品手册的语法规则。

1．条件控制语句

一般有三种形式的 IF 语句：IF…THEN 语句、IF…THEN…ELSE 语句和嵌套的 IF 语句。

1）IF…THEN 语句

```
IF condition THEN
     Sequence_of_statements;     /*只有条件为真时，语句序列才被执行*/
END IF;                          /*条件为假或 NULL 时什么也不做，控制转移至下一条语句*/
```

2）IF…THEN…ELSE 语句

```
IF condition THEN
     Sequence_of_statements1;    /*条件为真时，执行语句序列 1*/
ELSE
     Sequence_of_statements2;    /*条件为假或 NULL 时，执行语句序列 2*/
END IF;
```

3）嵌套的 IF 语句

在 THEN 和 ELSE 子句中还可以再包含 IF 语句，即 IF 语句可以嵌套。

2．循环控制语句

过程化 SQL 有三种循环结构：LOOP、WHILE…LOOP 和 FOR…LOOP。

1）LOOP 循环语句

```
LOOP
    Sequence_ of_ statements;    /*循环体，一组过程化SQL语句*/
END LOOP;
```

多数数据库服务器的过程化 SQL 都提供 EXIT、BREAK 或 LEAVE 等循环结束语句，以保证 LOOP 语句块能够在适当的条件下提前结束。

2）WHILE…LOOP 循环语句

```
WHILE condition LOOP
    Sequence_ of_ statements;/*条件为真时，执行循环体内语句序列*/
END LOOP;
```

每次执行循环体内语句之前，首先要对条件求值，如果条件为真，则执行循环体内语句序列；如果条件为假，则跳过循环并把控制传递给下一条语句。

3）FOR…LOOP 循环语句

```
FOR count IN [REVERSE] bound1 ...bound2 LOOP
    Sequence_ of_ statements;
END LOOP;
```

FOR 循环的基本执行过程是：将 count 设置为循环的下界 bound1，检查它是否小于上界 bound2。当指定 REVERSE 时，将 count 设置为循环的上界 bound2，检查 count 是否大于下界 bound1。如果越界，则跳出循环，否则执行循环体内语句序列，然后按照步长（+1 或-1）更新 count 的值，重新判断条件。

3．错误处理

如果过程化 SQL 在执行时出现异常，则应该让程序在产生异常的语句处停下来，根据异常的类型执行异常处理语句。

SQL 标准对数据库服务器提供什么样的异常处理做出了建议，要求过程化 SQL 管理器提供完善的异常处理机制。相对于嵌入式 SQL 简单地提供执行状态信息 SQLCODE，这里的异常处理就复杂多了。学生要根据具体系统的支持情况来进行错误处理。

8.3 存储过程和触发器

过程化 SQL 块主要有两种类型，即命名块和匿名块。前面介绍的是匿名块。匿名块每次执行时都要进行编译，它们在被编译后保存在数据库中，称为持久性存储模块

(Persistent Stored Module，PSM)，可以被反复调用，运行速度较快。SQL：2003 标准支持 SQL/PSM。

8.3.1 存储过程

存储过程是书写过程化 SQL 语句的过程，这个过程经编译和优化后存储在数据库服务器中，因此称它为存储过程，使用时只需调用即可。

1．存储过程的优点

使用存储过程具有以下优点。

（1）由于存储过程不像解释执行的 SQL 语句那样在提出操作请求时才进行语法分析和优化工作，因此运行效率高。它提供了在服务器端快速执行 SQL 语句的有效途径。

（2）存储过程降低了客户机和服务器之间的通信量。客户机上的应用程序只要通过网络向服务器发出调用存储过程的名字和参数，就可以让关系数据库管理系统执行其中的多条 SQL 语句并进行数据处理。只有最终的处理结果才能返回客户端。

（3）方便实施企业规则。可以把企业规则的运算程序写成存储过程并放入数据库服务器中，由关系数据库管理系统管理。这样既有利于集中控制，又能够方便地进行维护。当企业规则发生变化时只要修改存储过程即可，无须修改其他应用程序。

2．存储过程的用户接口

用户可通过下面的 SQL 语句创建、执行、修改和删除存储过程。

1）创建存储过程

```
CREATE OR REPLACE PROCEDURE 过程名[参数1,参数2,…]
                          /*存储过程首部*/
AS<过程化SQL块>;          /*存储过程体，描述该存储过程的操作*/
```

存储过程包括过程首部和过程体。在过程首部，"过程名"是数据库服务器合法的对象标识，参数列表[参数 1,参数 2,…]用名字来标识调用时给出的参数值，必须指定值的数据类型。可以定义输入参数、输出参数或输入/输出参数，默认为输入参数，也可以无参数。

过程体是一个<过程化 SQL 块>，包括声明部分和可执行语句部分。<过程化 SQL 块>的基本结构已经在前面的小节中讲解了。

[例 8.3] 利用存储过程实现下面的应用：从账户 1 转指定数额的款项到账户 2 中，假设账户关系表为 Account(Accountnum,Total)。

```
CREATE OR REPLACE PROCEDURE TRANSFER(inAccount INT,outAccount INT,amount FLOAT)
/*定义存储过程 TRANSFER，其参数为转入账户、转出账户、转账额度*/
AS DECLARE                                /*定义变量*/
    totalDepositOut Float;
    totalDepositIn Float;
    inAccountnum INT:
BEGIN                                     /*检查转出账户的余额*/
```

```
        SELECT   Total   INTO   totalDepositOut   FROM   Account   WHERE   accountnum=
outAccount;
    IF totalDepositOut IS NULL THEN          /*转出账户不存在或没有存款*/
        ROLLBACK;                            /*回滚事务*/
        RETURN;
    END IF;
    IF totalDepositOut < amount THEN         /*账户存款不足*/
        ROLLBACK;                            /*回滚事务*/
        RETURN;
    END IF;
    SELECT Accountnum INTO inAccountnum FROM Account
    WHERE accountnum=inAccount;
    IF inAccountnum IS NULL THEN             /*转入账户不存在*/
        ROLLBACK;                            /*回滚事务*/
        RETURN;
    END IF;
    UPDATE Account SET total=total-amount WHERE accountnum=outAccount;
                                             /*修改转出账户的余额,减去转出额*/
    UPDATE Account SET total=total +amount WHERE accountnum=inAccount;
                                             /*修改转入账户的余额,增加转入额*/
    COMMIT;                                  /*提交转账事务*/
    END;
```

2) 执行存储过程

```
CALL/PERFORM PROCEDURE 过程名([参数1,参数2,…]);
```

使用 CALL 或 PERFORM 等方式激活存储过程的执行。在过程化 SQL 中,数据库服务器支持在过程体中调用其他存储过程。

[例 8.4] 从账户 06003186858 转 20000 元到账户 06003183328 中。

```
CALL PROCEDURE TRANSFER(06003186858,06003183328,20000);
```

3) 修改存储过程

可以使用 ALTER PROCEDURE 重命名一个存储过程。

```
ALTER PROCEDURE 过程名1  RENAME TO 过程名2;
```

可以使用 ALTER PROCEDURE 重新编译一个存储过程。

```
ALTER PROCEDURE 过程名 COMPILE;
```

4) 删除存储过程

```
DROP PROCEDURE 过程名();
```

8.3.2 触发器

触发器(Trigger)是一种特殊类型的存储过程。与其他存储过程类似,它也由 T-SQL 语句组成,可以实现一定的功能;不同的是,触发器的执行不能通过名称调用来完成,当用户对数据库执行操作(如添加、删除、修改数据)时,会自动触发与该事件相关的触发器,使其自动执行。触发器不允许带参数，它的定义与表紧密相连，触发器可以作为表的一部分。

在 SQL Server 中，触发器可分为两大类：DML 触发器和 DDL 触发器。

1. DML 触发器

DML 触发器是当用户对表或视图执行了 INSERT、UPDATE 或 DELETE 操作而被激活的触发器，该类触发器有助于在表或视图中修改数据时强制执行业务规则、扩展数据完整性。

根据引起触发器激活的时机，DML 触发器分为两种类型：AFTER 触发器和 INSTEADOF 触发器。

（1）AFTER 触发器又称为后触发器。引起触发器执行的操作成功完成之后激活该类触发器。如果操作因错误（如违反约束或语法错误）而执行失败，触发器将不会执行。该类触发器只能定义在表上，不能定义在视图上。可以为每个触发操作（INSERT、UPDATE 和 DELETE）创建多个 AFTER 触发器。如果表上有多个 AFTER 触发器，可使用 sp_settriggerorder 定义哪个 AFTER 触发器最先激活，哪个 AFTER 最后激活。除第一个和最后一个 AFTER 触发器，所有其他的 AFTER 触发器的激活顺序不确定，并且无法控制。

（2）INSTEADOF 触发器又称为代替触发器。该类触发器在数据发生变动之前被激活，执行触发器定义的操作。该类触发器既可在表上定义，也可在视图上定义。对于每个触发操作只能定义一个 INSTEADOF 触发器。

DML 触发器包含复杂的处理逻辑，能够实现复杂的数据完整性约束。它主要有以下优点。

（1）DML 触发器自动执行。系统内部机制可以监测用户在数据库中的操作，并自动激活相应的 DML 触发器，实现相应的功能。

（2）DML 触发器能够对数据库中的相关表实现级联操作。DML 触发器是基于某个表创建的，但针对多个表进行操作，可实现数据库中相关表的级联操作。

（3）DML 触发器可以实现比 CHECK 约束更为复杂的数据完整性约束。在数据库中为了实现数据完整性约束，可以使用 CHECK 约束或 DML 触发器。CHECK 约束不允许引用其他表中的列来完成检查工作，而 DML 触发器可以引用其他表中的列。例如，在 Student 数据库中，向"学生"表中插入记录，当输入系部代码时，必须先检查"系部"表中是否存在该代码的系部。这可以通过 DML 触发器实现，而不能通过 CHECK 约束实现。

（4）DML 触发器可以评估数据修改前后表的状态，并根据其差异采取对策。

（5）一个表中可以同时存在 3 种不同操作（INSERT、UPDATE 和 DELETE）的 DML 触发器，对于同一个修改语句可以有多个不同的对策响应。

2. DDL 触发器

与 DML 触发器一样，DDL 触发器通过激发存储过程来响应事件。但与 DML 触发器不同的是，DDL 触发器不会被响应针对表或视图的 UPDATE、INSERT 和 DELETE 语句激活，相反，DDL 触发器会被响应多种数据定义语言（DDL）语句激活。这些语句主要是以 CREATE、ALTER 和 DROP 开头的语句。DDL 触发器可用于管理任务，如审核和控制数据库操作。执行以下操作时，可以使用 DDL 触发器。

（1）记录数据库架构中的更改或事件。

（2）防止用户对数据库架构进行修改。

（3）希望数据库对数据库架构的更改做出响应。

由于 DDL 触发器和 DML 触发器可以使用相似的 SQL 语法进行创建、修改和删除，并且它们还具有其他相似的行为，所以下面只介绍 DML 触发器的创建与使用，以下涉及的触发器均是 DML 触发器。

8.4 ODBC 编程

本节介绍如何使用 ODBC 来进行数据库应用程序的设计。使用 ODBC 编写的应用程序可移植性好，能同时访问不同的数据库，共享多个数据资源。

8.4.1 ODBC 概述

目前广泛使用的关系数据库管理系统有多种，尽管这些系统都属于关系数据库，也都遵循 SQL 标准，但是不同的系统有许多差异。因此，在某个关系数据库管理系统下编写的应用程序并不能在另一个关系数据库管理系统下运行，适应性和可移植性较差。例如，运行在 Oracle 上的应用系统要在 KingbaseES 上运行，就必须进行修改和移植。这种修改和移植比较烦琐，因此开发人员必须清楚地了解不同关系数据库管理系统的区别，细心地一一进行修改、测试。

但更重要的是，许多应用程序需要共享多个部门的数据资源，访问不同的关系数据库管理系统。为此，人们开始研究和开发连接不同关系数据库管理系统的方法、技术和软件，使数据库系统"开放"，能够实现"数据库互连"。其中，ODBC 就是为了解决这样的问题而由微软公司推出的接口标准。ODBC 是微软公司 Windows 开放服务结构（Windows Open Services Architecture，WOSA）中有关数据库的一个组成部分，它建立了一组规范，并提供了一组访问数据库的应用程序编程接口（Application Programming Interface，API）。ODBC 具有两重功效或约束力：一方面规范应用开发；另一方面规范关系数据库管理系统 API。

8.4.2 ODBC 工作原理概述

ODBC 应用系统的体系结构如图 8.3 所示，它由 4 部分构成：用户应用程序、ODBC 驱动程序管理器、数据库驱动程序、数据源（如关系数据库管理系统和数据库）。

1. 用户应用程序

用户应用程序提供用户界面、应用逻辑和事务逻辑。使用 ODBC 开发数据库应用程序时，应用程序调用的是标准的 ODBC 函数和 SQL 语句。应用层使用 ODBC API 与数据库进行交互。使用 ODBC 来开发应用系统的程序简称为 ODBC 应用程序，其包括的内容如下。

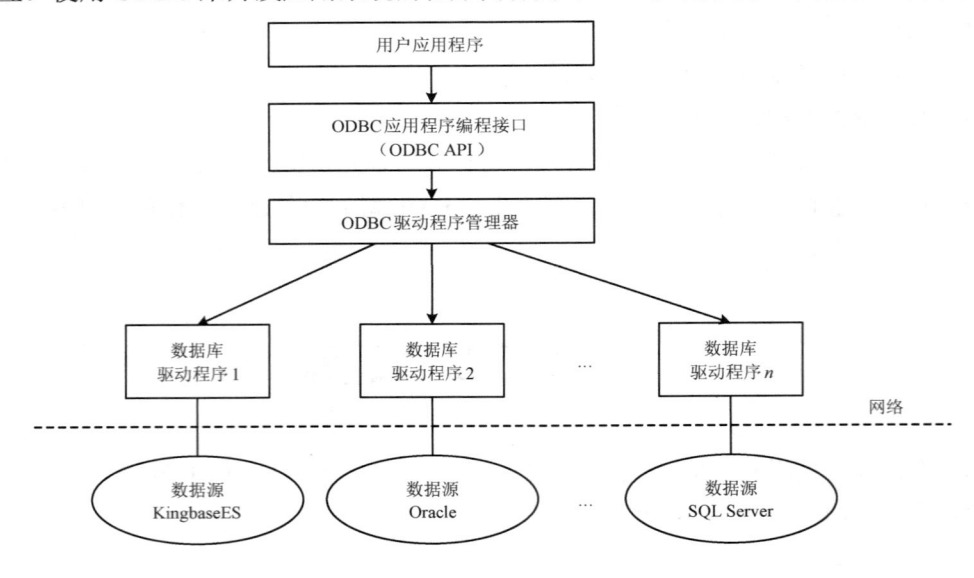

图 8.3　ODBC 应用系统的体系结构

- 请求连接数据库。
- 向数据源发送 SQL 语句。
- 为 SQL 语句执行结果分配存储空间，定义所读取的数据格式。
- 获取数据库操作结果或处理错误。
- 进行数据处理并向用户提交处理结果。
- 请求事务的提交和回滚操作。
- 断开与数据源的连接。

2．ODBC 驱动程序管理器

驱动程序管理器用于管理各种驱动程序。ODBC 驱动程序管理器由微软公司提供，它包含在 odbc32.dll 中，对用户是透明的，用于管理应用程序和驱动程序之间的通信。ODBC 驱动程序管理器的主要功能包括装载 ODBC 驱动程序、选择和连接正确的 ODBC 驱动程序、管理数据源、检查 ODBC 调用参数的合法性及记录 ODBC 函数的调用等，以及当应用层需要时返回驱动程序的有关信息。

ODBC 驱动程序管理器可以建立、配置或删除数据源，并查看系统当前所安装的数据库驱动程序。

3．数据库驱动程序

ODBC 通过数据库驱动程序来提供应用系统与数据库平台的独立性。ODBC 应用程序不能直接存取数据库，其各种操作请求由 ODBC 驱动程序管理器提交给某个关系数据库管理系统的驱动程序，通过调用驱动程序所支持的函数来存取数据库，数据库的操作结果也通过驱动程序返回给应用程序。如果应用程序要操纵不同的数据库，就要动态地链接到不同的驱动程序上。

目前的 ODBC 驱动程序主要有单束驱动程序和多束驱动程序两类。单束驱动程序一般是指数据源和应用程序在同台机器上，驱动程序直接完成对数据文件的 I/O 操作，这时驱动程序相当于数据管理器。多束驱动程序支持客户机-服务器、客户机-应用服务器/数据库服务器等网络环境下的数据访问，这时由驱动程序完成数据库访问请求的提交和结果集的接收，应用程序使用驱动程序提供的结果集管理接口操纵执行后的结果数据。

4．数据源

数据源是最终用户需要访问的数据，包含了数据库位置和数据库类型等信息，实际上是一种数据连接的抽象。

ODBC 给每个被访问的数据源指定唯一的数据源名（Data Source Name，DSN），并映射到所有必要的、用来存取数据的底层软件。在连接中，用数据源名来代表用户名、服务器名、所连接的数据库名等。最终用户无须知道数据库管理系统或其他数据管理软件、网络，以及有关 ODBC 驱动程序的细节，数据源对最终用户是透明的。

例如，假设某学校在 SQL Server 和 KingbaseES 上创建了两个数据库：学校人事管理数据库和教学科研管理数据库。学校的信息系统要从这两个数据库中存取数据，为了方便地与两个数据库连接，为学校人事管理数据库创建一个名为 PERSON 的数据源，PERSON 就是一个数据源名。同样，为教学科研管理数据库创建一个名为 EDU 的数据源。此后，当要访问每个数据库时，只要与 PERSON 和 EDU 连接即可，不需要记住使用的驱动程序、服务器名、数据库名等。所以在开发 ODBC 数据库应用程序时首先要建立数据源并给它命名。

8.4.3　ODBC API 基础

各数据库厂商的 ODBC API 都要符合以下两个方面的一致性。
- API 一致性，包含核心级、扩展 1 级、扩展 2 级。
- 语法一致性，包含最低限度 SQL 语法级、核心 SQL 语法级、扩展 SQL 语法级。

1．函数概述

ODBC 3.0 标准提供了 76 个函数接口，大致可以分为以下几类。
- 分配和释放环境句柄、连接句柄、语句句柄。
- 连接函数（SQLDriverConnect 等）。
- 与信息相关的函数（SQLGetinfo、SQLGetFuction 等）。
- 事务处理函数（SQLEndTran）。
- 执行相关函数（SQLExecDirect、SQLExecute 等）。
- 编目函数，ODBC 3.0 提供了 11 个编目函数，如 SQLTables、SQLColumn 等。应用程序可以通过对编目函数的调用来获取数据字典的信息，如权限、表结构等。

2. 句柄及其属性

句柄是 32 位整数值，代表一个指针。ODBC 3.0 中句柄可以分为环境句柄、连接句柄、语句句柄和描述符句柄。对于每种句柄，不同的驱动程序有不同的数据结构，这 4 种句柄之间的联系如图 8.4 所示。

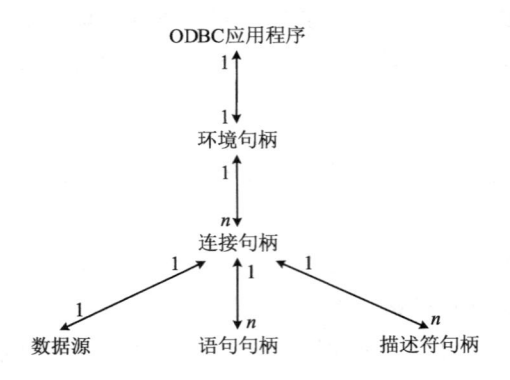

图 8.4 句柄之间的联系

（1）每个 ODBC 应用程序需要建立一个 ODBC 环境，分配一个环境句柄，存取数据的全局性背景，如环境状态、当前环境状态诊断、当前在环境上分配的连接句柄等。

（2）一个环境句柄可以建立多个连接句柄，每个连接句柄实现与一个数据源之间的连接。

（3）在一个连接中可以建立多个语句句柄，它不只是一条 SQL 语句，还包括 SQL 语句产生的结果集及相关的信息等。

（4）在 ODBC 3.0 中又提出了描述符句柄的概念，它是描述 SQL 语句的参数、结果集列的元数据集合。

3. 数据类型

ODBC 定义了两种数据类型，即 SQL 数据类型和 C 数据类型。SQL 数据类型用于数据源，而 C 数据类型用于应用程序的 C 代码。SQL 数据类型和 C 数据类型之间的转换规则如表 8.1 所示。SQL 数据通过 SQLBindcol 从结果集列中返回应用程序变量；如果 SQL 语句含有参数，则应用程序为每个参数调用 SQLBindParameter，并把它们绑定至应用程序变量。应用程序可以通过 SQLGetTypeInfo 来获取不同的驱动程序对于数据类型的支持情况。

表 8.1 SQL 数据类型和 C 数据类型之间的转换规则

	SQL 数据类型	C 数据类型
SQL 数据类型	数据源之间的转换	应用程序变量传送到语句参数（SQLBindParameter）
C 数据类型	从结果集列中返回应用程序变量（SQLBindcol）	应用程序变量之间的转换

8.4.4　ODBC 的工作流程

ODBC 的工作流程如图 8.5 所示。下面结合具体的应用实例来介绍如何使用 ODBC 开发应用系统。

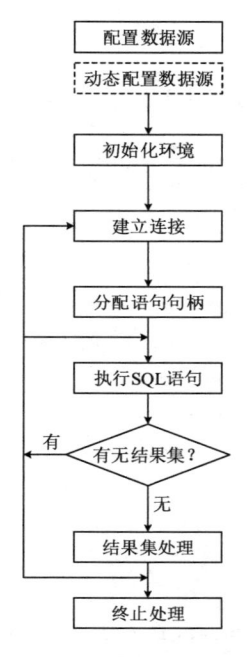

图 8.5 ODBC 的工作流程

[**例** 8.5] 将 KingbaseES 数据库中 Student 表的数据备份到 SQL Server 数据库中。

该应用涉及两个不同的关系数据库管理系统中的数据源,因此使用 ODBC 来开发应用程序,只要改变应用程序中连接函数(SQLConnect)的参数,就可以连接不同关系数据库管理系统的驱动程序,从而连接两个数据源。

在应用程序运行前,已经在 KingbaseES 和 SQL Server 中分别建立了 Student 表。应用程序要执行的操作是:在 KingbaseES 上执行 SELECT * FROM Student 语句;通过多次执行 INSERT 语句,将获取的结果集插入 SQL Server 的 Student 表中。

1. 配置数据源

配置数据源有以下两种方法。

(1) 运行数据源管理工具来进行配置。

(2) 使用 Driver Manager 提供的 ConfigDsn 函数来增加、修改或删除数据源。这种方法特别适用于在应用程序中创建的临时使用的数据源。

[**例** 8.6] 采用第一种方法创建数据源。因为要同时用到 KingbaseES 和 SQL Server,所以分别建立两个数据源,并分别取名为 KingbaseES ODBC 和 SQL Server。不同的驱动器厂商提供不同的配置数据源界面,建立这两个数据源的具体步骤从略。程序源代码如下。

```
#include <stdlib.h>
#include <stdio.h>
#include <windows.h>
#include <sql.h>
```

```c
#include <sqlext.h>
#include <Sqltypes.h>
#define SNO_LEN 30
#define NAME_LEN 50
#define DEPART_LEN 100
#define SSEX_LEN 5
int main()
{
    /*Step1 定义句柄和变量*/
    /*以 king 开头的表示连接 KingbaseES 的变量*/
    /*以 server 开头的表示连接 SQL Server 的变量*/
    SQLHENV kinghenv, serverhenv;               /*环境句柄*/
    SQLHDBC kinghdbc, serverhdbc;               /*连接句柄*/
    SQLHSTMT kinghstmt,serverhstmt;             /*语句句柄*/
    SQLRETURN ret;
    SQLCHAR sName[NAME_LEN],SDepart[DEPART_LEN],sSex[SSEX_LEN,
    sSno[SNO_LEN];
    SQLINTEGER sAge;
    SQLINTEGER cbAge=0, cbSno=SQL_NTS, cbSex=SQL_NTS,
        cbName=SQL_NTS, cbDepart=SQL_NTS;
    /*Step2 初始化环境*/
    ret=SQLAllocHandle(SQL_HANDLE_ENV;SQL_NULL_HANDLE,&kinghenv);
    ret=SQLAllocHandle(SQL_HANDLE_ENV,SQL_NULL_HANDLE,&serverhenv);
    ret=SQLSetEnvAttr(kinghenv,SQL_ATTR_ODBC_VERSION,(void*)
    SQL_OV_ODBC3,0);
    ret=SQLSetEnvAttr(serverhenv,SQL_ATTR_ODBC_VERSION,(void*)
    SQL_OV_ODBC3,0);
    /*Step3 建立连接*/
    ret=SQLAllocHandle(SQL_HANDLE_DBC,kinghenv,&kinghdbc);
    ret=SQLAllocHandle(SQL_HANDLE_DBC,serverhenv,&serverhdbc);
    ret=SQLConnect(kinghdbc;"KingbaseES ODBC";SQL_NTS;"SYSTEM",
    SQL_NTS,"MANAGER",SQL_NTS);
    if(!SQL_SUCCEEDED(ret))          /*连接失败时返回错误值*/
        return -1;
    ret=SQLConnect(serverhdbc,"SQLServer",SQL_NTS,"sa",SQL_NTS,"sa",
    SQL_NTS);
    if(!SQL_SUCCEEDED(ret))          /*连接失败时返回错误值*/
        return -1;
    /*Step4 初始化语句句柄*/
    ret=SQLAllocHandle(SQL_HANDLE_STMT,kinghdbc,&kinghstmt);
    ret=SQLSetStmtAttr(kinghstmt,SQL_ATTR_ROW_BIND_TYPE;(SQLPOINTER)
    SQL_BIND_BY_COLUMN, SQL_IS_INTEGER);
    ret=SQLAllocHandle(SQL_HANDLE_STMT,serverhdbc,&serverhstmt);
    /*Step5 采用两种方式执行语句*/
```

```
/*预编译带有参数的语句*/
ret=SQLPrepare(serverhstmt, "INSERT INTO STUDENT
    (SNO,SNAME,SSEX,SAGE,DEPARMENT) VALUES (?,?,?,?,?)",SQL_NTS);
if(ret==SQL_SUCCESS||ret==SQL_SUCCESS_WITH_INFO)
{
ret=SQLBindParameter(serverhstmt,1,SQL_PARAM_INPUT,SQL_C_CHAR,SQL_CHAR,
SNO_LEN,0,sSno,0,&cbSno);
ret=SQLBindParameter(serverhstmt;2;SQL_PARAM_INPUT;SQL_C_CHAR,SQL_CHAR,
NAME_LEN,0,sName,0,&cbName);
ret=SQLBindParameter(serverhstmt,3,SQL_PARAM_INPUT,SQL_C_CHAR,SQL_CHAR,2,
0,sSex,0,&cbSex);
ret=SQLBindParameter(serverhstmt,4,SQL_PARAM_INPUT,SQL_C_LONG,SQL_INTEGER
,0,0,&sAge,0,&cbAge);
ret=SQLBindParameter(serverhstmt,5,SQL_PARAM_INPUT,SQL_C_CHAR,SQL_CHAR,
DEPART_LEN,0,sDepart,0,&cbDepart);
}
/*执行SQL语句*/
ret=SQLExecDirect(kinghstmt,"SELECT * FROM  STUDENT",SQL_NTS);
if(ret==SQL_SUCCESS||ret==SQL_SUCCESS_WITH_INFO)
{
   ret=SQLBindCol(kinghstmt,1,SQL_C_CHAR,sSno,SNO_LEN,&cbSno);
   ret=SQLBindCol(kinghstmt,2,SQL_C_CHAR,sName,NAME_LEN,
   &cbName);
   ret=SQLBindCol(kinghstmt,3,SQL_C_CHAR,sSex,SSEX_LEN,&cbSex);
   ret=SQLBindCol(kinghstmt,4,SQL_C_LONG,&sAge,0,&cbAge0;
   ret=SQLBindCol(kinghstmt,5,SQL_C_CHAR,sDepart,DEPART_LEN,
   &cbDepart)
}
/*Step6 处理结果集并执行预编译后的语句*/
while((ret=SQLFetch(kinghstmt))!=SQL_NO_DATA_FOUND)
{
    if(ret==SQL_ERROR)
    printf("Fetch error\n");
    else ret=SQLExecute (serverhstmt);
}
    /*Step7 终止处理*/
SQLFreeHandle(SQL_HANDLE_STMT,kinghstmt);
SQLDisconnect(kinghdbc);
SQLFreeHandle(SQL_HANDLE_DBC,kinghdbc);
SQLFreeHandle(SQL_HANDLE_ENV,kinghenv);
SQLFreeHandle(SQL_HANDLE_STMT,serverhstmt);
SQLDisconnect(serverhdbc) ;
SQLFreeHandle(SQL_HANDLE_DBC,serverhdbc);
SQLFreeHandle(SQL_HANDLE_ENV,serverhenv);
```

```
        return 0;
    }
```

2. 初始化环境

由于应用程序没有和具体的驱动程序相关联，所以不是由具体的数据库管理系统驱动程序来进行管理，而是由 Driver Manager 来控制并配置环境属性。直到应用程序通过调用连接函数与某个数据源连接后，Driver Manager 才调用所连接的驱动程序中的 SQLAllocHandle 来真正分配环境句柄的数据结构。

3. 建立连接

应用程序调用 SQLAllocHandle 分配连接句柄，通过调用 SQLConnect、SQLDriverConnect 或 SQLBrowseConnect 与数据源连接。其中，SQLConnect 是最简单的连接函数，输入参数为配置好的数据源名、用户名和密码。本例中 KingbaseES ODBC 为数据源名字，SYSTEM 为用户名，MANAGER 为密码，注意系统对用户名和密码大小写的要求。

4. 分配语句句柄

在处理任何 SQL 语句之前，应用程序需要首先分配一个语句句柄。语句句柄含有具体的 SQL 语句及输出的结果集等信息。在后面的执行函数中，语句句柄都是必要的输入参数。本例中分配了两个语句句柄：一个用来从 KingbaseES 中读取数据产生结果集（kinghstmt）；另一个用来向 SQL Server 插入数据（serverhstmt）。应用程序还可以通过 SQLtStmtAtr 设置语句属性（也可以使用默认值）。

5. 执行 SQL 语句

应用程序处理 SQL 语句的方式有两种：预处理（SQLPrepare、SQLExecute 适用于语句的多次执行）和直接执行（SQLExecDirect）。如果 SQL 语句含有参数，则应用程序为每个参数调用 SQLBindParameter，并把它们绑定至应用程序变量。这样应用程序可以直接通过改变应用程序缓冲区的内容从而在程序中动态改变 SQL 语句的具体执行。接下来的操作会根据语句类型来进行相应处理。

（1）对于有结果集的语句（SELECT 或编目函数），可以进行结果集处理。

（2）对于没有结果集的函数，可以直接利用本语句句柄继续执行新的语句，或者获取行计数（本次执行所影响的行数）之后继续执行。

在本例中，使用 SQLExecDirect 获取 KingbaseES 中的结果集，并将结果集根据各列不同的数据类型绑定到缓冲区。

在插入数据时采用了预编译的方式，首先通过 SQLPrepare 预处理 SQL 语句，然后将每列绑定到缓冲区。

6. 结果集处理

应用程序可以通过 SQLNumResultCols 来获取结果集中的列数，并通过 SQLDescribeCol 或 SQLColAttrbute 获取结果集中每列的名称、数据类型、精度和范围。以上两步对于信息明确的函数是可以省略的。

ODBC 中使用游标处理结果集数据。游标可以分为 Forward-only 游标和可滚动游标。Forward-only 游标只能在结果集中向前滚动，它是 ODBC 的默认游标类型。可滚动游标又可以分为静态、动态、码集驱动和混合型 4 种。

ODBC 游标的打开方式不同于嵌入式 SQL，不是显式声明而是系统自动产生一个游标，当结果集刚刚生成时，游标指向第一行数据之前。应用程序通过 SQLBindCol 把查询结果绑定到缓冲区，通过 SQLFetch 或 SQLFetchScroll 移动游标，获取结果集中的每行数据。对于图像这类特别的数据类型，当一个缓冲区不足以容纳所有数据时，可以通过 SQLGetdata 分多次获取。最后通过 SQLClosecursor 关闭游标。

7．终止处理

处理结束后，应用程序首先释放语句句柄，然后释放数据库连接，并与数据库服务器断开，最后释放 ODBC 环境。

习题

1．对大学生项目管理数据库编写存储过程，完成下述功能。
（1）查询指定项目号（作为输入参数）的学生获奖信息。
（2）查询指定学号（作为输入参数）的学生姓名、项目号、奖项。
2．对大学生项目管理数据库编写触发器，完成下述功能。
（1）在 Student 表上创建触发器，当要删除指定学号的行时，激发该触发器，撤销删除操作，并给出提示信息"不能删除 Student 表中的信息！"。
（2）在 Student 表上创建一个触发器。当更新了某位学生的学号信息时，激活触发器级联更新 Score 表中相关成绩记录中的学号信息，并返回一个提示信息。
3．对大学生项目管理数据库设计自定义函数。当用户输入学院名称时，函数能够返回 Student 表中对应的学院名称中所有学生的学号、姓名、性别和年龄字段的值。

第 9 章

数据库安全性

学习目标

- ✓ 了解数据库系统存在的不安全因素。
- ✓ 了解数据库安全控制方法。
- ✓ 理解并掌握自主存取控制。
- ✓ 理解强制存取控制。

学习重点

- ✓ 数据库安全控制方法。
- ✓ 数据库管理系统的存取控制方法。

思政导学

✓ **关键词**：数据库安全性、数据库安全控制方法、存取控制。

✓ **内容要意**：数据大量集中存放在数据库系统中，并且被多个终端用户直接共享，这些数据目前已经成为个人、企业或国家的无形资产，因此数据库的安全性问题更为突出。系统安全保护措施是否有效是衡量数据库系统性能的主要指标之一。本章首先讨论引起数据库不安全的因素，然后介绍数据库安全控制方法，最后重点介绍数据库管理系统的存取控制方法。

✓ **思政点拨**：通过介绍一些著名的黑客事件，体现数据库系统存在的不安全因素及其带来的各种严重问题；通过介绍世界上"头号电脑黑客"凯文·米特尼克的经历，引出计算机专业人员应当具备的职业道德；通过介绍我国的信息安全标准，引出工匠精神。

✓ **思政目标**：培养学生勤奋刻苦钻研的专业探究精神；加强学生的计算机系统安全意识，提升职业道德修养；引导学生在工作学习中要"尊重标准，向标准看齐"；培养学生解决问题精益求精的精神。

9.1 数据库安全性概述

数据库安全性是指保护数据库以防不合法使用所造成的数据泄露、更改或破坏。安全性问题不是数据库系统所独有的，所有计算机系统都存在不安全因素。数据库管理系统需要针对这些不安全因素提供完善的保护措施。

9.1.1 数据库的不安全因素

数据库的不安全因素主要体现在以下几个方面。

1．非授权用户对数据库的恶意存取和破坏

一些黑客和犯罪分子在用户存取数据库时窃取用户名和用户口令，并假冒合法用户窃取、修改甚至破坏用户数据。因此，必须阻止有损数据库安全的非法操作，以保证数据免受未经授权的访问和破坏，数据库管理系统提供的保护措施主要包括用户身份鉴别、存取控制和视图机制等。

2．数据库中重要或敏感的数据被泄露

黑客和敌对分子窃取数据库中的重要数据，使得一些机密或敏感信息被泄露。为防止数据泄露，数据库管理系统提供的保护措施主要有强制存取控制、数据存储加密和传输加密等。此外，向安全性要求较高的部门提供审计功能。通过分析审计日志，可以对潜在的威胁提前采取措施加以防范，对非授权用户的入侵行为能够进行跟踪，防止对数据库安全责任的否认。

3．安全环境的脆弱性

数据库的安全性与计算机系统的安全性（包括计算机硬件、操作系统、网络系统等的安全性）是紧密联系的。操作系统安全的脆弱、网络协议安全保障的不足等都会造成数据库安全性被破坏。因此，必须加强计算机系统的安全性保证。为此，在计算机安全技术方面逐步发展建立了一套可信计算机系统的概念和标准。只有建立了完善的安全标准，才能规范和指导计算机系统部件的安全生产，较为准确地测定产品的安全性能指标，满足不同行业的不同需求。

9.1.2 数据库安全控制

当用户要访问数据库数据时，应该首先进入数据库系统。用户进入数据库系统通常是通过数据库应用程序实现的，这时用户要向数据库应用程序提供账号和密码，然后数据库应用程序将账号和密码信息提交给数据库管理系统进行验证，只有合法的用户才能进行下一步的操作。对于合法的用户，当其要进行数据库操作时，数据库管理系统还要验证此用户是否具有这种操作权限,如果用户具有操作权限,则允许用户进行操作,否则拒绝用户进行操作。在操作系统这一级也有自己的保护措施,如设置文件的访问权限等。对于存储在磁盘上的数据库文件,还可以加密存储,这样即使非法用户得到了加密数据,没有密钥也无法轻易识别。计算机系统的安全模型如图 9.1 所示。

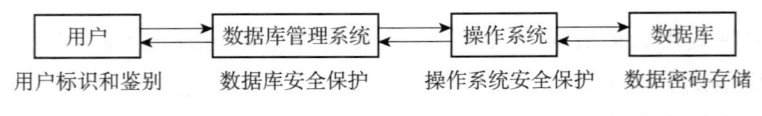

```
用户 ← 数据库管理系统 ← 操作系统 ← 数据库
用户标识和鉴别   数据库安全保护   操作系统安全保护   数据密码存储
```

图 9.1 计算机系统的安全模型

下面讨论与数据库有关的安全控制方法,主要包括用户身份鉴别、存取控制、视图机制、审计和数据加密等。

9.2 数据库安全控制方法

9.2.1 用户身份鉴别

用户标识是指用户向系统出示自己的身份证明,最简单的方法是输入用户 ID 和密码。标识机制用于唯一标识进入系统的每个用户的身份,因此必须保证标识的唯一性。鉴别是指系统检查,验证用户的身份证明,用于检验用户身份的合法性。标识和鉴别功能保证了只有合法的用户才能存取系统中的资源。由于数据库用户的安全等级是不同的,因此分配给他们的权限也是不一样的,数据库管理系统必须建立严格的用户认证机制。身份的标识和鉴别是数据库管理系统对访问者授权的前提,并且通过审计机制使数据库管理系统保留追究用户行为责任的能力。功能完善的标识和鉴别机制也是访问控制机制有效实施的基础。

用户身份鉴别的方法有很多种,在一个系统中通常是多种方法结合,以获得更高的安全性。常用的用户身份鉴别方法有以下几种。

1. 静态口令鉴别

静态口令鉴别是当前常用的鉴别方法。静态口令一般由用户自己设定,鉴别时只要用户按要求输入正确的口令,系统就允许用户使用数据库管理系统。这些口令是静态不变的,在实际应用中,这些口令很容易被破解。而口令一旦被破解,非法用户就可以冒充该用户使用数据库。因此,这种方法虽然简单,但容易被攻击,安全性较低。

2. 动态口令鉴别

动态口令鉴别是目前较为安全的鉴别方法。这种方法的口令是动态变化的,每次鉴别时均需使用动态产生的新口令登录数据库管理系统,即采用一次一密的方法。常用的方式有短信密码和动态令牌两种。每次鉴别时要求用户通过短信或令牌等途径获取的新口令登录数据库管理系统。与静态口令鉴别相比,这种方法增加了口令被窃取或被破解的难度,安全性相对更高一些。

3. 生物特征鉴别

生物特征鉴别是一种通过生物特征进行认证的方法，其中，生物特征是指生物体唯一具有的，可测量、识别和验证的稳定生物特征，如指纹、虹膜和掌纹等。这种方法通过采用图像处理和模式识别等技术实现了基于生物特征的认证。与传统的口令鉴别相比，生物特征鉴别具有更高的安全性。

9.2.2 存取控制

数据库安全最重要的一点就是确保只授权给有资格的用户访问数据库的权限，同时令所有未被授权的人员无法接近数据。这主要通过数据库管理系统的存取控制机制实现。存取控制机制主要包括定义用户权限和合法权限检查两个方面的内容。

（1）定义用户权限，并将用户权限登记到数据字典中。用户对某一数据对象的操作权利称为权限。某个用户应该具有何种权限是管理问题和政策问题，而不是技术问题。数据库管理系统的功能是保证这些决定的执行。为此，数据库管理系统必须提供适当的语言定义用户权限，这些定义经过编译后存储在数据字典中，称为安全规则或授权规则。

（2）合法权限检查。每当用户发出存取数据库的操作请求后（请求一般应包括操作类型、操作对象和操作用户等信息），数据库管理系统查找数据字典，根据安全规则进行合法权限检查，若用户的操作请求超出了定义的权限，则系统拒绝执行此操作。

定义用户权限和合法权限检查机制一起组成了数据库管理系统的存取控制子系统。数据库管理系统通常支持两种存取控制方法，分别是自主存取控制（Discretionary Access Control，DAC）方法和强制存取控制（Mandatory Access Control，MAC）方法。

（1）自主存取控制方法：在自主存取控制方法中，用户对不同的数据库对象有不同的存取权限，不同的用户对同一对象也有不同的权限，而且用户还可将其拥有的存取权限转授给其他用户。因此，自主存取控制方法非常灵活。

（2）强制存取控制方法：在强制存取控制方法中，每个数据库对象被标以一定的密级，每个用户被授予某一个级别的许可证。对于任意一个对象，只有具有合法许可证的用户才可以存取。因此，强制存取控制方法相对比较严格。

9.3节将详细介绍这两种存取控制方法。

9.2.3 视图机制

为了保护数据库中数据的安全性，还可以为不同用户定义不同的视图，把数据对象限制在一定的范围内，即通过视图机制把要保密的数据对无权存取的用户隐藏起来，从而自动对数据提供一定程度的安全保护。

视图机制间接地实现用户权限定义。例如，在某大学中假定计算机系的普通老师只能检索计算机系学生的信息，而系主任具有检索、增加、删除、修改计算机系学生信息的所有权限，这就可以通过视图来实现：首先建立计算机系学生的视图，然后在视图上进一步定义存取权限。

9.2.4　审计

数据库审计是指监视和记录用户对数据库所施加的各种操作的机制。这种机制把用户对数据库的所有操作自动记录下来，并存放于审计日志中，数据库管理员可以利用审计跟踪的信息重现导致数据库现有状况的一系列事件，找出非法存取数据的人、时间和内容等。

审计机制应该至少记录用户标识和认证、客体访问、授权用户进行的可能会影响系统安全的操作，以及其他安全相关事件。审计记录中需要包括事件时间、用户、时间类型、事件数据和事件的成功/失败情况。对于标识和认证的事件，必须记录事件源的终端 ID 和源地址等。对于访问和删除对象的事件，需要记录对象的名称。

一般地，将审计跟踪和数据库日志记录结合起来会达到更好的安全审计效果。对于审计粒度与审计对象的选择，需要考虑系统运行效率与存储空间消耗的问题。为了达到审计目的，一般必须审计到对数据库记录与字段一级的访问。但这种小粒度的审计需要消耗大量的存储空间，同时使系统的响应速度降低，给系统运行效率带来影响。因此，审计机制通常应用于安全性要求较高的数据库系统。

9.2.5　数据加密

一方面，由于数据库在操作系统中以文件形式管理，所以入侵者可以直接利用操作系统的漏洞窃取数据库文件或者篡改数据库文件内容。另一方面，数据库管理员可以任意访问所有数据，这往往超出了其职责范围，同样造成安全隐患。因此，数据库的保密问题不仅包括在传输过程中采用加密保护和控制非法访问，还包括对存储的敏感数据进行加密保护，使得即使数据不幸泄露或丢失，也难以造成泄密。同时，数据库加密可以由用户用自己的密钥加密自己的敏感信息，而不需要了解数据内容的数据库管理员无法进行正常解密，从而可以实现个性化的用户隐私保护。对数据库加密必然会带来数据存储与索引、密钥分配和管理等一系列问题，同时加密也会显著地降低数据库的访问与运行效率。

数据加密主要包括存储加密和传输加密。

1. 存储加密

对于存储加密，一般提供透明存储加密和非透明存储加密两种存储加密方式。透明存储加密是内核级加密保护方式，对用户完全透明；非透明存储加密则是通过多个加密函数实现的。

透明存储加密是指在数据写到磁盘时对数据进行加密，授权用户读取数据时再对其进行解密。由于数据加密对用户透明，数据库的应用程序不需要做任何修改，只需在创建表语句中说明需加密的字段即可。当对加密数据进行增加、删除、查询、修改操作时，数据库管理系统自动对数据进行加、解密工作。基于数据库内核的数据存储加、解密方法性能较好，安全完备性较高。

2. 传输加密

在客户机/服务器结构中,数据库用户与服务器之间若采用明文方式传输数据,则容易被网络恶意用户截获或篡改,存在安全隐患。因此,为保证二者之间的安全数据交换,数据库管理系统提供了传输加密功能。

常用的传输加密方式有链路加密和端到端加密。其中,链路加密对传输数据在链路层进行加密,它的传输信息由报头和报文两部分组成,前者是路由选择信息,后者是传送的数据信息,这种方式对报文和报头均加密。相对地,端到端加密对传输数据在发送端加密,接收端解密。它只加密报文,不加密报头。与链路加密相比,它只在发送端和接收端需要密码设备,而在中间节点不需要密码设备,因此它所需的密码设备数量相对较少。但这种方式不加密报头,从而容易被非法监听者发现并从中获取敏感信息。

9.3 存取控制

9.3.1 登录名和用户管理

一般一个数据库管理系统的认证控制包括登录认证、用户认证和权限认证。

登录认证:用户连接数据库服务器时,数据库服务器验证该用户的账户和口令,确定该用户是否有连接数据库服务器的资格。登录认证属于服务器级别的用户身份验证。

用户认证:登录认证成功以后,当用户访问数据库时,数据库管理系统确定用户账户是否有访问数据库的权限。用户认证属于数据库级别的用户身份认证。

权限认证:经过登录认证和用户认证以后,当用户操作数据库对象时,数据库管理系统确定用户是否有操作许可,验证用户的操作权限。权限认证属于存取控制权限认证。

SQL Server 创建用户登录账户和数据库用户的方法如下。

1. 创建登录账户

创建登录账户的基本语法格式如下。

```
CREATE  LOGIN  登录名
WITH  PASSWORD='密码',DEFAULT_DATABASE =数据库名;
```

[例 9.1] 创建登录账户 L1,密码为"login1",登录后的默认数据库为 SP。

```
CREATE LOGIN L1
WITH PASSWORD='login1', DEFAULT_DATABASE=SP;
```

还可以用命令修改登录密码和删除登录账户。

```
ALTER LOGIN L1 WITH PASSWORD='loginuser1';    /*修改登录密码*/
DROP LOGIN L1;                                /*删除登录账户*/
```

2. 创建数据库用户

登录账户创建成功后,还需要创建与登录名映射的数据库用户,以此来获得访问数据库的权限。

创建数据库用户的基本语法格式如下。

```
CREATE USER 用户名 FOR LOGIN 登录名;
```

[例 9.2] 为登录账户 L1 创建数据库用户 U1。

```
CREATE USER U1 FOR LOGIN L1;
```

也可以在数据库管理系统的对象资源管理器中用图形用户界面创建登录账户和数据库用户。

权限认证的相关方法和命令在下面的小节进行详细介绍。

9.3.2 自主存取控制

大型数据库管理系统几乎都支持自主存取控制,目前的 SQL 标准也通过 GRANT(授权)语句和 REVOKE(收回权限)语句对自主存取控制提供支持。在自主存取控制机制中,用户对不同的数据对象有不同的存取权限,而且可以将拥有的存取权限转授给其他用户。自主存取控制完全基于访问者和对象的身份。

用户权限由两个要素组成:数据库对象和操作类型。定义一个用户的存取权限就是要定义这个用户可以在哪些数据库对象上进行哪些类型的操作。在数据库系统中,定义存取权限称为授权。

在非关系数据库系统中,用户只能对数据进行操作,存取控制的对象也仅限于数据本身。在关系数据库系统中,存取控制的对象不仅有数据本身(基本表中的数据、属性列上的数据)和视图,还有数据库模式(包括模式、基本表、视图和索引等)。表 9.1 列出了关系数据库系统中的存取权限。

表 9.1 关系数据库系统中的存取权限

对象类型	对象	操作类型
数据	基本表和视图	SELECT、INSERT、UPDATE、DELETE、REFERENCES
	属性列	SELECT、INSERT、UPDATE、REFERENCES
数据库模式	模式	CREATE SCHEMA
	基本表	CREATE TABLE、ALTER TABLE
	视图	CREATE VIEW
	索引	CREATE INDEX

9.3.3 授权与收回权限

SQL 中使用 GRANT 语句和 REVOKE 语句向用户授予或收回对数据的操作权限。GRANT 语句用于向用户授予权限,REVOKE 语句用于收回已经授予用户的权限。

1. GRANT 语句

GRANT 语句的一般格式为：
```
GRANT  <权限> [,<权限> ]…
ON  <对象类型>  <对象名> [,<对象类型>  <对象名>]…
TO <用户> [,<用户>]…
[WITH GRANT OPTION]
```

如果指定了 WITH GRANT OPTION 子句，则获得某种权限的用户还可以把这种权限再授予其他用户。如果没有指定 WITH GRANT OPTION 子句，则获得某种权限的用户只能使用该权限，不能传播该权限。

2. REVOKE 语句

授予用户的权限可以由数据库管理员或其他授权者用 REVOKE 语句收回。REVOKE 语句的一般格式为：
```
REVOKE <权限> [,<权限>]…
ON <对象类型> <对象名> [,<对象类型><对象名>]…
FROM <用户> [,<用户>]…[CASCADE|RESRICTE]
```

下面举例说明 GRANT 语句 和 REVOKE 语句的具体用法。

[例 9.3] 把查询 Department 表的权限授予用户 U1。
```
GRANT  SELECT
ON Department
TO U1;
```

[例 9.4] 把对 Project 表的 SELECT 权限授予所有用户。
```
GRANT  SELECT
ON Project
TO PUBLIC;
```

[例 9.5] 把查询 Department 表和修改学院号 Dno 的权限授予用户 U2。
```
GRANT  SELECT,UPDATE(Dno)
ON Department
TO U2;
```

这里，实际上要授予 U2 用户的是对基本表 Department 的 SELECT 权限和对属性列 Dno 的 UPDATE 权限。对属性列进行授权时必须明确指出相应的属性列名。

[例 9.6] 把对 SP 表的 INSERT 权限授予 U3，并允许 U3 将此权限再授予其他用户。
```
GRANT  INSERT
ON SP
TO U3
WITH GRANT OPTION;
```

执行此 SQL 语句后，U3 不仅拥有了对 SP 表的 INSERT 权限，还可以传播此权限，如 U3 可以将此权限授予 U4。

[例 9.7] 用户 U3 将对 SP 表的 INSERT 权限授予 U4，并允许 U4 将此权限再授予其他用户。首先应该以 U3 的身份重新登录数据库，然后进行授权。

```
GRANT    INSERT
ON SP
TO U4
WITH GRANT OPTION;
```

[例 9.8] 用户 U4 将对 SP 表的 INSERT 权限授予 U5，首先应该以 U4 的身份重新登录数据库，然后进行授权。

```
GRANT    INSERT
ON SP
TO U5;
```

因为 U4 未给 U5 传播的权限，因此 U5 不能再传播此权限。

[例 9.9] 收回用户 U2 对 Department 表的学院号 Dno 的 UPDATE 权限。

```
REVOKE    UPDATE(Dno)
ON    Department
FROM    U2;
```

[例 9.10] 收回所有用户对 Project 表的 SELECT 权限，命令执行后，刚才授予的对 Project 表具有 SELECT 权限的用户，都将不再拥有此权限。

```
REVOKE SELECT
ON Project
FROM    PUBLIC;
```

[例 9.11] 收回用户 U3 对 SP 表的 INSERT 权限。

```
REVOKE    INSERT
ON    SP
FROM    U3 CASCADE;
```

由于 U3 将对 SP 表的 INSERT 操作级联授予了用户 U4，U4 又级联授予了用户 U5，因此将用户 U3 的 INSERT 权限收回时必须级联收回，否则系统将拒绝执行该命令。

9.3.4　角色管理

数据库角色是被命名的一组与数据库操作相关的权限，角色是权限的整合。因此，可以为一组具有相同权限的用户创建一个角色，使用角色来管理数据库权限可以简化授权的过程。

在 SQL 中首先用 CREATE ROLE 语句创建角色，然后用 GRANT 语句给角色授权，用 REVOKE 语句收回授予角色的权限。

1．数据库角色的创建

创建数据库角色的 SQL 语句格式为：

```
CREATE ROLE <角色名>
```

刚刚创建的角色是空的，没有任何内容。可以用 GRANT 语句给角色授权。

2．给角色授权

```
GRANT    <权限>    [,<权限> ]  …
```

```
          ON     <对象类型>  对象名
          TO    <角色>  [,<角色>]…
```
数据库管理员和用户可以利用 GRANT 语句将权限授予某一个或几个角色。

3．将一个角色授予其他角色或用户

```
GRANT   <角色 1>[,<角色 2>]…
     TO   <角色 3>[,<用户 1>]…
      [WITH ADMIN OPTION]
```

4．角色权限的收回

```
REVOKE   <权限>  [,<权限>]…
ON    <对象类型>    <对象名>
FROM    <角色>  [,<角色>]…
```

用户可以收回角色的权限，从而修改角色拥有的权限。

[**例** 9.12] 创建角色 R1。
```
CREATE ROLE R1;
```

[**例** 9.13] 给角色授权，使得角色 R1 拥有对 Student 表的 SELECT、UPDATE、INSERT 权限。
```
GRANT    SELECT,UPDATE,INSERT
ON     Student
TO    R1;
```

[**例** 9.14] 将用户 U1、U3 添加到角色 R1 中。将用户 U1、U3 添加到角色 R1 中后，用户 U1、U3 就拥有了 R1 拥有的所有权限，即对 Student 表的 SELECT、UPDATE、INSERT 权限。（SQL Server 用存储过程 sp_addrolemember 将用户添加到某个角色中。）
```
EXEC sp_addrolemember 'R1','U1';    /*将用户 U1 添加到角色 R1 中*/
EXEC sp_addrolemember 'R1','U3';    /*将用户 U3 添加到角色 R1 中*/
```

[**例** 9.15] 删除角色 R1，该命令执行后，该角色会被删除。
```
DROP   ROLE   R1;
```

9.3.5 强制存取控制

自主存取控制能够通过授权机制有效地控制对敏感数据的存取。但是由于用户对数据的存取权限是"自主"的，用户可以自由地决定将数据的存取权限授予何人，以及决定是否也将"授权"的权限授予别人。在这种授权机制下，仍可能存在数据的"无意泄露"。比如，甲将自己权限范围内的某些数据存取权限授权给乙，甲的意图是仅允许乙本人操纵这些数据。但甲的这种安全性要求并不能得到保证，因为乙一旦获得了对数据的权限，就可以将数据备份，获得自身权限内的副本，并在不征得甲同意的前提下传播副本。造成这一问题的根本原因就在于，这种机制仅仅通过对数据的存取权限来进行安全控制，而数据本身并无安全性标记。要解决这一问题，就需要对系统控制下的所有主客体实施强制存取控制策略。

在强制存取控制中，数据库管理系统所管理的全部实体被分为主体和客体两大类。主体

是系统中的活动实体，既包括数据库管理系统所管理的实际用户，也包括代表用户的各过程。客体是系统中的被动实体，是受主体操纵的，包括文件、基本表、索引、视图等。对于主体和客体，数据库管理系统为每个实例（值）指派一个敏感度标记（Lable）。

敏感度标记被分成若干级别，如绝密（Top Secret，TS）、机密（Secret，S）、可信（Confidential，C）、公开（Public，P）等。敏感度标记的级别次序是 TS≥S≥C≥P。主体的敏感度标记称为许可证级别（Clearance Level），客体的敏感度标记称为密级（Classification Level）。强制存取控制机制就是通过对比主体的敏感度标记和客体的敏感度标记，最终确定主体是否能够存取客体。

当某一用户（或某一主体）以标记注册进入系统时，系统要求他对任何客体的存取必须遵循如下规则。

（1）仅当主体的许可证级别大于或等于客体的密级时，该主体才能读取相应的客体。

（2）仅当主体的许可证级别小于或等于客体的密级时，该主体才能写入相应的客体。

规则（1）的意义是明显的，而规则（2）需要解释一下。按照规则（2），用户可以为写入的数据对象赋予高于自己的许可证级别的密级。这样一旦数据被写入，该用户自己也不能再读该数据对象了。如果违反了规则（2），就有可能把数据的密级从高流向低，造成数据的泄露。例如，某个许可证级别为 TS 的主体把一个密级为 TS 的数据恶意地降低为 P，并把它写回。这样原来是 TS 密级的数据被大家读到了，造成了 TS 密级数据的泄漏。

强制存取控制是对数据本身进行密级标记，无论数据如何复制，标记与数据是一个不可分的整体。只有符合许可证级别要求的用户才可以操纵数据，从而提供了更高级别的安全性。强制存取控制适用于那些对数据有严格且固定密级分类的部门，如军事部门或政府部门。

前面已经提到，较高安全性级别提供的安全保护要包含较低级别的所有保护，因此在实现强制存取控制时首先要实现自主存取控制，即自主存取控制与强制存取控制共同构成数据库管理系统的安全机制，系统首先进行自主存取控制检查，对通过自主存取控制检查的允许存取的数据库对象再由系统自动进行强制存取控制检查，只有通过强制存取控制检查的数据库对象方才存取。

习题

1. 什么是数据库安全性？
2. 数据库的不安全因素主要有哪些？举例说明对数据库安全性产生威胁的因素。
3. 试述实现数据库安全控制的常用方法。
4. 什么是数据库中的自主存取控制和强制存取控制？
5. 为什么强制存取控制提供了更高级别的数据库安全性？
6. 什么是数据库的审计功能？为什么要提供审计功能？
7. 现有两个关系模式：

职工（职工号，姓名，年龄，职务，工资，部门号）

部门（部门号，名称，经理名，地址，电话号）

请用 SQL 的 GRANT 语句和 REVOKE 语句完成以下授权定义或存取控制功能。

（1）用户李灿对两个表有 SELECT 权限。

（2）用户张明月对两个表有 INSERT 和 DELETE 权限。

（3）用户马欢对职工表有 SELECT 权限，对工资字段有 UPDATE 权限。

（4）用户杨紫涵具有修改这两个表的结构的权限。

（5）用户陈萍具有对两个表的 INSERT、UPDATE、DELETE 权限，并具有给其他用户授权的权限。

第 10 章

数据库查询优化

学习目标

- ✓ 熟悉并掌握查询处理步骤和实现查询操作的算法。
- ✓ 理解并掌握代数优化的等价变换规则和启发式优化过程。
- ✓ 理解查询优化的物理优化方法。

学习重点

- ✓ 查询处理步骤。
- ✓ 查询优化的必要性。
- ✓ 用等价变换规则将 SQL 语句转换为优化的查询树。
- ✓ 存取路径的优化方法。

思政导学

✓ **关键词**：查询优化、代数优化、物理优化、等价变换规则。

✓ **内容要意**：查询处理是关系数据库管理系统的核心，而查询优化是查询处理的关键技术，同时是关系数据库系统的优点，它的总目标是选择有效的策略，得到给定的 SQL 查询结果，使得查询代价最小，达到优化系统性能的目标。查询优化可分为代数优化和物理优化，代数优化按照等价变换规则，改变代数表达式中操作的次序和组合，使查询执行更高效；物理优化是指通过存取路径和底层操作算法的选择进行的优化。

✓ **思政点拨**：结合具体实例，通过介绍查询处理步骤及查询优化过程，使学生具有提高工作效率、节约资源的意识，培养学生精益求精的工匠精神。

✓ **思政目标**：通过对查询优化实例的具体优化过程的讲解，使学生具有提高工作效率的意识，培养学生精益求精的工匠精神，提升学生信息素养。

10.1 关系数据库管理系统的查询处理

查询处理是关系数据库管理系统执行查询语句的过程,其任务是将用户提交给关系数据库管理系统的查询语句转换为高效的查询执行计划。

10.1.1 查询处理步骤

关系数据库管理系统的查询处理可以分为 4 个步骤:查询分析、查询检查、查询优化和查询执行,如图 10.1 所示。

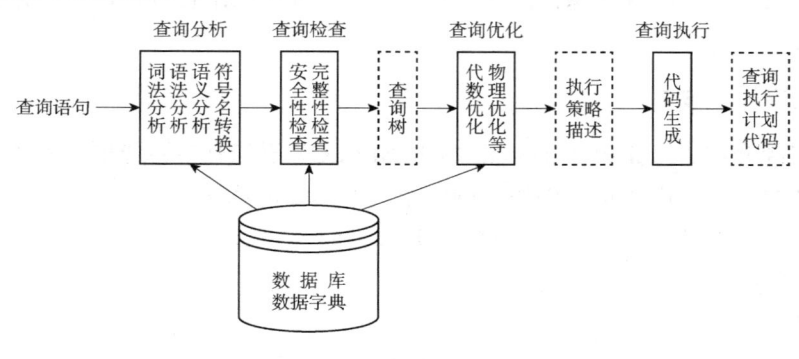

图 10.1 查询处理步骤

1. 查询分析

首先对查询语句进行扫描、词法分析和语法分析。从查询语句中识别出语言符号,如 SQL 关键词、属性名和关系名等,进行语法检查和语法分析,即判断查询语句是否符合 SQL 语法规则。如果没有语法错误,则转入下一步处理,否则报告语法错误。

2. 查询检查

对合法的查询语句进行语义检查,即根据数据字典中有关的模式定义,检查语句中的数据库对象,如关系名、属性名是否存在和有效。如果是对视图的操作,则要用视图消解法将对视图的操作转换成对基本表的操作。根据数据字典中的用户权限和完整性约束定义,对用户的存取权限进行检查。如果该用户没有相应的访问权限或违反了完整性约束,则拒绝执行该查询。检查通过后将 SQL 查询语句转换为内部表示,即等价的关系代数表达式。这个过程中要将数据库对象的外部名称转换为内部表示。关系数据库管理系统一般都用查询树(也称为语法分析树)来表示关系代数表达式。

3. 查询优化

每个查询都会有许多可供选择的执行策略和操作算法,查询优化就是选择一个高效执行的查询处理策略。查询优化有多种方法。按照优化的层次一般可将查询优化分为代数优化(也称为逻辑优化）和物理优化（也称为非代数优化）。代数优化是指关系代数表达式的优化，即按照一定的规则，通过对关系代数表达式进行等价变换，改变代数表达式中操作的次序和组合，使查询执行更高效。物理优化是指通过存取路径和底层操作算法的选择进行的优化。选择的依据可以基于规则，也可以基于代价或基于语义。

4．查询执行

依据优化器得到的执行策略生成查询执行计划，由代码生成器生成执行这个查询执行计划的代码，执行代码后得到查询结果。

10.1.2　实现查询操作的算法示例

本节介绍选择操作和连接操作的实现算法思想。每种操作有多种执行的算法，这里仅介绍最主要的算法。

1．选择操作的实现

第 4 章已经介绍了 SELECT 语句的功能，SELECT 语句有多种选项，因此其实现算法和优化策略也很复杂。下面以选择操作为例介绍典型的实现算法。

[例 10.1] SELECT* FROM Student WHERE<条件表达式>。

考虑<条件表达式>的几种情况：

```
C1:无条件;
C2:Sno='S202301012';
C3:Sage>20;
C4:Ssex='男' AND Sage>20;
```

选择操作只涉及一个关系，一般采用全表扫描算法或索引扫描算法。

1）简单的全表扫描算法

假设可以使用的内存有 M 块，全表扫描算法的思想如下。

① 按照物理次序将 Student 表的 M 块读入内存。

② 检查内存的每个元组 t，如果 t 满足选择条件，则输出 t。

③ 如果 Student 表还有其他块未被处理，则重复步骤①和②。

全表扫描算法只需要很少的内存（最少为 1 块）就可以运行，而且控制简单。对于规模小的表，这种算法简单有效。对于规模大的表，可进行顺序扫描，当满足条件的元组数占全表的比例（选择率）较低时，这种算法的效率会很低。

2）索引扫描算法

如果选择条件中的属性上有索引（如 B+树索引或 Hash 索引），则可以用索引扫描算法，通过索引先找到满足条件的元组指针，再通过元组指针在查询的基本表中找到元组。

以 C2 为例：Sno='S202301012'且 Sno 上有索引，可以使用索引得到 Sno ='S202301012'的元组指针，通过元组指针在 Student 表中检索到该学生。

以 C3 为例：Sage>20 且 Sage 上有 B+树索引，可以使用 B+树索引找到 Sage=20 的索引项，以此为入口点在 B+树的顺序集上得到 Sage>20 的所有元组指针，通过这些元组指针在 Student 表中检索到所有年龄大于 20 岁的学生。

以 C4 为例：Ssex='男' AND Sage>20，如果 Ssex 和 Sage 上都有索引，一种算法是先分别用上面两种方法找到 Ssex='男' 的一组元组指针和 Sage>20 的另一组元组指针，求这两组元组指针的交集，再在 Student 表中检索，就得到年龄大于 20 岁的男学生的信息。

另一种算法是，找到 Ssex='男'的一组元组指针，通过这些元组指针在 Student 表中检索，并对得到的元组检查另一些选择条件（如 Sage>20）是否满足，满足条件的元组作为结果输出。

一般情况下，当选择率较低时，索引扫描算法要优于全表扫描算法。但在某些情况下，如选择率较高，或者要查找的元组均匀地分布在查找的表中，这时索引扫描算法的性能不如全表扫描算法。因为除了对表的扫描操作，还要加上对 B+树索引的扫描操作，对每个检索码，从 B+树根节点到叶节点上的每个节点都要执行一次 I/O 操作。

2．连接操作的实现

连接操作是查询处理中最常用也是最耗时的操作之一。下面通过例子介绍等值连接（或自然连接）最常用的几种算法思想。

[例 10.2] SELECT * FROM Student, SP WHERE Student.Sno = SP.Sno;

1）嵌套循环算法

取外层循环（Student 表）的第一个元组，依次扫描内层循环（SP 表）中的每个元组，检查内层循环的元组与外层循环的第一个元组在连接属性（Sno）上是否相等。如果相等，则将连接后的元组作为结果输出。同理，再取外层循环（Student 表）中的第二个元组，依次扫描内层循环（SP 表）中的每个元组，检查内层循环的元组与外层循环的第二个元组在连接属性（Sno）上是否相等。如果相等，则将连接后的元组作为结果输出。以此类推，直到外层循环中的元组处理完为止。在实际应用中，数据存取是按照数据块读入内存的，而不是按照元组进行 I/O 操作的。嵌套循环算法是最简单、最通用的连接算法，可以处理包括非等值连接在内的各种连接操作。

2）排序-合并连接算法

这是等值连接常用的算法，尤其适合参与连接的表已经排好序的情况。排序-合并连接算法的步骤如下。

① 如果参与连接的表没有排好序，则对 Student 表和 SP 表按连接属性 Sno 排序。

② 取 Student 表中第一个 Sno，依次扫描 SP 表中具有相同 Sno 的元组，把它们连接起来，如图 10.2 所示。

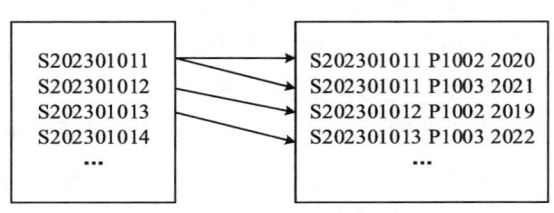

图 10.2 排序-合并连接算法示意图

③ 当扫描到与 Sno 不同的第一个 SP 元组时，返回 Student 表扫描它的下一个元组，再扫描 SP 表中具有相同 Sno 的元组，把它们连接起来。重复上述步骤直到 Student 表扫描完。

这样 Student 表和 SP 表都只要扫描一遍即可。如果两个表无序，则执行时间要加上对两个表的排序时间。一般来说，对于大表，先排序再使用排序-合并连接算法执行连接操作，这样总的时间会减少。

3）索引连接算法

索引连接算法的步骤如下。

① 在 SP 表上建立属性 Sno 的索引。

② 对于 Student 表中每个元组，由 Sno 值通过 SP 表的索引查找相应的 SP 元组。

③ 把这些 SP 元组和 Student 元组连接起来。

循环执行步骤②和③，直到 Student 表中的元组处理完为止。

4）Hash 连接算法

Hash 连接算法也是处理等值连接的算法。它把连接属性作为 Hash 码，用同一个 Hash 函数把 Student 表和 SP 表中的元组散列到 Hash 表中。第一步（创建阶段），即创建 Hash 表。对包含较少元组的表（如 Student 表）进行一遍处理，把它的元组按 Hash 函数（Hash 码是连接属性）分散到 Hash 表的桶中；第二步（连接阶段），对另一个表（SP 表）进行一遍处理，把 SP 表的元组也按同一个 Hash 函数（Hash 码是连接属性）进行散列，找到适当的 Hash 桶，并把 SP 元组与桶中来自 Student 表并与之相匹配的元组连接起来。上面的 Hash 连接算法中，假设两个表中较小的表在第一阶段可以完全放入内存的 Hash 桶中。

10.2 关系数据库管理系统的查询优化

查询优化在关系数据库管理系统中有着非常重要的地位。关系数据库管理系统和非过程化的 SQL 之所以能够取得巨大的成功，是因为得益于查询优化技术的发展。查询优化是影响关系数据库管理系统性能的关键因素。

10.2.1 查询优化概述

查询优化既是关系数据库管理系统实现的关键技术又是关系数据库系统的优点。它减轻了用户选择存取路径的负担，用户只需提出"干什么"，而不必指出"怎么干"。

查询优化的优点不仅在于用户不必考虑如何最好地表达查询以获得较高的效率，而且系统可以比用户程序的"优化"做得更好。原因如下。

（1）优化器可从数据字典中获取许多统计信息，如每个关系中的元组数、关系中每个属性值的分布情况、哪些属性上已经建立了索引等。优化器可以根据这些信息做出正确的估算来选择高效的查询执行计划，而用户程序则难以获得这些信息。

（2）如果数据库的物理统计信息改变了，则系统可以自动地对查询进行重新优化以选择相适应的查询执行计划。

（3）优化器可以考虑数百种不同的查询执行计划。

（4）优化器中包括很多复杂的优化技术，系统的自动优化相当于使得所有人都拥有这些优化技术。

目前关系数据库管理系统通过某种代价模型计算出各种查询执行策略的执行代价，并选取代价最小的查询执行计划。在集中式数据库中，查询执行代价主要包括磁盘存取块数（I/O 代价）、处理机时间（CPU 代价）及查询的内存开价。在分布式数据库中，查询执行代价还要加上通信代价，即总代价=I/O 代价+CPU 代价+内存代价+通信代价。

由于磁盘 I/O 操作涉及机械动作，其需要的时间与内存操作相比要高几个数量级，因此，在计算查询执行代价时一般用查询处理读写的块数作为衡量单位。

查询优化的总目标是选择有效的策略，求得给定关系代数表达式的值，使得查询执行代价较小。因为查询优化的搜索空间有时非常大，实际系统选择的策略不一定是最优的，而是较优的。

10.2.2 查询优化实例

下面通过简单的例子来说明进行查询优化的必要性。

[**例** 10.3] 查询参与了 P1002 项目的学生的姓名。

用 SQL 语句表达为：

```
SELECT Student.Sname
FROM  Student,SP
WHERE Student.Sno=SP.Sno AND SP.Pno='P1002';
```

假定大学生项目管理数据库中有 1000 条 Student 记录、5000 条 SP 记录，其中参与 P1002 项目的记录有 50 条。

系统可以用多种等价的关系代数表达式来完成这一查询，这里仅分析下面三种情况。

$$Q_1 = \Pi_{Sname}(\sigma_{Student.Sno= SP.Sno \wedge SP.Pno='P1002'}(Student \times SP))$$

$$Q_2 = \Pi_{Sname}(\sigma_{SP.Pno='P1002'}(Student \bowtie SP))$$

$$Q_3 = \Pi_{Sname}(Student \bowtie \sigma_{SP.Pno='P1002'}(SP))$$

下面将看到由于查询执行策略的不同，查询效率相差很大。

1．第一种情况

（1）广义笛卡儿积操作。

把 Student 表和 SP 表的每个元组连接起来。一般连接的做法是：在内存中尽可能多地装入某个表（如 Student 表）的若干块，留出 1 块存放在另一个表（如 SP 表）的元组中；把 SP 表中的每个元组和 Student 表中的每个元组连接起来，将连接后的元组装满 1 块后写到中间文件上，从 SP 表中读入 1 块与内存中的 Student 元组连接，直到 SP 表处理完；这时再次读入若干块 Student 元组，读入 1 块 SP 元组，重复上述处理过程，直到把 Student 表处理完。

设 1 块能装 10 个 Student 元组或 50 个 SP 元组，在内存中存放 5 块 Student 元组和 1 块

SP 元组，则读取总块数为：

$$\frac{1000}{10}+\frac{1000}{10\times5}\times\frac{5000}{50}=100+20\times100=2100 \text{ 块}$$

其中，读 Student 表 100 块，读 SP 表 20 遍，每遍 100 块，则总计要读取 2100 块。连接后的元组数为 $10^3\times5\times10^3=5\times10^6$。设每块能装 5 个元组，则写出 10^6 块。

（2）选择操作。

依次读入连接后的元组，按照选择条件选取满足要求的记录。假定忽略内存处理时间。这一步读取中间文件花费的时间（与写中间文件一样）需读入 10^6 块。若满足条件的元组仅 50 个，均可放在内存中。

（3）投影操作。

把第（2）步的结果在 Sname 上投影输出，得到最终结果。

因此第一种情况下执行查询的总读写块数=2100+10^6+10^6=202100 块。

2．第二种情况

（1）计算自然连接。

为了执行自然连接，读取 Student 表和 SP 表的策略不变，读取总块数仍为 2100 块。但自然连接的结果比第一种情况大大减少，连接后的元组数为 5×10^3 个元组，写出块数=10^3 块。

（2）读取中间文件块，执行选择操作，读取块数=10^3 块。

（3）把第（2）步结果投影输出。

第二种情况下执行查询的总读写块数=2100+10^3+10^3=4100 块。

3．第三种情况

（1）先对 SP 表进行选择操作，只需读一遍 SP 表，读取块数为 100 块，因为满足条件的元组仅 50 个，不必使用中间文件。

（2）读取 Student 表，连接读入的 Student 元组和内存中的 SP 元组。只需读一遍 Student 表，共 100 块。

（3）把连接结果投影输出。

第三种情况下执行查询的总读写块数=100+100=200 块。

假如 SP 表的 Pno 字段上有索引，第（1）步就不必读取所有的 SP 元组而只需读取 Pno='P1002'的那些元组（50 个）。存取的索引块和 SP 表中满足条件的数据块共 3~4 块。若 Student 表在 Sno 上也有索引，则第（2）步也不必读取所有的 Student 元组，因为满足条件的 SP 记录仅 50 条，涉及最多 50 条 Student 记录，因此读取 Student 表的块数也可大大减少。

可以看出，把上面的关系代数表达式 Q_1、Q_2 变换为 Q_3，这样参加连接的元组就可以大大减少，这就是代数优化。在 Q_3 中，SP 表的选择操作算法可以采用全表扫描算法或索引扫描算法，经过初步估算，索引扫描算法较优。同样对于 Student 表和 SP 表的连接，利用 Student 表上的索引，采用索引连接代价也较小，这就是物理优化。

10.3 代数优化

代数优化通过对关系代数表达式的等价变换来提高查询效率。所谓关系代数表达式的等价是指用相同的关系代替两个表达式中相应的关系所得到的结果是相同的。两个关系代数表达式 E_1 和 E_2 是等价的，可记为 $E_1 \equiv E_2$。

10.3.1 代数优化的等价变换规则

1．连接与笛卡儿积的交换律

设 E_1 和 E_2 是关系代数表达式，F 是连接运算的条件，则有：

$$E_1 \times E_2 \equiv E_2 \times E_1$$

$$E_1 \bowtie E_2 \equiv E_2 \bowtie E_1$$

$$E_1 \underset{F}{\bowtie} E_2 \equiv E_2 \underset{F}{\bowtie} E_1$$

2．连接与笛卡儿积的结合律

设 E_1、E_2、E_3 是关系代数表达式，F_1 和 F_2 是连接运算的条件，则有：

$$(E_1 \times E_2) \times E_3 \equiv E_1 \times (E_2 \times E_3)$$

$$(E_1 \bowtie E_2) \bowtie E_3 \equiv E_1 \bowtie (E_2 \bowtie E_3)$$

$$(E_1 \underset{F_1}{\bowtie} E_2) \underset{F_2}{\bowtie} E_3 \equiv E_1 \underset{F_1}{\bowtie} (E_2 \underset{F_2}{\bowtie} E_3)$$

3．投影的串接律

$$\Pi_{A_1,A_2,\cdots,A_n}(\Pi_{B_1,B_2,\cdots,B_n}(E)) \equiv \Pi_{A_1,A_2,\cdots,A_n}(E)$$

式中，E 是关系代数表达式；A_i（$i=1,2,\cdots,n$）和 B_j（$j=1,2,\cdots,m$）是属性名，且 $\{A_1,A_2,\cdots,A_n\}$ 构成 $\{B_1,B_2,\cdots,B_m\}$ 的子集。

4．选择的串接律

$$\sigma_{F_1}(\sigma_{F_2}(E)) \equiv \sigma_{F_1 \wedge F_2}(E)$$

式中，E 是关系代数表达式；F_1 和 F_2 是选择条件。选择的串接律说明了选择条件可以合并。

5．选择与投影的交换律

$$\sigma_F(\Pi_{A_1,A_2,\cdots,A_n}(E)) \equiv \Pi_{A_1,A_2,\cdots,A_n}(\sigma_F(E))$$

式中，选择条件 F 只涉及属性 $A_1,A_2,\cdots,A_n$。

若 F 中有不属于 $A_1,A_2,\cdots,A_n$ 的属性 $B_1,B_2,\cdots,B_m$，则有更一般的规则：

$$\Pi_{A_1,A_2,\cdots,A_n}(\sigma_F(E)) \equiv \Pi_{A_1,A_2,\cdots,A_n}(\sigma_F(\Pi_{A_1,A_2,\cdots,A_n,B_1,B_2,\cdots,B_m}(E)))$$

6. 选择与笛卡儿积的交换律

如果 F 中涉及的属性都是 E_1 中的属性，则
$$\sigma_F(E_1 \times E_2) \equiv \sigma_F(E_1) \times E_2$$

如果 $F=F_1 \wedge F_2$，并且 F_1 只涉及 E_1 中的属性，F_2 只涉及 E_2 中的属性，则由上面的等价变换规则 1、4、6 可推出
$$\sigma_F(E_1 \times E_2) \equiv \sigma_{F_1}(E_1) \times \sigma_{F_2}(E_2)$$

若 F_1 只涉及 E_1 中的属性，F_2 涉及 E_1 和 E_2 两者的属性，则仍有
$$\sigma_F(E_1 \times E_2) \equiv \sigma_{F_2}(\sigma_{F_1}(E_1) \times E_2)$$

它使部分选择在笛卡儿积前先做。

7. 选择与并的分配律

设 $E=E_1 \cup E_2$，E_1 与 E_2 有相同的属性名，则
$$\sigma_F(E_1 \cup E_2) \equiv \sigma_F(E_1) \cup \sigma_F(E_2)$$

8. 选择与差运算的分配律

若 E_1 与 E_2 有相同的属性名，则
$$\sigma_F(E_1 - E_2) \equiv \sigma_F(E_1) - \sigma_F(E_2)$$

9. 选择与自然连接的分配律

$$\sigma_F(E_1 \bowtie E_2) \equiv \sigma_F(E_1) \bowtie \sigma_F(E_2)$$

F 只涉及 E_1 与 E_2 的公共属性。

10. 投影与笛卡儿积的分配律

设 E_1 和 E_2 是两个关系代数表达式，$A_1,A_2,\cdots,A_n$ 是 E_1 的属性，$B_1,B_2,\cdots,B_m$ 是 E_2 的属性，则
$$\Pi_{A_1,A_2,\cdots,A_n,B_1,B_2,\cdots,B_m}(E_1 \times E_2) \equiv \Pi_{A_1,A_2,\cdots,A_n}(E_1) \times \Pi_{B_1,B_2,\cdots,B_m}(E_2)$$

11. 投影与并的分配律

设 E_1 和 E_2 有相同的属性名，则
$$\Pi_{A_1,A_2,\cdots,A_n}(E_1 \cup E_2) \equiv \Pi_{A_1,A_2,\cdots,A_n}(E_1) \cup \Pi_{A_1,A_2,\cdots,A_n}(E_2)$$

10.3.2 查询树的启发式优化

代数优化典型的启发式规则如下。

（1）选择运算尽可能先做。因为选择运算使计算的中间结果大大减少。

（2）投影运算和选择运算同时进行。如果是对同一个关系进行的投影运算和选择运算，则可以在扫描此关系时同时完成这些运算以避免重复扫描。

（3）把投影与其前或其后的双目运算结合起来，这样可以避免重复扫描。

（4）把某些选择与在它前面要执行的笛卡儿积结合起来，形成一个连接运算，连接（特别是等值连接）运算要比笛卡儿积省时间。

（5）找出公共子表达式。如果这种重复出现的子表达式的结果不是很大的关系，且从外存中读入这个关系比计算该子表达式的时间少得多，则可以先计算一次公共子表达式并把结果写入中间文件。比如当查询的是视图时，定义视图的表达式就是公共子表达式。

根据这些启发式规则，下面给出应用等价变换规则来优化关系代数表达式的算法。

算法：关系代数表达式的优化。

输入：关系代数表达式的查询树。

输出：优化的查询树。

方法：

（1）利用等价变换规则 4，把形如 $\sigma_{F_1 \wedge F_2 \wedge \cdots \wedge F_n}(E)$ 的表达式变换为 $\sigma_{F_1}(\sigma_{F_2}(\cdots(\sigma_{F_n}(E))\cdots))$。

（2）对于每个选择，利用等价变换规则 4～9 尽可能把它移到树的叶端，目的是使选择操作尽量先做。

（3）对于每个投影，利用等价变换规则 3、5、10、11 中的一般形式尽可能把它移到树的叶端，目的是使投影操作尽量先做。

注意，等价变换规则 3 使一些投影消失，而等价变换规则 5 把一个投影分裂为两个，其中一个有可能被移到树的叶端。

（4）利用等价变换规则 3～5，把选择和投影的串接合并成单个选择、单个投影或一个选择和一个投影，使多个选择或投影能同时执行，或在一次扫描中全部完成。

（5）对关系代数语法树的内节点进行分组。把每个双目运算（×、⋈、∪、-）和它所有的直接祖先分为一组（这些直接祖先是 σ、Π 运算）。如果其后代直到叶子全是单目运算，则也将它们并入该组，但如果当双目运算是笛卡儿积（×），而且后面不是与它组成等值连接的选择时，则不能把选择与这个双目运算组成同一组，而要把这些单目运算单独分为一组。

[**例 10.4**] 下面给出例 10.3 中 SQL 语句的代数优化过程。

```
SELECT Sname
FROM   Student,SP
WHERE  Student.Sno=SP.Sno AND SP.Pno='P1002';
```

（1）把 SQL 语句转换成查询树，如图 10.3 所示。

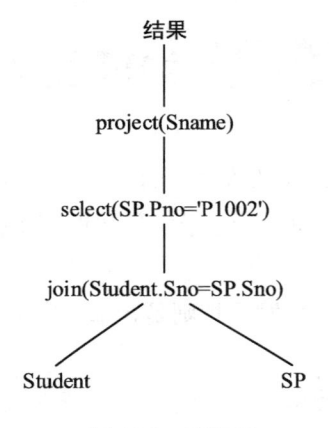

图 10.3　查询树

（2）将查询树用关系代数语法树表示，如图10.4所示。

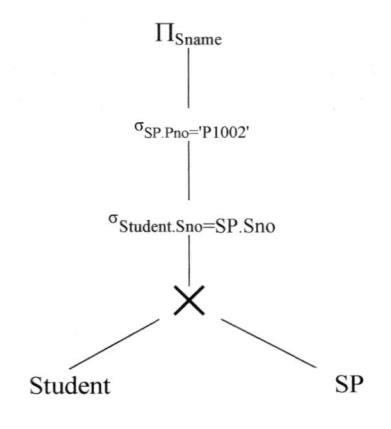

图 10.4　关系代数语法树

（3）利用等价变换规则4、6把选择 $\sigma_{SP.Pno='P1002'}$ 移到叶端，便转换成图10.5所示的查询树。

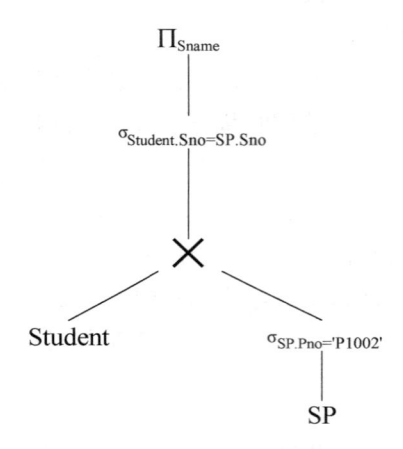

图 10.5　优化后的查询树

10.4　物理优化

代数优化改变了查询语句中操作的次序和组合，但不涉及底层的存取路径。物理优化就是要选择高效合理的操作算法或存取路径，求得优化的查询执行计划，达到查询优化的目标。

选择的方法如下。

（1）基于规则的启发式优化。启发式规则是指那些在大多数情况下都适用，但不是在每种情况下都是最好的规则。

（2）基于代价估算的优化。使用优化器估算不同查询执行策略的执行代价，并选出具有最小代价的查询执行计划。

(3）两者结合的优化方法。查询优化器通常会把以上两种方法结合在一起使用。首先使用启发式规则，选取若干较优的候选方案，减少代价估算的工作量；然后分别计算这些候选方案的执行代价，较快地选出最终的优化方案。

10.4.1 基于启发式规则的存取路径选择优化

1．选择操作的启发式规则

对于小关系，使用全表顺序扫描；对于大关系，启发式规则如下。

（1）对于选择条件是"主码=值"的查询，查询结果最多是一个元组，可以选择主码索引。关系数据库管理系统一般会自动建立主码索引。

（2）对于选择条件是"非主属性=值"的查询，并且选择列上有索引，需要估算查询结果的元组数，如果选择率<10%，则可以使用索引扫描算法，否则使用全表顺序扫描算法。

（3）对于选择条件是属性上的非等值查询或范围查询，并且选择列上有索引，同样需要估算查询结果的元组数，如果选择率<10%，则可以使用索引扫描算法，否则使用全表顺序扫描算法。

（4）对于用 AND 连接的选择条件，如果有涉及这些属性的组合索引，则优先使用组合索引扫描算法；如果某些属性上有索引，则可以使用索引扫描算法，否则使用全表顺序扫描算法。

（5）对于用 OR 连接的选择条件，一般使用全表顺序扫描算法。

2．连接操作的启发式规则

（1）如果两个表都已经按照连接属性排序，则可以选用排序-合并连接算法。

（2）如果一个表在连接属性上有索引，则可以选用索引连接算法。

（3）如果上面两个规则都不适用，其中一个表较小，则可以选用 Hash 连接算法。

（4）最后可以选用嵌套循环算法，并选择其中较小的表（占用的块数较少的表）作为外循环的表，原因如下。

设连接表 R 和 S 分别占用的块数为 B_r、B_s，连接操作使用的内存缓冲区块数为 K，分配 $K-1$ 块给外表。如果 R 为外表，则嵌套循环法存取的块数为 $B_r+B_rB_s/(K-1)$，显然应该选块数较少的表作为外表。

10.4.2 基于代价估算的优化

1．统计信息

基于代价的优化方法要计算各种操作算法的执行代价，它与数据库的状态密切相关。为此在数据字典中存储了优化器需要的统计信息，主要包括如下几个方面。

（1）对于每个基本表，统计信息包括该表的元组总数（N）、元组长度（A）、占用的块数（B）、占用的溢出块数（BO）。

（2）对于基本表的每列，统计信息包括该列不同值的个数（m）、该列最大值、最小值，该列上是否已经建立了索引，是哪种索引（B+树索引、Hash 索引、聚集索引）。根据这些统计信息，可以计算出谓词条件的选择率（f），如果不同值的分布是均匀的，则 $f=1/m$；如果不同值的分布不均匀，则要计算每个值的选择率，$f=$ 具有该值的元组数$/N$。

（3）对于索引，如 B+树索引，统计信息包括该索引的层数（L）、不同索引值的个数、索引的选择基数（S）（有 S 个元组具有某个索引值）、索引的叶节点数（Y）等。

2．代价估算示例

下面给出若干操作算法的执行代价估算。

1）全表扫描算法的代价估算公式

如果基本表大小为 B 块，则全表扫描算法的代价 cost=B。

如果选择条件是"主码=值"，则平均搜索代价 cost=$B/2$。

2）索引扫描算法的代价估算公式

如果选择条件是"主码=值"，则采用该表的主索引；如果为 B+树索引，层数为 L，则需存取 B+树中从根节点到叶节点 L 块，再加上基本表中该元组所在的那一块，所以 cost=$L+1$。

如果选择条件涉及非主属性，假设该非主属性上有 B+树索引，则选择条件是相等比较，S 是索引的选择基数（有 S 个元组满足条件）。因为满足条件的元组可能会保存在不同的块上，所以（最坏的情况）cost=$L+S$。

如果比较条件是>、>=、<、<=操作，假设有一半的元组满足条件，则要存取一半的叶节点，并通过索引访问一半的表存储块。所以 cost=$L+Y/2+B/2$。如果可以获得更准确的选择基数，那么可以进一步修正 $Y/2$ 与 $B/2$。

3）嵌套循环算法的代价估算公式

嵌套循环算法的代价 cost=$B_r+B_rB_s/(K-1)$。如果需要把连接结果写回磁盘，则 cost=$B_r+B_rB_s/(K-1)+(F_{rs}\times N_r\times N_s)/M_{rs}$。其中，$F_{rs}$ 为连接选择率，表示连接结果元组数的比例；M_{rs} 是存放连接结果的块因子，表示每块中可以存放的结果元组数。

4）排序-合并连接算法的代价估算公式

如果连接表已经按照连接属性排好序，则 cost=$B_r+B_s+(F_{rs}\times N_r\times N_s)/M_{rs}$。

如果必须对文件排序，则还需要在代价函数中加上排序的代价。对于包含 B 个块的文件排序的代价大约是 $(2\times B)+(2\times B\times \log_2 B)$。

习题

1．简述关系数据库查询优化的一般准则。

2．简述关系数据库查询优化的一般步骤。

3．假设学生选课数据库中的 3 个关系模式：

S(Sno,Sname,Sage,Sdept)
C(Cno,Cname,PCno)
SC(Sno,Cno,Grade)
查询选修了 C2 号课程的学生的姓名，SQL 语句为
```
SELECT Sname
FROM  S,SC
WHERE  S.Sno=SC.Sno AND Cno='C2';
```
试画出用关系代数表示的语法树，并用关系代数表达式优化算法对原始的语法树进行优化处理，画出优化后的标准语法树。

第 11 章

并发控制

学习目标

- ✓ 掌握事务的概念及特性。
- ✓ 理解并发控制的概念。
- ✓ 掌握封锁、封锁协议、活锁和死锁的基本含义。
- ✓ 掌握两段锁协议。
- ✓ 掌握并发调度可串行性的方法。

学习重点

- ✓ 运用封锁机制解决并发操作带来的问题。
- ✓ 活锁和死锁的诊断和解决方法。
- ✓ 采用两段锁协议实现并发调度可串行性的方法。

思政导学

✓ **关键词**：事务、并发控制、封锁协议、并发调度。

✓ **内容要意**：并发控制是衡量数据库管理系统性能的重要标准之一，并发控制就是用正确的方式调度并发操作，使一个用户的操作不会受到其他用户操作的影响，从而避免造成数据库中数据的不一致。封锁是实现并发控制的主要方法，通过三级封锁协议和两段锁协议，可以避免并发操作带来的问题，实现并发调度可串行性。

✓ **思政点拨**：结合具体实例，通过讲解事务的特性，使学生认识到做事情要有始有终，不能半途而废的思想观念；通过讲解并发控制的重要性和并发调度方法，使学生认识到各种操作要符合规定，要有职业道德和法律意识，否则要承担不良后果。

✓ **思政目标**：通过介绍并发操作带来的问题，以及并发调度可串行性的实现，引导学生做事情要有始有终，培养学生的规则意识，以及良好的职业道德和法律意识。

11.1 事务的基本概念

1．事务

所谓事务，是指用户定义的一组数据库操作序列，这些操作是一个不可分割的工作单元，要么全做，要么全都不做。例如，在关系数据库中，一个事务可以是一条 SQL 语句，也可以是一组 SQL 语句或整个程序。

2．事务的特性

事务具有 4 个特性：原子性、一致性、隔离性和持续性。

1）原子性

事务必须是一个不可分割的工作单元，事务中包括的操作要么全都执行，要么全都不执行。事务的这一特性可以保证即使在系统崩溃之后，也可以进行数据库恢复。系统在对磁盘上的任何实际数据进行修改之前，都会将修改操作信息记录在磁盘上的日志文件中。当系统崩溃时，系统会根据日志中的操作记录来确定是撤销该事务所做出的操作，还是将操作提交。

2）一致性

事务执行完成后必须使数据库从一个一致性状态变到另一个一致性状态，即在数据库中所有规则都必须应用于事务的修改，以保持所有数据的完整性，事务结束时所有的内部数据结构都必须是正确的。例如，A 公司想在银行给 B 公司转账 5 万元，就可以定义一个转账事务，该事务包括两个操作，第一个操作是从 A 公司的账户中减去 5 万元，第二个操作是向 B 公司的账户中加入 5 万元。这两个操作要么全做，要么全不做。全做或全不做，数据库都处于一致性状态。如果只做一个操作，就会导致一个账户余额变了，而另一个账户的余额没有变化，逻辑上就会出错，凭空减少或增加了 5 万元，这时数据库就处于不一致性状态。

3）隔离性

隔离性也称为独立性，是指一个事务的执行不能被其他事务干扰，即一个事务的内部操作和其使用的数据与其他并发事务之间是隔离的，并发执行的各事务之间互不干扰。

4）持续性

持续性也称为永久性，是指事务完成提交后会对数据库系统产生持久的影响，无论发生何种故障都不应该对执行结果有任何影响。

事务的这种机制保证了一个事务要么成功提交，要么失败回滚，二者必为其一。

3．定义事务的语句

事务的开始与结束可由用户显式控制。如果用户没有显式地定义事务，则由数据库管理系统按默认规定自动划分事务。在 SQL 中，定义事务的语句一般有三条：

```
BEGIN TRANSACTION:
COMMIT:
ROLLBACK;
```

显式事务通常是以 BEGIN TRANSACTION 开始，以 COMMIT 或 ROLLBACK 结束。COMMIT 表示提交，即提交事务的所有操作。具体地说，就是将事务中所有对数据库的更新写回磁盘上的物理数据库中，事务正常结束。ROLLBACK 表示回滚，即在事务运行的过程中发生了某种故障，事务不能继续执行，系统将事务中对数据库的所有已完成的操作全部撤销，回滚到事务开始时的状态。

11.2 并发操作带来的问题

数据库是一个共享资源，可供多个用户共同使用。当多个用户同时使用数据库时就可能会产生多个用户程序并发存取同一数据的情况。若对并发操作不加控制，则可能会产生不正确的数据，破坏数据库的一致性。

事务的特性遭到破坏的原因之一是多个事务对数据库的并发操作。并发操作带来的数据不一致性分三种情况：丢失修改、不可重复读和读"脏"数据。

1. 丢失修改

如果事务 T_1 和 T_2 都读取了同一个数据，当事务 T_1 修改了这个数据并提交了后，事务 T_2 也对刚才读取的数据进行了修改，并提交了结果。最终事务 T_2 的修改结果会"覆盖"前面事务 T_1 的修改结果，导致事务 T_1 的修改丢失。例如，在图 11.1（a）中，事务 T_1 读取某表中的数据 $A=15$，事务 T_2 也读取 $A=15$，事务 T_1 执行修改 $A=A-1$，事务 T_2 也执行修改 $A=A-1$。最终结果保存的是事务 T_2 的执行结果 $A=14$，事务 T_1 的修改丢失了。

2. 不可重复读

不可重复读是指事务 T_1 读取了数据库中的数据 A 后，事务 T_2 对数据库中数据 A 进行了更新操作，使得事务 T_1 无法再现前一次读取结果。具体地讲，不可重复读包括以下三种情况。

（1）事务 T_1 读取某一数据后，事务 T_2 对其进行了修改，当事务 T_1 再次读取该数据时，得到了与第一次不同的值。例如，在图 11.1（b）中，事务 T_1 读取了 $B=200$ 并进行了运算，事务 T_2 读取了同一数据 $B=200$，并进行了修改，将 $B=400$ 写回数据库。事务 T_1 为了验算校对结果，又重读了一次 B，此时 B 的值已变为 400，与第一次读取的值 200 不一致，导致验算结果与第一次计算结果不一致。

（2）事务 T_1 按一定条件从数据库中读取了某些数据记录后，事务 T_2 删除了其中部分记录，当事务 T_1 再次按同样的条件读取数据时，发现少了一些记录。

（3）事务 T_1 按一定条件从数据库中读取了某些数据记录后，事务 T_2 插入了一些记录，当事务 T_1 再次按同样条件读取数据时，发现多了一些记录。

后两种不可重复读也称为幻读现象。

3．读"脏"数据

事务 T_1 将某一数据修改之后写回磁盘，此时事务 T_2 读取了该数据，但事务 T_1 由于某种原因被撤销，系统又将该数据恢复到修改前的原值，导致事务 T_2 读取的数据与数据库中的数据不一致，则称事务 T_2 读取的数据为"脏"数据，即不正确的数据。例如，在图 11.1（c）中，事务 T_1 将 C 值修改为 100，事务 T_2 读取 C 值为 100，而事务 T_1 由于某种原因被撤销，其修改作废，C 恢复为原值 50，此时事务 T_2 读取的 C 值为 100，与数据库中 C 值为 50 内容不一致，这就是读"脏"数据。

产生上述数据不一致性的主要原因是并发操作破坏了事务的隔离性，使一个事务的执行受到其他事务的干扰，从而造成数据不一致性。并发控制机制就是要用正确的方式调度并发操作。

T_1	T_2
① $R(A)=15$	
②	$R(A)=15$
③ $A=A-1$ $W(A)=14$	
④	$A=A-1$ $W(A)=14$

（a）丢失修改

T_1	T_2
① $R(A)=100$ $R(B)=200$ 求和=300	
②	$R(B)=200$ $B=B\times 2$ $W(B)=400$
③ $R(A)=100$ $R(B)=400$ 求和=500 （验算不对）	

（b）不可重复读

T_1	T_2
① $R(C)=100$ $C=C\times 2$ $W(C)=400$	
②	$R(C)=100$
③ ROLLBACK C 恢复为原值 50	

（c）读"脏"数据

图 11.1 三种数据不一致性示例

11.3 封锁

若对并发操作不加以控制，则多个事务对数据库中的同一数据的并发操作可能会破坏数据库的一致性。所以数据库管理系统必须提供并发控制机制。

并发控制是衡量一个数据库管理系统性能的重要标准之一。事务是并发控制的基本单位，数据库管理系统以事务为单位，使用封锁来实现并发控制。

所谓封锁，就是事务 T 在对某个数据对象（如表、记录等）进行操作之前，先向系统请求对其加锁。加锁后事务 T 就对该数据对象有了一定的控制，在事务 T 释放它的锁之前，其他事务不能修改此数据对象。

11.3.1 锁的主要类型

1. 排他锁

排他锁（Exclusive Lock）也称为独占锁（X 锁）或写锁。若事务 T 对数据 A 进行修改操作时，需对数据 A 加上 X 锁，此时事务 T 可以读取和修改 A，其他事务都不能再对 A 加锁，直到事务 T 释放 A 上的 X 锁为止。这就保证了在事务 T 释放 A 上的 X 锁之前，其他事务不能再读取和修改 A。

2. 共享锁

共享锁（Share Lock）也称为读锁（S 锁）。若事务 T 要读取数据 A，需对 A 加上 S 锁，此时事务 T 可以读 A 但不能修改 A，其他事务只能再对 A 加 S 锁，而不能加 X 锁，直到事务 T 释放 A 上的 S 锁为止。这就保证了在事务 T 释放 A 上的 S 锁之前，其他事务可以读取 A，但不能对 A 做任何修改。

3. 意向锁

如果对一个资源加意向锁，则说明该资源的下层资源正在被加锁（S 锁或 X 锁）；在对任意资源加锁时，必须先对它的上层资源加意向锁。

常用的意向锁有三类：意向共享锁（IS 锁）、意向排它锁（IX 锁）、共享意向排它锁（SIX 锁）。

（1）IS 锁：如果对一个数据对象加 IS 锁，表示它的后裔资源拟（意向）加 S 锁。例如，事务 T 要对关系 R 中的某个元组加 S 锁，应首先对关系 R 和数据库加 IS 锁。

（2）IX 锁：如果对一个数据对象加 IX 锁，表示它的后裔资源拟（意向）加 X 锁。例如，事务 T 要对关系 R 中的某个元组加 X 锁，应首先对关系 R 和数据库加 IX 锁。

（3）SIX 锁：SIX 锁是 S 锁和 IX 锁的组合。如果对一个数据对象加 SIX 锁，表示对它先加 S 锁，再加 IX 锁，即 SIX 锁=S 锁+IX 锁。例如，对某个表加 SIX 锁，则表示该事务要读整个表（所以要对该表加 S 锁），同时会更新个别元组（所以要对该表加 IX 锁）。

图 11.2 给出了锁的相容矩阵，从中可以发现这 5 种锁的强度有图 11.3 所示的偏序关系。所谓锁的强度，是指它对其他锁的排斥程度。一个事务在申请封锁时以强锁代替弱锁是安全的，反之则不然。

T_1 \ T_2	S锁	X锁	IS锁	IX锁	SIX锁	—
S锁	Y	N	Y	N	N	Y
X锁	N	N	N	N	N	Y
IS锁	Y	N	Y	Y	Y	Y
IX锁	N	N	Y	Y	N	Y
SIX锁	N	N	Y	N	N	Y
—	Y	Y	Y	Y	Y	Y

Y=Yes，表示相容的请求　　N=No，表示不相容的请求

图 11.2　锁的相容矩阵

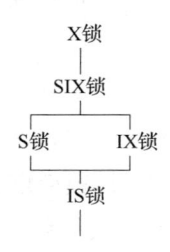

图 11.3　锁的强度的偏序关系

在具有意向锁的多粒度封锁方法中，任意事务 T 要对一个数据对象加锁，必须先对它的上层节点加意向锁。申请封锁时应该按自上而下的次序进行，释放封锁时应该按自下而上的次序进行。

11.3.2 封锁粒度

封锁对象的大小称为封锁粒度。封锁对象可以是逻辑单元，也可以是物理单元。以关系数据库为例，封锁对象可以是数据库、关系、元组、属性值、属性值的集合、索引项、整个索引等逻辑单元，也可以是页（数据页或索引页）、物理记录等物理单元。

封锁粒度与系统的并发度和并发控制的开销密切相关。封锁粒度越大，数据库所能封锁的数据单元越少，并发度越小，系统开销越小；反之，封锁粒度越小，并发度越大，系统开销越大。

例如，如果封锁粒度是数据页，事务 T_1 要修改元组 L_1，则事务 T_1 申请对包含 L_1 的整个数据页 A 加锁。如果在事务 T_1 对 A 加锁后，事务 T_2 要修改 A 中的元组 L_2，则事务 T_2 只能等待，直到事务 T_1 释放 A 上的锁。如果封锁粒度是元组，则事务 T_1 和 T_2 可以同时对元组 L_1 和 L_2 加锁，不需要互相等待，从而提高了系统的并行度。又如，当事务 T 需要读取整个表时，如果封锁粒度是元组，则事务 T 必须对表中的每个元组加锁，开销较大。

11.3.3 多粒度封锁

多粒度封锁是指在同一系统中同时支持多种不同粒度供不同事务选择。选择封锁粒度时要同时考虑封锁开销和并发度两个因素，以达到最优的效果。一般来说，需要处理某个关系的大量元组的事务可以以关系作为封锁粒度；需要处理多个关系的大量元组的事务可以以数据库作为封锁粒度；而对于一个处理少量元组的用户事务，可以以元组作为封锁粒度。

1. 粒度树

多级封锁粒度通常以树形结构来表示，如图 11.4 所示。树的根节点是整个数据库，表示最大粒度，叶节点是最小粒度。

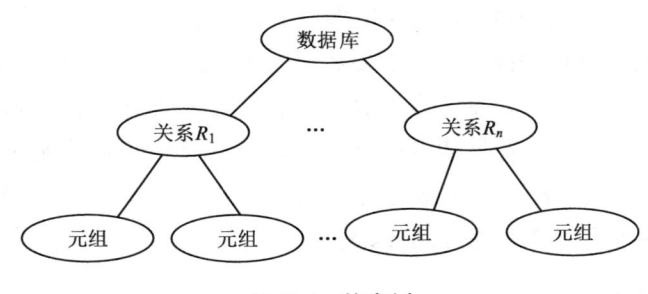

图 11.4 粒度树

2. 多粒度封锁协议

多粒度封锁协议允许多粒度树中的每个节点都被独立地加锁。如果一个节点被加锁，则其子节点都会被加锁。

显式封锁：直接加上数据对象上的锁。

隐式封锁：由于其上级节点被加锁而使该数据对象被加锁。

系统在检查封锁冲突时，既要检查显式封锁，又要检查隐式封锁。具体来说，当系统要对某个数据对象加锁时，系统应按以下顺序进行。

（1）检查该数据对象上有无显式封锁与之冲突。

（2）检查该数据对象所有上级节点：检查本事务的显式封锁是否与该数据对象的上级隐式封锁冲突。

（3）检查该数据对象所有下级节点：检查本事务的显式封锁是否与该数据对象的下级隐式封锁冲突。

3. 多粒度封锁协议的改进

由于多粒度封锁协议要进行三次冲突检查，封锁效率很低，因此人们引入了意向锁机制来解决此问题，即在对粒度树任意节点加锁时，必须先对其上级节点加意向锁。例如，对任意元组加锁时，必须先对其所在的数据库和关系加意向锁。申请封锁时按自上而下的次序进行，释放封锁时，按自下而上的次序进行，就不需要进行三次冲突检查了。

11.4 封锁协议

封锁的目的是保证能够正确地调度并发控制，为此，在运用 X 锁和 S 锁对数据对象加锁时，还需要约定一些规则。例如，何时申请 X 锁或 S 锁、持锁时间多久、何时释放等。这些规则称为封锁协议。不同的封锁方式约定不同的规则，从而形成了不同的封锁协议。

1. 一级封锁协议

一级封锁协议是指事务 T 在修改数据 R 之前必须先对其加 X 锁，直到事务结束才释放 X 锁。事务结束包括正常结束（COMMIT）和非正常结束（ROLLBACK）。

一级封锁协议可防止丢失修改，并保证事务 T 是可恢复的。在一级封锁协议中，如果仅仅只是读数据而不对其进行修改，是不需要加锁的，所以它不能保证可重复读和不读"脏"数据。例如，图 11.5（a）中，事务 T_1 在对 A 进行修改之前先对 A 加 X 锁，当事务 T_2 再请求对 A 加 X 锁时被拒绝，事务 T_2 只能等待事务 T_1 释放 A 上的锁后才能获得对 A 的 X 锁，这时事务 T_2 读到的 A 已经是事务 T_1 更新过的值 15，按此新的 A 值进行运算，并将结果值 $A=14$ 写回磁盘。这样就避免了丢失事务 T_1 的修改。

2. 二级封锁协议

二级封锁协议在一级封锁协议的基础上增加规则：事务 T 在读取数据 R 之前必须先对 R 加 S 锁，读完后即可释放 S 锁。二级封锁协议除了可以防止丢失修改，还可以进一步防止读

"脏"数据的情况。例如,图 11.5(b)中,事务 T_1 在对 C 进行修改之前,先对 C 加 X 锁,然后读取 C=100,并进行修改,最后将修改后的值 C=200 写回磁盘。这时事务 T_2 请求在 C 上加 S 锁,但由于事务 T_1 已在 C 上加了 X 锁,事务 T_2 只能等待。在此期间,事务 T_1 因某种原因被撤销,C 恢复为原值 100,事务 T_1 释放 C 上的 X 锁,事务 T_2 获得 C 上的 S 锁,读取到 C=100。这样就避免了事务 T_2 读到事务 T_1 撤销前的"脏"数据 200。

二级封锁协议虽然可以有效防止读到"脏"数据,但由于读完数据后即可释放 S 锁,所以它不能保证可重复读。

3. 三级封锁协议

三级封锁协议在一级封锁协议的基础上增加更多规则:事务 T 在读取数据 R 之前必须先对 R 加 S 锁,直到事务结束才释放 S 锁。与二级封锁协议相比,三级封锁协议读完数据后不是马上释放 S 锁,而是要等到事务结束才释放,这样的规则使三级封锁协议除了可以防止丢失修改和读"脏"数据,还进一步防止了不可重复读。

例如,图 11.5(c)中,事务 T_1 在读 A、B 之前,先对 A、B 加 S 锁,这样其他事务只能再对 A、B 加 S 锁,而不能加 X 锁,即其他事务只能读 A、B,而不能修改。所以当事务 T_2 想要修改 B 时,申请对 B 加 X 锁被拒绝,只能等待事务 T_1 释放 B 上的 S 锁。事务 T_1 为验证计算结果再读 A、B,这时读出的仍是 B=100,求和结果仍为 150,即可重复读。当事务 T_1 结束并释放 A、B 上的 S 锁时,事务 T_2 才能获得对 B 的 X 锁。

T_1	T_2
Xlock A	
R(A)=16	
	Xlock A
A=A-1	等待
W(A)=15	等待
COMMIT	等待
Unlock A	等待
	获得Xlock A
	R(A)=15
	A=A-1
	W(A)=14
	COMMIT
	Unlock A

(a)没有丢失修改

T_1	T_2
Xlock C	
R(C)=100	
C=C×2	
W(C)=200	
	Slock C
	等待
ROLLBACK	等待
(C恢复为100)	等待
Unlock C	等待
	获得Slock C
	R(C)=100
	COMMIT
	Unlock C

(b)不读"脏"数据

T_1	T_2
Slock A	
Slock B	
R(A)=50	
R(B)=100	
A+B=150	
	Xlock B
	等待
R(A)=50	等待
R(B)=100	等待
A+B=150	等待
COMMIT	等待
Unlock A	等待
Unlock B	等待
	获得Xlock B
	R(B)=100 B=
	B×2
	W(B)=200
	COMMIT
	Unlock B

(c)可重复读

图 11.5 使用封锁协议解决三种数据不一致性的示例

表 11.1 中还指出了在封锁协议中,不同级别的封锁协议使事务达到的一致性程度是不同的,封锁协议级别越高,一致性程度越高。

表 11.1　不同级别的封锁协议和一致性保证

封锁协议	X 锁 操作结束释放	X 锁 事务结束释放	S 锁 操作结束释放	S 锁 事务结束释放	没有丢失修改	不读"脏"数据	可重复读
一级封锁协议		√			√		
二级封锁协议		√	√		√	√	
三级封锁协议		√		√	√	√	√

三级封锁协议分别在不同程度上解决了数据库中丢失修改、读"脏"数据和不可重复读等不一致性问题。

11.5　活锁与死锁

11.5.1　活锁

如果事务 T_1 封锁了数据 R，事务 T_2 又请求封锁 R，于是事务 T_2 等待事务 T_1 释放锁；若此时事务 T_3 也请求封锁 R，当事务 T_1 释放了 R 上的封锁之后系统首先批准了事务 T_3 的请求，事务 T_2 只好继续等待，然后事务 T_4 又请求封锁 R，在事务 T_3 释放了 R 上的封锁之后系统又批准了事务 T_4 的请求，事务 T_2 又继续等待……，事务 T_2 有可能一直等待下去，这就是活锁，如图 11.6（a）所示。

避免活锁的方法是采用先来先服务的策略。当多个事务请求封锁同一数据对象时，封锁子系统按请求封锁的先后次序对事务排队，在数据对象上的锁释放后批准申请队列中第一个事务获得锁。

11.5.2　死锁

死锁是指多个事务分别锁定了一个资源，并试图请求锁定对方已经锁定的资源。这就产生了一个锁定请求环，导致多个事务都处于等待对方释放所锁定资源的状态。例如，事务 T_1 锁定了数据 R_1，事务 T_2 锁定了数据 R_2，事务 T_1 又请求锁定 R_2，而 R_2 已被事务 T_2 锁定，于是事务 T_1 只能等待事务 T_2 释放 R_2 上的锁；但此时事务 T_2 又请求锁定 R_1，而 R_1 已被事务 T_1 锁定，于是事务 T_2 也只能等待事务 T_1 释放 R_1 上的锁。这样就出现了事务 T_1 等待事务 T_2 释放 R_2 上的锁，而事务 T_2 又在等待事务 T_1 释放 R_1 上的锁的局面，事务 T_1 和 T_2 双方都在等待对方释放锁，永远不能结束，这就形成了死锁，如图 11.6（b）所示。

T_1	T_2	T_3	T_4
Lock R			
	Lock R	Lock R	
	等待		
Unlock R	等待		Lock R
	等待	Lock R	等待
	等待		等待
	等待	Unlock R	等待
	等待		等待
	等待		Lock R
	等待		
	等待		

（a）活锁

T_1	T_2
Lock R_1	
	Lock R_2
Lock R_2	
等待	
等待	Lock R_1
等待	等待
等待	等待
等待	等待

（b）死锁

图 11.6 活锁与死锁示例

目前在数据库中解决死锁问题的方法主要有两类：一类是采取一定措施来预防死锁的发生；另一类是允许发生死锁，并定期诊断系统中有无死锁，若有则解除。

1．死锁的预防

在数据库中，产生死锁的原因是两个或多个事务都已封锁了一些数据对象，并且都请求对已被其他事务封锁的数据对象加锁，从而出现了死等待。防止死锁的发生其实就是要破坏产生死锁的条件。预防死锁通常有以下两种方法。

1）一次封锁法

一次封锁法要求每个事务都必须一次将所有要使用的数据全部加锁，否则就不能继续执行。在图 11.6（b）所示的例子中，如果事务 T_1 将数据对象 R_1 和 R_2 一次加锁，事务 T_1 就可以执行下去，而事务 T_2 只能等待，在事务 T_1 执行完后释放 R_1、R_2 上的锁，事务 T_2 才能继续执行。这样就避免了死锁。

2）顺序封锁法

顺序封锁法是预先对数据对象规定一个封锁顺序，所有事务都按这个顺序实施封锁。例如，在 B 树结构的索引中，可规定封锁的顺序必须从根节点开始，之后是下一级的子节点，逐级封锁。

2．死锁的诊断与解除

数据库系统中一般使用超时法或事务等待图法来诊断死锁。

1）超时法

如果一个事务的等待时间超过了规定的时限，则认为发生了死锁。超时法有可能会造成死锁的误判，如事务由于其他原因而使等待时间超过时限，系统会误认为发生了死锁。

2）事务等待图法

事务等待图是一个有向图 $G=(T,U)$，T 为节点的集合，每个节点表示正在运行的事务；U 为边的集合，每条边表示事务等待的情况。若事务 T_1 等待事务 T_2，则在事务 T_1、T_2 之间画一条有向边，从事务 T_1 指向事务 T_2。

事务等待图动态地反映了所有事务的等待情况。并发控制子系统会周期性地生成事务等待图，并进行检测。如果事务等待图中存在回路，则表示系统中发生了死锁。图 11.7（a）表示事务 T_1 等待事务 T_2，事务 T_2 又等待事务 T_1，从而产生了死锁。图 11.7（b）表示事务 T_2 等待事务 T_1，事务 T_1 等待事务 T_4，事务 T_4 等待事务 T_3，事务 T_3 又等待事务 T_2，从而产生了死锁。图 11.7（b）中，事务 T_1 等待事务 T_2，事务 T_2 等待事务 T_1，在大回路中又有小回路。

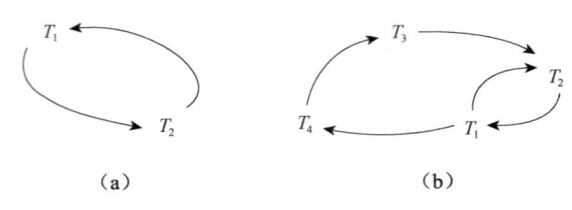

图 11.7 事务等待图

数据库管理系统的并发控制子系统一旦检测到系统中存在死锁，通常采用的方法是选择一个处理死锁代价最小的事务，强制将其撤销，释放此事务持有的所有锁，使得其他事务能继续运行下去，并对撤销的事务所执行的修改操作进行恢复。

11.6 并发调度可串行性

1. 可串行化调度

多个事务的并发执行是正确的，当且仅当其结果与按某一次序串行地执行这些事务时得到的结果相同时，称这种调度策略为可串行化调度。

可串行性是并发事务正确调度的准则。对于一个给定的并发调度，当且仅当它是可串行化调度时，则认为是正确的调度。

[**例** 11.1] 现有两个事务，分别包含下列操作。

事务 T_1：读 B，$A=B+1$，写回 A。

事务 T_2：读 A，$B=A+1$，写回 B。

假设 A、B 的初值均为 5，按 $T_1 \to T_2$ 次序执行结果为 $A=6$，$B=7$；按 $T_2 \to T_1$ 次序执行结果为 $B=6$，$A=7$，两种次序执行结果不相同。

图 11.8 给出了对这两个事务不同的调度策略。其中，图 11.8（a）和图 11.8（b）所示为两种不同的串行调度策略，虽然执行结果不同，但它们都是正确的调度，图 11.8（a）的执行结果是 $A=6$，$B=7$，图 11.8（b）的执行结果是 $A=7$，$B=6$；图 11.8（c）的执行结果是 $A=6$，

$B=6$，与图 11.8（a）和图 11.8（b）的执行结果都不同，所以是错误的调度；图 11.8（d）的执行结果与图 11.8（a）的执行结果相同，所以也是正确的调度，因此，图 11.8（d）所示的调度策略为可串行化调度。

T_1	T_2
Slock B	
$X=R(B)=5$	
Unlock B	
Xlock A	
$A=X+1=6$	
$W(A)$	
Unlock A	
	Slock A
	$Y=R(A)=6$
	Unlock A
	Xlock B
	$B=Y+1=7$
	$W(B)$
	Unlock B

（a）串行调度 1

T_1	T_2
	Slock A
	$Y=R(A)=5$
	Unlock A
	Xlock B
	$B=Y+1=6$
	$W(B)$
	Unlock B
Slock B	
$X=R(B)=6$	
Unlock B	
Xlock A	
$A=X+1=7$	
$W(A)$	
Unlock A	

（b）串行调度 2

T_1	T_2
Slock B	
$X=R(B)=5$	
	Slock A
	$Y=R(A)=5$
Unlock B	
	Unlock A
Xlock A	
$A=X+1=6$	
$W(A)$	
	Xlock B
	$B=Y+1=6$
	$W(B)$
Unlock A	
	Unlock B

（c）不可串行化调度

T_1	T_2
Slock B	
$X=R(B)=5$	
Unlock B	
Xlock A	
	Slock A
$A=X+1=6$	等待
$W(A)$	等待
Unlock A	等待
	$Y=R(A)=6$
	Unlock A
	Xlock B
	$B=Y+1=7$
	$W(B)$
	Unlock B

（d）可串行化调度

图 11.8　并发事务的不同调度

2．冲突可串行化调度

冲突操作是指不同事务对同一数据的读-写操作和写-写操作，除此之外，其他操作是不冲突操作。下面用 $R_i(X)$ 表示事务 T_i 读 X，$W_j(X)$ 表示事务 T_j 写 X；用 $W_i(X)$ 与 $W_j(X)$ 分别表示事务 T_i 写 X 和事务 T_j 写 X，其中，$i \neq j$。

不同事务的冲突操作和同一事务的两个操作是不能交换的。若改变冲突操作的次序，则会直接影响数据库中的值。

一个调度 S 在保证冲突操作的次序不变的情况下，通过交换两个事务不冲突操作的次序得到另一个调度 S'，若 S' 是串行的，则称调度 S 为冲突可串行化调度。若一个调度是冲突可串行化调度，则其一定是可串行化调度。

［例 11.2］设有调度 $S_1 = R_3(B)R_1(A)W_3(B)R_2(B)R_2(A)W_2(B)R_1(B)W_1(A)$

由于 $R_1(A)$ 与 $W_3(B)$ 操作不冲突，可以把 $R_1(A)$ 与 $W_3(B)$ 交换，得到：

$S_1' = R_3(B)W_3(B)R_1(A)R_2(B)R_2(A)W_2(B)R_1(B)W_1(A)$

再把 $R_1(A)$ 与 $R_2(B)R_2(A)W_2(B)$ 交换，得到：

$S_2 = R_3(B)W_3(B)R_2(B)R_2(A)W_2(B)R_1(A)R_1(B)W_1(A)$

令 $T_1 = R_1(A)R_1(B)W_1(A)$，$T_2 = R_2(B)R_2(A)W_2(B)$，$T_3 = R_3(B)W_3(B)$，则 S_2 等价于 $T_3 \to T_2 \to T_1$ 串行执行，所以 S_1 为冲突可串行化调度。

应该指出的是，冲突可串行化调度是可串行化调度的充分条件，不是必要条件。还存在不满足冲突可串行化条件的可串行化调度。

[例 11.3] 有三个事务 $T_1=W_1(X)W_1(Y)$，$T_2=W_2(X)W_2(Y)$，$T_3=W_3(Y)$。

调度 $S_1=W_1(X)W_1(Y)W_2(X)W_2(Y)W_3(Y)$ 等价于 $T_1 \to T_2 \to T_3$ 串行执行，因此，S_1 是一个串行调度。

调度 $S_2=W_1(X)W_2(X)W_2(Y)W_1(Y)W_3(Y)$ 不满足冲突可串行化条件。但是调度 S_2 是可串行化调度。

因为根据 S_1 和 S_2 的调度顺序可以看出，二者执行的结果相同，对 X 的操作最后都是 $W_2(X)$，X 的值都等于 T_2 的值；对 Y 的操作最后都是 $W_3(Y)$，Y 的值都等于 T_3 的值。

11.7 两段锁协议

为了保证并发调度的正确性，数据库管理系统的并发控制机制要保证调度是可串行化的。目前数据库管理系统普遍采用两段锁协议的方法实现并发调度可串行性，从而保证调度的正确性。

所谓两段锁协议，是指所有事务必须分两个阶段对数据项加锁和解锁。同一事务对任何数据进行读写操作之前必须对该数据加锁；在释放一个封锁之后，该事务不再申请和获得任何其他封锁。

事务分为两个阶段：第一阶段是获得封锁阶段，也称为扩展阶段，在这个阶段，事务可以申请获得任何数据项上的任何类型的锁，但是不能释放任何锁；第二阶段是释放封锁阶段，也称为收缩阶段，在这个阶段，事务可以释放任何数据项上的任何类型的锁，但是不能申请任何锁。

例如，T_1：Slock A Slock B Xlock C Unlock B Unlock A Unlock C。

T_2：Slock A Unlock A Slock B Xlock C Unlock C Unlock B。

事务 T_1 遵守两段锁协议，事务 T_2 封锁和释放封锁交替进行，不遵守两段锁协议。若并发执行的所有事务均遵守两段锁协议，则对这些事务的任何并发调度策略都是可串行化的。

例如，图 11.9 所示的调度是遵守两段锁协议的，因此该调度一定是一个可串行化调度。忽略图 11.9 中的加锁操作和解锁操作，按时间的先后次序得到了如下的调度：

$$S_1=R_1(A)R_2(C)W_1(A)W_2(C)R_1(B)W_1(B)R_2(A)W_2(A)$$

通过交换两个不冲突操作的次序（先把 $R_2(C)$ 与 $W_1(A)$ 交换，再把 $R_1(B)W_1(B)$ 与 $R_2(C)W_2(C)$ 交换），可得到 $S_2=R_1(A)W_1(A)R_1(B)W_1(B)R_2(C)W_2(C)R_2(A)W_2(A)$，因此 S_1 是一个可串行化调度。

T_1	T_2
Slock A	
$R(A)=200$	
	Slock C
	$R(C)=300$
Xlock A	
$W(A)=100$	
	Xlock C
	$W(C)=200$
	Slock A
Slock B	等待
$R(B)=500$	等待
Xlock B	等待
$W(B)=1000$	等待
Unlock A	等待
	$R(A)=100$
Unlock B	Xlock A
	$W(A)=150$
	Unlock C

图 11.9 遵守两段锁协议的可串行化调度

需要说明的是，事务遵守两段锁协议是可串行化调度的充分条件，而不是必要条件。也就是说，若并发事务都遵守两段锁协议，则对这些事务的任何并发调度策略都是可串行化的；但是，若并发事务的一个调度是可串行化的，不一定所有事务都遵守两段锁协议。例如，图 11.8（d）所示为可串行化调度，但事务 T_1 和 T_2 不遵守两段锁协议。

另外，要注意两段锁协议和防止死锁的一次封锁法的异同之处。一次封锁法要求每个事务必须一次将所有要使用的数据加锁，否则就不能继续执行。因此一次封锁法遵守两段锁协议；但是两段锁协议并不要求事务必须一次将所有要使用的数据加锁，因此遵守两段锁协议的事务可能发生死锁，如图 11.10 所示。

T_1	T_2
Slock B	
$R(B)=20$	
	Slock A
	$R(A)=10$
Xlock A	
等待	Xlock B
等待	等待

图 11.10 遵守两段锁协议的事务

习题

1. 事务的 4 个特性是什么？
2. 数据库为什么要进行并发控制？
3. 并发操作可能会产生哪几类数据不一致？
4. 什么是封锁？基本的封锁类型有几种？试述它们的含义。
5. 简述活锁的概念及解决方法。
6. 简述死锁的概念及解决办法。
7. 什么样的并发调度是正确的调度？
8. 简述两段锁协议。
9. 设有两个事务的一个调度：

$$S_1 = R_1(A)W_1(A)R_2(A)W_2(A)R_1(B)W_1(B)R_2(B)W_2(B)$$

该调度是冲突可串行化调度吗？为什么？

第 12 章

数据库恢复技术

学习目标

- 掌握数据库恢复的基本思想和故障的种类。
- 掌握恢复技术和策略。
- 掌握具有检查点的恢复技术。
- 理解数据库镜像。

学习重点

- 数据库恢复的基本思想。
- 恢复技术的实现。
- 具有检查点的恢复技术。

思政导学

- **关键词**：数据库恢复、故障、数据转储、检查点。
- **内容要意**：在数据库系统应用过程中，人为误操作或破坏、系统故障及软硬件的损坏等原因，可能导致重要数据的丢失，给企业和个人带来巨大损失，因此需要进行数据库的定期备份和恢复。建立备份常用的方法是数据转储和日志文件。当故障发生时，可以利用数据备份和日志文件采用具有检查点的恢复技术和数据库镜像技术将数据库恢复到故障发生前的某个一致性状态。
- **思政点拨**：结合具体实例，通过讲解故障的类型，以及数据库定期备份和恢复技术，使学生认识到要提高工作可靠性和工作质量，必须有忧患意识，做好定期备份，一旦发生意外，能根据具体情况进行分析判断，并能应用科学的数据库恢复技术进行恢复，保证数据的正确性和一致性。

✓ 思政目标：通过讲解数据库故障产生的影响，以及恢复技术和策略，培养学生的忧患意识，使学生养成提高工作可靠性和提升工作质量的好习惯。

12.1 故障的种类

尽管在数据库管理系统中采取了许多措施来保证数据库的安全性和完整性，但是计算机系统中硬件的故障、软件的错误、操作员的失误、人为恶意破坏、病毒攻击及自然界不可抗力仍是不可避免的，这些故障轻则造成运行事务非正常中断，影响数据库中数据的正确性，重则破坏数据库，使数据库中的数据部分甚至全部丢失。数据库系统中可能发生各种各样的故障，大致可以分以下几类。

1. 事务内部的故障

事务内部的故障有的是事务在执行过程中发生的故障，有的是非预期的故障，不能由事务程序处理。

例如，下面是自动取款机的取钱事务：

```
BEGIN TRANSACTION
    读用户的账户余额 BALANCE；
BALANCE=BALANCE-AMOUNT；        /*扣款，AMOUNT 为取款金额*/
    IF(BALANCE<0)THEN
{打印'余额不足，不能取款'；       /*事务内部造成事务被回滚的情况*/
    ROLLBACK；}                  /*撤销扣款，恢复事务*/
        ELSE
{检查现金余额 CASH
CASH=CASH - AMOUNT；
    IF(CASH<0)THEN
        {打印'现金不足，不能取款'； /*事务内部造成事务被回滚的情况*/
            ROLLBACK；   }       /*撤销扣款，恢复事务*/
        ELSE
        机器吐钞,取出现金；
COMMIT；}
```

这个例子中机器扣款和吐钞两个操作要么全部完成，要么全部不做，否则就会使数据库处于不一致性状态。例如，可能出现只把用户的钱扣了，但机器没有吐钞，用户没有取到现金的情况。

在这个事务执行过程中，若出现账户余额不足的情况，通过应用程序可以发现并让事务回滚，撤销已做的修改，恢复数据库到正确状态。

但在现实中，事务内部更多的故障是非预期的，是不能由应用程序处理的，如运算溢出、并发事务发生死锁时而被选中撤销该事务、违反了某些完整性约束而被强制终止等。本章后面内容中，事务故障都指这类并非预期的故障。

事务故障意味着事务没有达到预期的终点（COMMIT 或者显式的 ROLLBACK），而导致数据库可能处于不正确状态。恢复程序要在不影响其他事务运行的情况下，回滚该事务，撤销该事务已经做出的任何对数据库的修改，消除该事务对数据产生的影响。这类恢复操作称为事务撤销。

2．系统故障

系统故障是指造成系统停止运转的任何事件，使得系统要重新启动。例如，特定类型的硬件错误（CPU/内存故障）、操作系统故障、数据库管理系统代码错误、系统断电等。这类故障影响正在运行的所有事务，但不破坏数据库。此时主存内容，尤其是数据库缓冲区（在内存）中的内容丢失，所有运行事务都非正常终止。发生系统故障时，一些尚未完成的事务的结果可能已写入物理数据库，造成数据库可能处于不正确状态。为保证数据一致性，需要清除这些事务对数据库的所有修改。

恢复子系统必须在系统重新启动时让所有非正常终止的事务回滚，强行撤销所有未完成的事务。

发生系统故障时，有些已完成的事务可能有一部分甚至全部留在缓冲区，但尚未写入磁盘上的物理数据库，造成这些事务对数据库的修改部分或全部丢失，这也会使数据库处于不一致性状态，因此，需要将事务已提交的结果重新写入数据库。

因此，系统重新启动后，恢复子系统除需要撤销（UNDO）所有未完成的事务外，还需要重做（REDO）所有已提交的事务，以将数据库真正恢复到一致性状态。

3．介质故障

介质故障主要指外存故障，如磁盘损坏、磁头碰撞、瞬时强磁场干扰等。这类故障会破坏数据库，造成数据全部或部分丢失，影响正在存取这部分数据的所有事务。这类故障比前两类故障发生的可能性小得多，但破坏性最大。

4．计算机病毒

计算机病毒是一种人为的故障或破坏，是一种可以自我复制和快速传播的恶意计算机程序，可以造成计算机系统中的文件和数据库中的数据被破坏。

计算机病毒的种类很多，小的病毒只有 20 条指令，不到 50 字节。大的病毒有上万条指令。不同计算机病毒表现特征不同，有的病毒传播很快，一旦侵入系统就马上摧毁系统；有的病毒长期潜伏在计算机系统中，计算机系统在被感染后数天或数月才开始"发病"；有的病毒感染计算机系统所有的程序和数据；有的病毒只对某些特定的程序和数据感兴趣，比如它们可能只在数据库或其他数据文件中将小数点向左或向右移一两位，增加或删除一两个"0"，从而导致系统运行不正常。

计算机病毒已成为计算机系统的主要威胁，自然也是数据库系统的主要威胁。由于不断有新的计算机病毒被制造出来，因此还不存在任何一种病毒防护软件能够预防所有病毒，数据库一旦被破坏，仍然要用恢复技术来恢复数据库。

总之，各类故障对数据库的影响有两种可能：一是数据库遭到破坏；二是数据库虽然没有被破坏，但是由于某些运行的事务被非正常终止，造成数据库中的数据可能不正确。

恢复的基本原理就是备份。也就是说，数据库中任何一部分被破坏或数据不正确时，可以根据存储在系统别处备份的冗余数据来重建数据库。恢复的基本原理虽然很简单，但是在具体实现过程中，许多细节却相当复杂，下面来介绍恢复技术的实现。

12.2 恢复技术的实现

数据库管理系统必须具有把数据库从错误状态恢复到某一已知的正确状态（也称为一致性状态或完整状态）的功能，这就是数据库恢复。数据库恢复是数据库管理系统的一个重要组成部分，也是衡量数据库可靠性的一个重要指标。

数据库恢复的主要途径就是备份和还原。因此，制定一个良好的备份还原策略，定期将数据库进行备份，以便在事故发生后能够将数据库恢复到故障发生前的状态是非常重要的。数据库恢复技术主要涉及两个问题：一是建立备份数据；二是利用备份数据来恢复数据库。

建立备份数据最常用的方法就是数据转储和日志文件。通常这两种方法一起结合使用。

1. 数据转储

所谓数据转储，就是数据库管理员定期地将整个数据库复制到其他存储介质上保存起来的过程。这些备用的数据称为后备副本或后援副本。

当数据库遭到破坏后，可以将后备副本重新装入数据库管理系统，但此时只能将数据库恢复到转储时的状态，要想恢复到故障发生时的状态，还必须重新执行转储以后的所有更新事务。

例如，在图 12.1 中，系统在 T_1 时刻停止运行所有事务，并开始进行数据库转储，在 T_2 时刻转储完毕，得到 T_2 时刻的数据库一致性副本。系统继续运行，在 T_f 时刻发生故障。

恢复策略：首先由数据库管理员重装数据库后备副本，将数据库恢复到 T_1 时刻的状态，然后重新运行 $T_2 \sim T_f$ 时刻的所有更新事务，这样就能把数据库恢复到故障发生前的一致性状态。

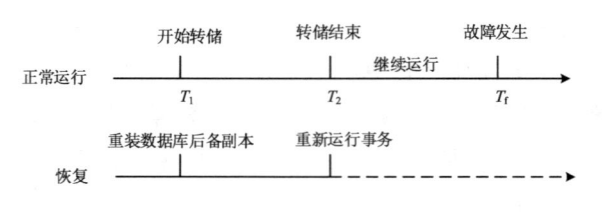

图 12.1 转储和恢复

原理虽然简单，但在实际实施过程中，转储是十分耗费时间和资源的，不能频繁进行。数据库管理员应根据数据库实际使用情况来确定一个适当的转储周期。

数据转储可分为静态转储和动态转储。

静态转储是在系统中无运行事务时进行的转储操作，转储开始的时刻数据库处于一致性状态，转储期间不能对数据库执行任何存取或修改操作。这样才能得到一个数据一致性的副本。

静态转储虽然简单，但是在转储期间不允许有任何事务运行，也就是说，转储过程必须等到所有运行的事务结束之后才能进行，新的事务也必须等到转储结束才能执行。因此，静态转储会降低数据库的使用效率。

动态转储允许转储期间对数据库进行存取或修改，转储和事务可以并发执行。显然动态转储可以克服静态转储的缺点，提高数据库系统的使用效率，不用等待正在运行的事务结束，也不会影响新事务的运行。

但是，并不能保证动态转储结束时的后备副本上的数据都是正确的。例如，系统在转储期间的 T_1 时刻，把数据 M=10 转储到磁盘上，而在下一时刻 T_2，某一事务把数据 M 修改为 30。转储结束后，后备副本上的数据 M 的值（10）已是过时的数据了，如果用这个值来恢复数据库，将会产生错误。

因此，必须把转储期间各事务对数据库的修改内容记录下来，建立日志文件。这样，后备副本加上日志文件就能把数据库恢复到某一时刻的正确状态。

转储分为全量转储和增量转储两种方式。全量转储每次都转储数据库中的全部数据，增量转储则每次只转储自上一次转储之后更新过的数据。从恢复角度看，使用全量转储得到的后备副本进行恢复会更方便些。但是对于大型数据库而言，全量转储需要花费较长的时间和大量的磁盘存储空间，采用增量转储会更实用、更有效。

数据转储方法可以分为 4 类：动态全量转储、动态增量转储、静态全量转储和静态增量转储，如表 12.1 所示。

表 12.1 数据转储方法分类

转储方式	转储状态	
	动态转储	静态转储
全量转储	动态全量转储	静态全量转储
增量转储	动态增量转储	静态增量转储

2．日志文件

1）日志文件的格式和内容

日志文件是用来记录事务对数据库的更新操作的文件。不同数据库系统采用的日志文件格式并不完全一样。概括起来日志文件主要有两种格式：以记录为单位的日志文件和以数据块为单位的日志文件。

以记录为单位的日志文件的内容包括：

- 各个事务的开始（BEGIN TRANSACTION）标记。

- 各个事务的结束（COMMIT 或 ROLLBACK）标记。
- 各个事务的所有更新操作。

每个事务的开始标记、结束标记和更新操作均作为日志文件中的一条日志记录。

每条日志记录的内容主要包括：

- 事务标识（标明是哪个事务）。
- 操作的类型（插入、删除或修改）。
- 操作对象（记录内部标识）。
- 更新前数据的旧值（对插入操作而言，此项为空值）。
- 更新后数据的新值（对删除操作而言，此项为空值）。

对于以数据块为单位的日志文件，其日志记录的内容包括事务标识和被更新的数据块。由于将更新前的整个块和更新后的整个块都要放入日志文件中，因此操作类型和操作对象等信息就不用在日志中记录了。

2）日志文件的作用

日志文件在数据库恢复中起着非常重要的作用，可以用来进行事务故障恢复和系统故障恢复，并协助后备副本进行介质故障恢复。具体作用如下。

（1）事务故障恢复和系统故障恢复必须用日志文件。

（2）在动态转储中必须建立日志文件，将后备副本和日志文件结合起来才能有效地恢复数据库。

（3）在静态转储中也可以建立日志文件，当数据库毁坏后可重新装入后备副本把数据库恢复到转储结束时刻的正确状态，并利用日志文件把已完成的事务进行重做处理，对故障发生时尚未完成的事务进行撤销处理。这样不必重新运行那些已完成的事务就可以把数据库恢复到故障发生前的某一时刻的正确状态，如图 12.2 所示。

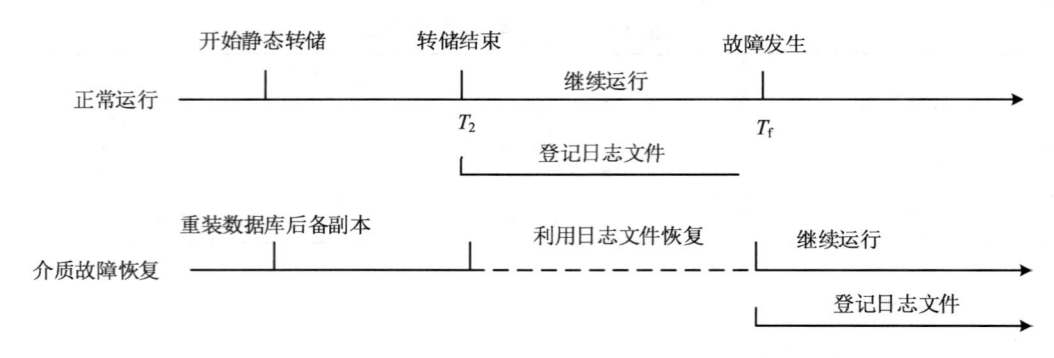

图 12.2　利用日志文件恢复

3）登记日志文件

为保证数据库是可恢复的，登记日志文件时必须遵循以下两条原则。

- 登记的次序严格按并发事务执行的先后时间进行。
- 必须先写日志文件，再写数据库。

把对数据的修改写到数据库中和把修改记录写到日志文件中是两个不同的操作，在这两个操作之间也可能会发生故障，导致这两个写操作只完成了一个。如果先写了数据库修改，而在日志文件中还没有登记这个修改时发生了故障，则以后就无法利用日志文件来恢复这个修改了。如果在故障发生时已经先写了日志文件，还没有修改数据库，则只需要在利用日志文件恢复时再多执行一次撤销操作，而不会影响数据库的正确性。为了安全，一定要先把日志记录写到日志文件中，然后写数据库的修改。这就是"先写日志文件"的原则。

12.3 恢复策略

当系统在运行过程中发生故障时，利用数据库后备副本和日志文件就可以将数据库恢复到故障发生前的某个一致性状态。不同故障的恢复策略和方法也不一样。

1．事务故障的恢复

事务故障是指事务在运行至正常结束前被强行终止。对于事务故障的恢复，可以利用日志文件撤销被终止的事务对数据库进行的修改。事务故障的恢复是由系统自动完成的，对用户是透明的。事务故障的恢复步骤如下。

（1）反向扫描日志文件（从最后向前扫描日志文件），查找该事务的更新操作。

（2）对该事务的更新操作执行逆操作——将日志记录中"更新前的值"写入数据库。

- 若记录中是插入操作，"更新前的值"为空值，则相当于做删除操作。
- 若记录中是删除操作，则做插入操作。
- 若记录中是修改操作，则相当于用修改前的值代替修改后的值。

（3）继续反向扫描日志文件，查找该事务的其他更新操作并做同样处理。

（4）如此处理下去，直至读到该事务的开始标记，事务故障的恢复就结束了。

2．系统故障的恢复

系统在运行过程中因突发故障对数据库造成不一致性状态的情况有以下两种。

（1）还未提交的事务对数据库的更新已写入数据库。

（2）已提交事务对数据库的更新还留在缓冲区，没来得及写入数据库。

因此，系统故障的恢复操作就是：

（1）撤销故障发生时未完成的事务。

（2）重做已完成的事务。

系统故障的恢复是由系统在重新启动时自动完成的，不需要用户干预。系统故障的恢复步骤如下。

（1）正向扫描最近的日志文件（从头扫描日志文件），找出在故障发生前已经提交的事务（这些事务既有 BEGIN TRANSACTION 记录，也有 COMMIT 记录），将这些事务标识记入重做队列（REDO-LIST）。同时找出故障发生时尚未完成的事务（这些事务只有 BEGIN

TRANSACTION 记录，无相应的 COMMIT 记录），将这些事务标识记入撤销队列（UNDO-LIST）。

（2）对撤销队列中的各事务进行撤销处理。

撤销处理的方法是反向扫描日志文件，对每个撤销事务的更新操作执行逆操作，即将日志记录中"更新前的值"写入数据库。

（3）对重做队列中的各事务进行重做处理。

重做处理的方法是：正向扫描日志文件，重新执行每个重做事务，即将日志记录中"更新后的值"写入数据库。

3．介质故障的恢复

发生介质故障后，磁盘上的物理数据和日志文件都可能被损坏，这是最严重的一种故障，恢复方法是首先重新装入最新的数据库后备副本，然后根据日志文件，重做已完成的事务。

（1）装入最新的数据库后备副本（离故障发生时刻最近的转储副本），使数据库恢复到最近一次转储时的一致性状态。

对于动态转储的数据库后备副本，还需同时装入转储期间的日志文件副本，利用系统故障的恢复方法（重做+撤销），将数据库恢复到一致性状态。

（2）装入从转储结束到故障发生前的日志文件副本，重做已完成的事务，即首先扫描日志文件，找出故障发生时已提交的事务的标识，将其记入重做队列；然后正向扫描日志文件，对重做队列中的所有事务进行重做处理（将日志记录中"更新后的值"写入数据库）。

这样就可以将数据库恢复至故障前某一时刻的一致性状态了。

介质故障的恢复需要数据库管理员的介入，数据库管理员首先要重新装入最近转储的数据库后备副本和有关的各日志文件副本，然后执行系统提供的恢复命令即可，具体的恢复操作仍由数据库管理系统的恢复子系统来完成。

12.4 具有检查点的恢复技术

利用日志技术进行数据库恢复时，恢复子系统需要搜索日志，确定哪些事务需要重做，哪些事务需要撤销。但是，如果要检查所有日志记录，搜索整个日志需要耗费大量的时间，而且许多需要重做处理的事务实际上已经更新到数据库中了，恢复子系统又重新执行一遍，会浪费大量时间。为此，可以采用具有检查点（Checkpoint）的恢复技术。这种技术在日志文件中又增加一类新的记录——检查点记录，并增加一个重新开始文件，恢复子系统在记录日志文件期间动态地维护重新开始文件中的内容。

检查点记录的内容包括：
- 建立检查点时刻所有正在执行的事务清单。
- 这些事务最近一个日志记录的位置（地址）。

重新开始文件类似检查点的索引文件，存放着各检查点记录在日志文件中的位置（地址）。图 12.3 说明了建立检查点 C_i 时对应的重新开始文件和日志文件。

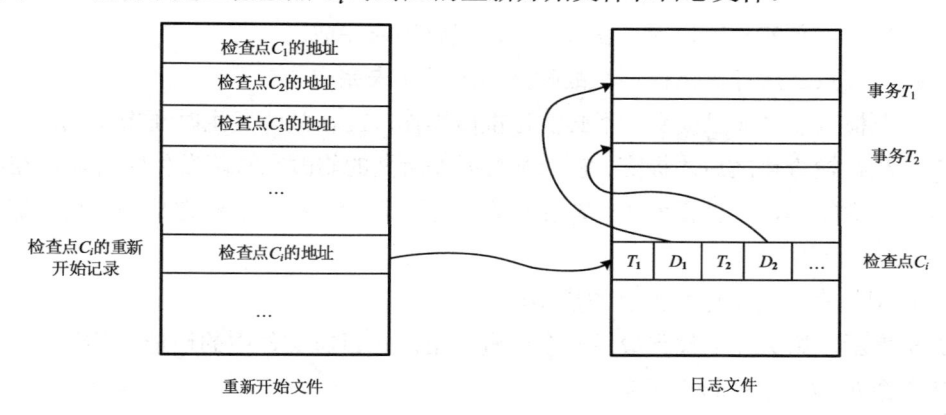

图 12.3　建立检查点 C_i 时对应的重新开始文件和日志文件

要动态维护具有检查点的日志文件就需要周期性地执行建立检查点、保存数据库状态等操作。具体步骤如下。

（1）在建立检查点之前，将当前日志缓冲区中的所有日志记录写入磁盘的日志文件。
（2）在日志文件中写入一个检查点记录。
（3）将当前数据缓冲区中的所有数据记录写入数据库。
（4）将检查点记录在日志文件中的地址写入重新开始文件记录。

恢复子系统可以按照制订的计划建立检查点，保存数据库状态。检查点可以按照预定的一个时间间隔建立，如每隔一小时建立一个检查点，也可以按照某种规则建立，如日志文件已写满一半时建立一个检查点。

利用检查点技术可以提高数据库的恢复效率。当事务 T_i 在一个检查点之前提交时，事务 T_i 对数据库所做的修改已经写入数据库了，在进行恢复处理时，就没有必要再对事务 T_i 执行重做操作了。

发生系统故障时，恢复子系统要根据事务的不同状态采取不同的恢复策略，如图 12.4 所示。

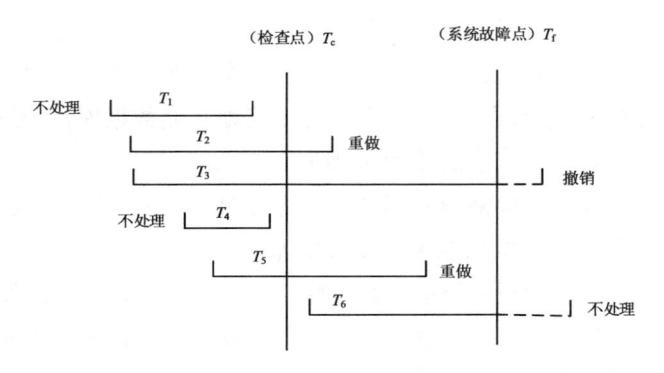

图 12.4　恢复子系统采取的不同策略

T_1、T_4：在检查点之前提交。

T_2、T_5：在检查点之前开始执行，在检查点之后、故障点之前提交。

T_3：在检查点之前开始执行，在故障点出现时还未完成。

T_6：在检查点之后开始执行，在故障点出现时还未完成。

T_1、T_4在检查点之前已提交，不必执行重做操作。T_3在故障发生时还未完成，所以予以撤销；T_2、T_5在检查点之后才提交，它们对数据库所做的修改在故障发生时可能还在缓冲区中，尚未写入数据库，所以要重做；T_6在检查点之后开始执行，不管它是否提交，都没有记录在检查点中，不用处理。

系统使用检查点技术进行恢复的步骤如下。

（1）从重新开始文件中找到最后一个检查点记录在日志文件中的地址，根据该地址在日志文件中找到最后一个检查点记录。

（2）由该检查点记录得到检查点建立时刻所有正在执行的事务清单 ACTIVE-LIST，分别建立以下两个事务队列。

- UNDO-LIST：需要执行撤销操作的事务集合。
- REDO-LIST：需要执行重做操作的事务集合。

最初先把 ACTIVE-LIST 中的所有事务暂存在 UNDO-LIST 中，REDO-LIST 暂为空。

（3）从检查点开始正向扫描日志文件。

① 如果有新开始的事务 T_i，则把 T_i 暂时放入 UNDO-LIST 队列。

② 如果有提交的事务 T_i，则把 T_i 从 UNDO-LIST 中移到 REDO-LIST，直到日志文件结束。

（4）对 UNDO-LIST 中的每个事务执行撤销操作，对 REDO-LIST 中的每个事务执行重做操作。

12.5 数据库镜像

介质故障是最为严重的一种故障，故障发生后，用户应用将全部中断，此时，数据库恢复起来也比较费时。为了应对这种严重的故障，数据库管理员必须周期性地转储数据库，这也加重了数据库管理员的负担。但如果没有及时正确地转储数据库，一旦发生介质故障，数据库就无法恢复到正确状态，将会造成巨大损失。

随着技术的发展，磁盘的价格越来越便宜，磁盘的容量也越来越大。为避免发生磁盘介质故障，可以使用数据库的镜像功能来恢复数据库。

所谓镜像，就是数据库管理系统根据数据库管理员的设定，自动把整个数据库或其中的关键数据复制到另一个磁盘（镜像磁盘）上，每当主数据库更新时，数据库管理系统会自动把更新后的数据复制到镜像磁盘上，这样就保证了镜像数据与主数据库中的数据是一致的，如图 12.5（a）所示。一旦出现介质故障，就可由镜像磁盘来替代故障磁盘继续使用，同时数据库管理系统自动利用镜像磁盘数据进行数据库的恢复，不需要关闭系统和重装数据库副本，如图 12.5（b）所示。此外，在没有出现介质故障时，数据库镜像还可以用于并发操作，即当一个用户对数据加排他锁修改数据时，其他用户可以读镜像数据库上的数据，而不必等待该用户释放锁。

由于数据库镜像是通过复制数据实现的，如果频繁地复制数据会降低系统运行效率，因此在实际应用中，用户一般只选择关键数据和日志文件进行镜像，而不必对整个数据库进行镜像。

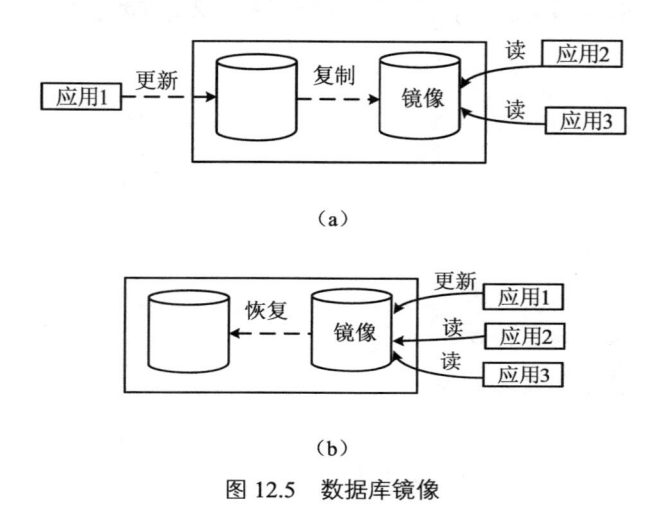

（a）

（b）

图 12.5　数据库镜像

习题

1. 登记日志文件时为什么必须先写日志文件，再写数据库？
2. 简述系统故障恢复的基本过程。
3. 动态转储和静态转储在进行数据库故障恢复时有何区别？
4. 简述在介质故障发生后，利用后备副本和带有检查点的日志恢复数据库的过程。

第 13 章

数据库技术发展概述

学习目标

- ✓ 熟悉数据库技术发展的历史。
- ✓ 了解数据库技术发展的阶段。
- ✓ 熟悉数据库技术发展的特点。
- ✓ 了解数据管理技术的发展趋势。

学习重点

- ✓ 数据库技术发展的阶段。
- ✓ 数据库技术发展的特点。
- ✓ 数据管理技术的发展趋势。

思政导学

✓ **关键词**：数据库技术发展的三个阶段、数据库技术发展的特点及数据管理技术的发展趋势。

✓ **内容要意**：通过介绍数据库技术发展的三个阶段，展示出信息发展的历程，合理引出关系数据库的优势和劣势，一方面反映出数据表在表示和处理问题中的直观性和有效性，另一方面满足数据海量增长且非结构化表示的需求，引入人工智能、数据库安全等特性，扩展学生的视野，鼓励学生在学习中要勇于思考、积极创新、能够发现问题并解决问题。

✓ **思政点拨**：通过介绍数据库技术发展的阶段和特点，引导学生理解网络模型到关系模型的转变，使学生能够在解决实际问题时打开思路；通过介绍数据管理技术的发展趋势及目前存在的问题，引入人工智能、数据挖掘及大数据管理等学科间的关系，引领学生对深度知识的高阶探索和有效获取。

✓ **思政目标：** 通过对现阶段数据库技术及应用中存在的问题的引导，培养学生合理探索、深度分析问题的能力和抽象思维能力，让学生强化职业理想，明确历史责任。

13.1 数据库技术发展历史回顾

数据库技术产生于 20 世纪 60 年代中期，经历了三代演变造就了 C.W Bachman、E.F.Codd、James Gray 和 Michael Stonebraker 4 位图灵奖得主，发展了以数据建模和数据库管理系统核心技术（如物理和逻辑独立性、描述性查询和基于代价的优化等）为主的、内容丰富的一门学科，带动了一个巨大的软件产业，这些技术的进步使第一代智能应用成为可能，并为现在的大数据管理和分析奠定了基础。

数据库技术是计算机科学技术中发展最快的领域之一，也是应用最广的技术之一，它已成为计算机信息系统与智能应用系统的核心技术和重要基础。大数据时代，随着数据量的爆炸式增长，日益变革的新兴业务需求催生数据库及应用系统的各类能力的拓展，推动数据库技术不断向模型拓展、架构解耦的方向演进，与云计算、人工智能、区块链、隐私计算、新型硬件等技术呈现取长补短、不断融合的发展态势，体现在多模数据库实现一库多用、利用统一框架支撑混合负载处理、运用人工智能实现管理自治，提升易用性，降低使用成本；充分利用新兴硬件，与云基础设施深度结合，增强功能，提升性能；利用隐私计算技术助力安全能力提升、区块链数据库辅助数据存证溯源，提升数据可信与安全性。

13.2 数据库技术发展的三个阶段

数据模型是数据库系统的核心和基础。依据数据模型的进展，数据库技术可以相应地分为三个发展阶段，即第一代的网状数据库系统和层次数据库系统，第二代的关系数据库系统，以及新一代的数据库大家族。

13.2.1 第一代数据库系统

层次模型和网状模型都是格式化模型。它们从体系结构、数据库语言到数据存储管理均具有共同特征。

第一代数据库系统有如下两类代表。

（1）1969 年由 IBM 公司研制的层次数据库管理系统 IMS。

（2）美国数据库系统语言研究会（CODASYL）下属的数据库任务组（DBTG）对数据库方法进行了系统的研究和探讨，于 20 世纪 60 年代末—70 年代初提出了该报告，称为 DBTG 报告。DBTG 报告确定并建立了数据库系统的许多概念、方法和技术。DBTG 所提议的方法是基于网状结构的,是网状数据库系统的典型代表。

1. 支持三级模式的体系结构

基于网状结构的关系数据库保证了外模式与模式、模式与内模式之间具有的三级独立性和两层映射结构功能。

2. 用存取路径来表示数据之间的联系

这是数据库系统和文件系统的主要区别之一。数据库不仅存储数据,而且存储数据之间的联系。数据之间的联系在层次数据库系统和网状数据库系统中都是用存取路径来表示和实现的。

3. 独立的数据定义语言

层次数据库系统和网状数据库系统有独立的数据定义语言,用于描述数据库的三级模式及相互映像。各模式一经定义,就很难修改。

4. 导航的数据操作语言

层次数据库系统和网状数据库系统的数据查询和数据操作语言是一次一个记录的导航式的过程化语言。这类语言通常嵌入某一种高级语言,如 COBOL、FORTRAN、C 语言中。导航式数据操作语言的优点是按照预设的路径存取数据,效率高;缺点是编程烦琐,应用程序的可移植性较差,数据的逻辑独立性也较差。

13.2.2 第二代数据库系统

支持关系模型的关系数据库系统是第二代数据库系统。

1970 年,IBM 公司 San Jose 研究室的研究员 E.F.Codd 发表了论文《大型共享数据库数据的关系模型》,提出了数据库的关系模型,开创了数据库关系方法和关系数据理论的研究,为关系数据库技术奠定了理论基础。

20 世纪 70 年代是关系数据库理论研究和原型开发的时代。经过大量高层次的研究和开发取得了以下主要成果。

1. 奠定了关系模型的理论基础

关系模型概念单一,实体间的联系都用关系来表示,以关系代数为依据,数学形式化基础好。

2. 研究了关系数据语言,包括关系代数、关系演算、SQL 及 OBE 等

确立了 SQL 为关系数据库语言标准。不同数据库都使用 SQL 作为共同的数据库语言和标准接口,使不同数据库系统之间的互操作有了共同的基础,为数据库的产业化和广泛应用打下了基础。

3．研制了大量的关系数据库管理系统原型

以 IBM 公司 San Jose 研究室开发的 System R 和 Berkeley 大学研制的 INGRES 为典型代表，攻克了系统实现中查询优化、事务管理、并发控制、故障恢复等一系列关键技术。这不仅大大丰富了数据库管理系统实现技术和数据库理论，更促进了数据库的产业化。

第二代数据库系统具有模型简单清晰、理论基础好、数据独立性强、数据库语言非过程化和标准化等特色。

13.2.3　新一代数据库系统

第一、二代数据库系统的数据模型虽然描述了现实世界数据的结构和一些重要的相互联系，但是仍不能捕捉和表达数据对象所具有的丰富且重要的语义。

新一代数据库系统以更丰富多样的数据模型和数据管理功能为特征，满足广泛复杂的新应用的要求。新一代数据库技术的研究和发展导致了众多不同于第一、二代数据库系统的系统诞生，构成了当今数据库系统的大家族。

这些新的数据库系统无论是基于面向对象模型还是基于对象关系（OR）模型，是分布式、客户机-服务器体系结构还是混合式体系结构，是在 SMP 还是在 MPP 并行机上运行的并行数据库系统，乃至是应用于某一领域（如工程、统计、地理信息系统）的工程数据库、统计数据库、空间数据库等，都可以广泛地称为新一代数据库系统。

1990 年，高级数据库管理系统功能委员会发表了文章《第三代数据库系统宣言》（以下简称《宣言》），提出了第三代数据库系统应具有的三个基本特征，进而导出了 13 个具体的特征和功能，以下三个特征至今看来仍然有效。

1．支持数据管理、对象管理和知识管理

除提供传统的数据管理服务外，第三代数据库系统支持更加丰富的对象结构和规则，集数据管理、对象管理和知识管理为一体。第三代数据库系统可能没有统一的数据模型，但支持各种复杂的、非传统的数据模型，具有面向对象模型的基本特征。可以看到，近年来各种 NoSQL 或 NewSQL 数据库在逻辑或语义上都将复杂数据抽象为对象。

2．保持或继承第二代数据库系统的技术

第三代数据库系统应继承第二代数据库系统已有的技术。保持非过程化数据存取方式和数据独立性，不仅能很好地支持对象管理和规则管理，而且能更好地支持原有的数据管理，保持系统的向上兼容性。

3．对其他系统开放

数据库系统的开放性表现在支持数据库语言标准和标准网络协议，具有良好的可移植性、可连接性、可扩展性和可互操作性等。

13.3 数据库系统的特点及开源数据库

13.3.1 数据模型的发展

数据库技术的发展集中表现在数据模型的发展上。从最初的层次模型、网状模型发展到关系模型，数据库技术产生了巨大的飞跃。关系模型的提出是数据库技术发展史上具有划时代意义的重大事件。关系理论研究和关系数据库管理系统研制的巨大成功进一步促进了关系数据库的发展，使关系模型成为具有统治地位的数据模型。

随着数据库应用领域的扩展，以及数据对象的多样化，传统的关系模型开始暴露出许多弱点，如对复杂对象的表示能力较差、语义表达能力较弱、缺乏灵活丰富的建模能力，以及对文本、时间、空间、声音、图像和视频等数据类型的处理能力差等。为此，人们提出并发展了许多新的数据模型，包含以下几种重要的数据模型。

1. 面向对象模型

面向对象模型是将语义数据模型和面向对象程序设计方法结合起来，用面向对象观点来描述现实世界实体（对象）的逻辑组织、对象间限制、联系等的模型。一系列面向对象核心概念构成了面向对象模型（Object Oriented Model）的基础，其主要包括以下概念。

（1）现实世界中的任何事物都被建模为对象。每个对象具有唯一的对象标识（OID）。

（2）对象是面向对象模型状态和行为的封装，其中状态是对象属性值的集合，行为是变更对象状态的方法的集合。

（3）具有相同属性和方法的对象的全体构成了类，类中的对象称为类的实例。

（4）类的属性的定义域也可以是类，从而构成了类的复合。类具有继承性，一个类可以继承另一个类的属性与方法，被继承类和继承类也称为超类和子类。类与类之间的复合与继承关系形成了一个有向无环图，称为类层次。

（5）对象是被封装起来的，它的状态和行为在对象外部不可见，在外部只能通过对象显式定义的消息传递对对象进行操作。

面向对象数据库（OODB）的研究始于 20 世纪 80 年代，有许多面向对象数据库产品相继问世，较著名的有 ObjectStore、O2、ONTOS 等。与传统数据库一样，面向对象数据库对数据的操纵包括数据查询、增加、删除、修改等，也具有并发控制、故障恢复、存储管理等完整的功能。它不仅能支持传统数据库的应用，也能支持非传统领域的应用，包括 CAD/CAM、OA、CIMS、GIS、图形、图像等多媒体领域，以及工程领域和数据集成等领域。

尽管如此，但由于面向对象数据库操作语言过于复杂，没有得到广大用户，特别是开发人员的认可，加上面向对象数据库企图完全替代关系数据库管理系统，增加了企业系统升级的负担，客户不接受，面向对象数据库产品终究没有在市场上获得成功。

对象关系数据库系统（Object Relational Data Base System，ORDBS）是关系数据库与面向对象数据库的结合。它保持了关系数据库系统的非过程化数据存取方式和数据独立性，继承了关系数据库系统已有的技术，支持原有的数据管理，又能支持面向对象模型和对象管理。各数据库厂商都在原来产品的基础上进行了扩展。1999年发布的SQL标准（也称为SQL：1999），增加了SQL/Object Language Binding，提供了面向对象的功能标准。SQL：1999对ORDBS标准的制定，滞后于实际系统的实现。所以各ORDBS产品在支持面向对象模型方面虽然思想一致，但是所采用的术语、语言语法、扩展的功能都不尽相同。

2．XML数据模型

随着互联网的迅速发展，Web上各种半结构化、非结构化数据源已经成为重要的信息来源，可扩展标记语言（Extensible Markup Language，XML）已成为网上数据交换的标准和数据界的研究热点，人们研究和提出了表示半结构化数据的XML数据模型。XML数据模型由表示XML文档的节点标记树、节点标记树之上的操作和语义约束组成。XML节点标记树中包括不同类型的节点。其中，文档节点是树的根节点，XML文档的根元素作为该文档节点的子节点；元素节点对应XML文档中的每个元素；子元素节点的排列顺序为XML文档中对应标签的出现次序；属性节点对应元素相关的属性值，元素节点是它的每个属性节点的父节点；命名空间节点描述元素的命名空间字符串。节点标记树的操作主要包括树中子树的定位，以及树与树之间的转换。XML元素中的ID/IDREF属性提供了一定程度的语义约束的支持。

XML数据管理的实现方式可以采用纯XML数据库的方式。纯XML数据库基于XML节点树模型，能够较自然地支持XML数据的管理。但是，纯XML数据库需要解决传统关系数据库管理所面临的各种问题，包括查询优化、并发、事务、索引等问题。目前，很多商业关系数据库通过扩展的关系代数来支持XML数据的管理。扩展的关系代数不仅包含传统的关系数据操作，而且支持XML数据特定的投影、选择、连接等运算。传统的查询优化机制也加以扩展来满足新的XML数据操作的要求。通过对关系数据库查询引擎进行内部扩展，使XML数据管理能够更加有效地利用现有关系数据库成熟的查询技术。

3．RDF数据模型

由于Web上的信息没有统一的表示方式，给数据管理带来了困难。如果网络上的资源在创建之初就使用标准的元数据来描述，就可以省去很多麻烦。为此，W3C提出了资源描述框架（Resource Description Framework，RDF），用它来描述和注解Web中的资源并向计算机系统提供理解和交换数据的手段。

RDF是一种用于描述Web资源（Web Resource）的标记语言，其结构就是由（主语，谓词，宾语）构成的三元组。这里的主语通常是网页的URL；谓词是属性，如Web页面的标题、作者、修改时间、Web文档的版权和许可信息等；宾语是具体的值或另一个数据对象。将Web资源这一概念一般化后，RDF可用于表达任何数据对象及其关系，如关于一个在线购物机构的某项产品的信息（规格、价格和库存等信息）。因此，RDF也是一种数据模型，并被广泛作为语义网、知识库的基础数据模型。

谓词在 RDF 数据模型中具有特殊的地位，其语义是由谓词符号本身决定的。因此，在使用 RDF 建模时，需要一个词汇表或领域本体，用于描述这些谓词之间的语义关系。

RDF 数据模型可以有如下的形式化描述。RDF 三元组（RDF Triple）：给定一个 URI 集合 R、空节点集合 B、文字描述集合 L，一个 RDF 三元组 t 是形如(s,p,o)的三元组，其中，$s \in R \cup B$，$p \in R$，$o \in R \cup B \cup L$。这里的 s 通常称为主语（subject）、资源（resource）或主体，p 称为谓词（predicate）或属性（property），o 称为宾语（object）、属性值（value）或客体。

SPARQL（Simple Protocol And RDF Query Language）是 W3C 提出的 RDF 数据的查询标准语言，也是目前被广泛采用的一种 RDF 上的查询语言。当前的大多数 RDF 系统都支持 SPARQL 查询。SPARQL 共有 4 种查询方式，分别为 SELECT、CONSTRUCT、DESCRIBE 和 ASK。目前最常用的是 SELECT 查询方式，它与 SQL 的语法相似，用来返回满足条件的数据。一些研究者在 SPARQL 的基础上进行了修改，提出了 nSPARQL、SPARQLDL 等，对 SPARQL 语法进行了扩充，增强了 SPARQL 的查询表达功能。

4．NoSQL 数据库和 NewSQL 数据库

NoSQL 是非传统关系数据库的数据库管理系统的统称。这类系统中可能有部分数据使用 SQL 系统存储，同时允许使用其他系统存储数据。其数据存储可以不使用关系模式，也没有元数据，数据查询会避免连接操作，通常有很好的水平可扩展性。代表系统有 MarkLogic、MongoDB、Cassandra、Redis 等。

NewSQL 是一类关系数据库，目标是为联机事务处理（OLTP）提供类比 NoSQL 的可扩展性，同时维护传统数据库系统的 ACID 特性。许多处理重要数据的企业级信息系统（如财务和订单处理系统）对于常规的关系数据库而言规模太大，但具有事务性和一致性要求。以前可供选择的方案基本是购买功能更强大的计算机，或者开发可通过常规数据库管理系统分发请求的定制中间件。NewSQL 数据库既支持 NoSQL 数据库的在线可扩展性，又继承了以 SQL 为主要结构的关系模型的特点。

13.3.2　数据库技术与相关技术相结合

数据库技术与其他计算机技术相结合，是数据库技术的一个显著特征，随之也涌现出了各种数据库系统。例如，数据库技术与分布处理技术相结合，出现了分布式数据库系统；数据库技术与并行处理技术相结合，出现了并行数据库系统；数据库技术与人工智能技术相结合，出现了演绎数据库系统、知识库系统和主动数据库系统；数据库技术与多媒体技术相结合，出现了多媒体数据库系统；数据库技术与模糊技术相结合，出现了模糊数据库系统等；数据库技术与移动通信技术相结合，出现了移动数据库系统等；数据库技术与 Web 技术相结合，出现了 Web 数据库系统等。

这里以分布式数据库系统和并行数据库系统为例，说明数据库技术如何吸收、结合其他计算机技术，从而形成数据库领域新的分支和研究课题。

1. 分布式数据库系统

分布式数据库系统是在集中式数据库系统和计算机网络的基础上发展起来的,是分布式数据处理的关键技术之一。分布式数据库由一组数据组成,这组数据分布在计算机网络的不同计算机上,网络中的每个节点具有独立处理的能力(称为场地自治),可以执行局部应用。同时,每个节点也能通过网络通信系统执行全局应用。

这个定义强调了分布式数据库系统的场地自治性,以及自治场地之间的协作性。也就是说,每个场地是独立的数据库系统,它有自己的数据库、自己的用户、自己的服务器,运行自己的数据库管理系统,执行局部应用,具有高度的自治性。同时各场地的数据库系统又相互协作组成一个整体。这种整体性的含义是,对于用户来说,一个分布式数据库系统逻辑上看如同一个集中式数据库系统,用户可以在任何一个场地执行全局应用。

因此,分布式数据库系统不是简单地把集中式数据库联网就能实现的。分布式数据库系统具有自己的性质和特征。集中式数据库的许多概念和技术,如数据独立性、数据共享、数据冗余、并发控制、数据完整性、数据安全性和数据恢复等,在分布式数据库系统中都有了新的更加丰富的内容。

分布式数据库系统的本地自治性是指局部场地的数据库系统可以自己决定本地数据库的设计、使用,以及与其他节点的数据库系统的通信。分布式数据库系统的分布透明性是指分布式数据库管理系统将数据的分布封装起来,用户访问分布式数据库就像与集中式数据库打交道一样,不必知道也不必关心数据的存放和操作位置等细节。

分布式数据库系统在集中式数据库系统的组成基础上增加了三个部分:分布式数据库管理系统(DDBMS)、全局字典和分布目录、网络访问进程。全局字典和分布目录为 DDBMS 提供了数据定位的元信息,网络访问进程使用高级协议来执行局部站点与分布式数据库之间的通信。

20 世纪 80 年代是分布式数据库系统研究与开发的一个高峰时期。具有代表性的分布式数据库系统有 SDD-1、POREL、R、分布式 Ingres 系统、SIRIUS 计划和 ADA-DDM 系统等。

近年来,互联网的发展和海量异构数据的应用需求使分布式数据管理和分布式数据处理技术遇到了新的挑战。根据 CAP(Consistency Availability Partition tolerance)定理,在分布式数据库系统中数据一致性(Consistency)、系统可用性(Availability)、网络分区容错性(Partition tolerance)三者不可兼得,满足其中任意两项便会损害第三项。分布式数据管理系统在 Web 海量数据搜索和数据分析中可以适当降低对数据一致性的严格要求,以提高系统的可用性。因此对分布式数据处理的研究和开发进入了新的阶段,即大数据时代的大规模分布处理。

2. 并行数据库系统

并行数据库系统是在并行机上运行的具有并行处理能力的数据库系统。并行数据库系统能充分发挥多处理和 I/O 并行性,是数据库技术与并行计算技术相结合的产物。

并行数据库技术源于 20 世纪 70 年代的数据库机研究。数据库机的研究内容主要集中在关系代数操作的并行化和实现关系操作的专用硬件设计。人们希望通过硬件实现关系数据库操作的某些功能，但该研究没有如愿成功。20 世纪 80 年代后期，并行数据库技术的研究方向逐步转到了通用并行机方面，研究的重点是并行数据库的物理组织、并行数据操作算法、查询优化和调度策略。20 世纪 90 年代，随着处理器、存储、网络等相关基础技术的发展，人们开展了并行数据库在数据操作的时间并行性和空间并行性方面的研究。

并行数据库研究主要围绕关系数据库进行，包括以下几个方面。

1）实现数据库查询并行化的数据流方法

关系数据是集合操作，在许多情况下可分解为一系列对子集的操作，具有潜在的并行性。利用关系操作的固有并行性，可以较为方便地对查询做并行处理。此种方法简单、有效，被很多并行数据库采用。

2）并行数据库的物理组织

研究如何把一个关系划分为多个子集并将其分布到多个处理节点，称为数据库划分，其目的是使并行数据库能并行地读写多个磁盘进行查询处理，充分发挥系统的 I/O 并行性。数据划分对于并行数据库的性能有很大影响，目前数据划分方法主要有一维数据划分、多维数据划分和传统物理存储结构的并行化等。

3）新的并行数据操作算法

研究表明，使用并行数据操作算法实现查询并行处理可以充分地发挥多处理机并行性，极大地提高系统查询处理的效率和能力。许多并行数据操作算法已被提出，围绕连接操作的算法较多，它们有基于嵌套循环的并行连接算法、基于 Sort-Merge 的并行连接算法及并行 Hash-Join 算法。

4）查询优化

查询优化是并行数据库的重要组成部分。并行查询优化中并行执行计划搜索空间庞大，研究人员研究了启发式的方法对并行执行计划搜索空间进行裁剪，以减少并行执行计划搜索空间的代价。具有多个连接操作的复杂查询的优化是查询优化的核心问题。不少学者相继提出了基于左线性树的查询优化算法、基于右线性树的查询优化算法、基于片段式右线性树的查询优化算法、基于浓密树的查询优化算法、基于操作森林的查询优化算法等。这些算法在搜索代价和最终获得的查询计划的效率之间有着不同的权衡。

比较著名的并行数据库系统有 Arbre、Bubba Gamma、Teradata 及 XPRS 等。

并行数据库成本较高，可扩展性有限，面对大数据分析需要巨大的横向扩展能力，使并行数据库遇到了挑战。Google 公司提出的 MapReduce 技术作为面向大数据分析和处理的并行计算模型，于 2004 年发布后便引起了工业界和学术界的广泛关注。

13.3.3　开源数据库

开源数据库是数据库技术的主流发展趋势之一，它不仅仅是个人兴趣的简单分享，典型的开源数据库会从一个开源项目逐步发展形成自己的一个社区，包括开发者、使用者等各类参与人。本节根据系统特点和使用场景将开源数据库分为 SQL/RDBMS（关系数据库管理系统)、NoSQL/NewSQL 数据库、嵌入式数据库等不同类别。

1. 开源数据库的特色

从开源软件的角度来讲,开源数据库有许多优点、缺点及注意事项。下面首先介绍它的优点。

(1)成本低。开源数据库都是免费的,不需要购买,可能只需要一些上网费或网络流量。

(2)安全性高。数据库系统的安全问题至关重要。例如,对于后门问题,开源数据库的高级用户可以通过深入分析源代码来发现和修补可能存在的后门,自主提高系统的操作安全性。

(3)可测试性高。对于黑盒系统,它的某些特性参数的测试受限于执行码,不能进行修改。而开源数据库是白盒系统,容易对某个或某些特性进行测试。

(4)升级周期短。开源数据库系统升级周期通常不受到商业利益的驱动,版本升级周期可以根据系统技术开发进度和成熟度来控制。开发组一般采用"周期短+新技术"的方式。

开源数据库存在一些缺点。

(1)门槛较高。用户对代码的理解要求更高。

(2)产品化程度差异可能很大,有些开源数据库的产品形态还不够完整。

(3)不同开发组的侧重各有不同,需求更多样化,如有的希望用于实验室研究中,有的则可能需要用于自己的产品系统中。

开源数据库还有一些特点或注意事项。

(1)可以通过多种方式获得系统。可以选择从源代码生成,也可以使用执行码直接下载。

(2)开放式团队特点。开源数据库通过开放式团队来维护,在某种意义上可以算作优点,但受到人员流动的影响比较大,如突然很多人或核心人员退出开发组,队伍存在不稳定的风险。

(3)在使用中还会遇到定制问题,也称为客户化。用户获得开源系统的源代码之后,可以根据需要开发或改造出自己想要的系统功能。例如,可以借鉴原系统框架来增加更多的内置函数,或者基于 GiST 索引框架增加所需的其他索引。在定制中需要平衡好以下两个问题。

① 参考标准。通常可以参考 SQL 标准,针对标准来定制所需的系统或功能。

② 需求要明确。首先要进行认真、充分的需求分析,其次设计系统的关键指标,最后选择合适的开源数据库。

2. 三类开源数据库

目前的开源数据库很多,而且还在不断涌现新的开源数据库,限于篇幅,这里仅列出具有代表性的开源数据库。本节将开源数据库分为三大类,即 SQL/RDBMS、NoSQL/NewSQL 数据库和嵌入式数据库。

1) SQL/RDBMS

SQL/RDBMS 是传统的关系数据库,这类数据库历史相对悠久,主要采用关系模式组织数据。代表系统有 PostgreSQL、MySQL、MariaDB、Firebird 和 Ingres III等。

PostgreSQL 是最早的开源数据库之一，来自 UCB（加州大学的伯克利分校），是 Postgres 的变换版本。1994 年，Andrew Yu 和 Jolly Chen 在 Postgres 的基础上增加了 SQL 解释器，支持标准 SQL 命令，并于 1995 年发布了 Postgres95，改名为 PostgreSQL，它也有企业级版本 EnterpriseDB，Postgres 项目的发起人是 UCB 的 Michael Stonebraker 教授，他于 2015 年获得了图灵奖。

MySQL 与 MariaDB 应用很广泛，特别是 MySQL 的用户群非常大，这两个系统都是 Michael Widenius 主导开发的。Michael Widenius 将开发的 MySQL 的原始版本以 10 亿美元卖给了 Sun 公司，后来虽然被 Oracle 公司收购，但仍然还属于开源系统。MariaDB 可算作 MySQL 的分支，据说是 Michael Widenius 因为担心 Oracle 公司的管理影响 MariaDB 发展进度，特意开发了这个分支。

Firebird 来自 InterBase 数据库，属于 Borland 公司，主要开发设计者是 Ann Harrisor。

Ingres Ⅲ来自 UCB Ingres，后被美国 CA 公司收购，现在很难找到其源代码了。

2）NoSQL/NewSQL 数据库

NoSQL/NewSQL 数据库是在云计算、大数据等技术背景下催生出来的一类数据库，数据组织基于键-值对、大表或宽表、文档或图等方式。下面简要介绍 HBase、MongoDB、CouchDB、Neo4J 4 个开源系统。

HBase 是 Apache 公司 Hadoop 项目的子项目，主要参考了 MapReduce 并行处理框架，运行于 Hadoop 环境下，作业调度使用 ZooKeeper，数据组织模式借鉴了大表模式。

文档数据库 MongoDB 是 NoSQL 数据库的代表之一，数据组织采用二进制 JSON（Binary JSON，BSON）的数据模式，存储和访问效率优于 JSON。JSON/BSON 格式基本都是按照 DOM 树来访问数据的。

CouchDB 也是一个文档数据库，它是 Apache 自己孵化的一个开源数据库，能够运行在不可靠的普通硬件集群，提供 REST 接口，开发者是 Damien Katz。

Neo4J 是图数据库，是 Neo Technology 公司发布的基于 Java 开发的系统，数据组织采用图模式，对多层 JOIN 操作的执行效率优于传统的关系数据库。

3）嵌入式数据库

嵌入式数据库都是小规模的数据库，功能精简，资源占用相对较少，执行效率高。在实际应用中主语言程序和嵌入式数据库一体化运行，一般通过调用级接口（Call-Level Interface，CLI）实现主语言应用程序与数据库的交互操作，而不是以客户端-服务器端模式工作。

SQLite 是目前比较流行的一个支持 ACID 特性的嵌入式数据库，以 C 语言库函数存在。它是 Dwayne Richard Hipp 主持开发的一个项目，支持 C/C++、TCL、Java 等语言，能够运行于 Windows、Linux、UNIX 等操作系统。

Berkeley DB 是 UCB 开发的一款嵌入式数据库，后被 Oracle 公司收购。它支持 XQuery，能够组织 XML 数据，按照访问 XML 数据的规范来访问数据。

此外，还有其他类别的开源数据库，如内存数据库（MonetDB）、流数据库（SparkStreaming）等。

13.4 数据管理技术的发展趋势

数据、应用需求和计算机硬件技术是推动数据库技术发展的三个主要动力或重要因素。进入 21 世纪以来，数据和应用需求都发生了巨大变化，计算机硬件技术有了飞速发展，尤其是大数据时代的到来，数据库技术、更广义的数据管理技术和数据处理技术遇到了前所未有的挑战，同时迎来了新的发展机遇。

13.4.1 数据管理技术面临的挑战

随着数据获取手段的自动化、多样化与智能化，数据量越来越巨大，对于海量数据的存储和管理，要求系统具有高度的可扩展性和可伸缩性，以满足数据量不断增长的需要。传统的分布式数据库和并行数据库在可扩展性和可伸缩性方面明显不足。

数据类型越来越多样和异构，从结构化数据扩展到文本、图形、图像、音频、视频等多媒体数据，HTML、XML、网页等半结构化/非结构化数据，以及流数据、队列数据和程序数据等。这就要求系统具有存储和处理多样异构数据的能力，特别是异构数据之间联系的表示、存储和处理能力，以满足对复杂数据的检索和分析的需要。传统数据库对半结构化/非结构化数据的存储、管理和处理能力很有限。

由于传感、网络和通信技术的发展，人们对图形、图像、视频、音频等视觉、听觉数据的获取、传输更加便利，而这类数据的语义蕴涵在流数据中，并且存在大量冗余和噪声。许多应用中，这类数据快速流入并要立即处理，数据的快变性、实时性要求系统必须迅速决定什么样的数据需要保留，什么样的数据可以丢弃，如何在保留数据的同时存储其正确的元数据等，现有技术还远远不能应对。

数据处理和应用的领域已经从以 OLTP 为代表的事务处理扩展到 OLAP 分析处理，从对数据仓库中结构化的海量历史数据的多维分析发展到对海量非结构化数据的复杂分析和深度挖掘，并且希望把数据仓库的结构化数据与互联网上的非结构化数据结合起来进行分析挖掘，把历史数据与实时流数据结合起来进行处理。人们已经认识到基于数据进行决策分析具有广阔的前景和巨大的价值。但是数据的海量异构、形式繁杂、高速增长、价值密度低等问题阻碍了数据价值的创造。大数据分析已经成为大数据应用中的瓶颈。现有的分析挖掘算法缺乏可扩展性、对复杂异构数据的高效分析算法、大规模知识库的支持和应用，以及能被非技术领域专家理解的分析结果表达方法。对数据的组织、检索和分析都是基础性的挑战。

计算机硬件技术是数据库系统的基础。当今，计算机硬件体系结构的发展十分迅速，数据处理平台由单处理器平台向多核、大内存、集群、云计算平台转移。处理器已全面进入多核时代，在主频缓慢提高的同时，处理核心的密度不断增加；内存容量变得越来越大，成本却变得越来越低；非易失性内存、闪存等技术日益成熟。因此，我们必须充分利用新的计算机硬件技术，满足海量数据存储和管理的需求。一方面要对传统数据库的体系结构（包括存储策略、存取方法、查询处理策略、查询算法、事务管理等）进行重新设计和开发，研究和开发面向大数据分析的内存数据库系统；另一方面，针对大数据需求，以集群为特征的云存储成为大型应用的架构，研究与开发新计算平台上的数据管理技术与系统成为主流。

13.4.2 数据管理技术的发展与展望

大数据给数据管理、数据处理和数据分析提出了全面挑战。支持海量数据管理的系统应具有高可扩展性（满足数据量增长的需要）、高性能（满足数据读写的实时性和查询处理的高性能）、容错性（保证分布式系统的可用性）、可伸缩性（按需分配资源）等。传统的关系数据库在系统的可伸缩性、容错性和高可扩展性等方面难以满足海量数据的柔性管理需求，NoSQL 技术顺应大数据发展的需要，蓬勃发展。

NoSQL 是指非关系型的、分布式的、不保证满足 ACID 特性的一类数据管理系统。

NoSQL 技术有如下特点。

（1）对数据进行划分，通过大量节点的并行处理获得高性能，采用的是横向扩展的方式。

（2）放松对数据的 ACID 一致性约束，允许数据暂时出现不一致情况，接受最终一致性，即 NoSQL 遵循 BASE（Basically Available，Soft state，Eventually consistent）原则，这是一种弱一致性约束框架。

其中，Basically Available（基本可用）是指可以容忍数据短期不可用，并不强调全天候服务；Soft state（软状态）是指状态可以有一段时间不同步，存在异步的情况；Eventually consistent（最终一致性）是指最终数据一致，而不是严格的一致。

（3）对各数据分区进行备份（一般是三份），以应对节点可能的失败、提高系统可用性。NoSQL 技术依据存储模型可分为基于 Key-Value（键-值）存储模型的 NoSQL 技术、基于 Column Family（列分组）存储模型的 NoSQL 技术、基于文档模型的 NoSQL 技术和基于图模型的 NoSQL 技术 4 类。

分析型 NoSQL 技术的主要代表是 MapReduce 技术。MapReduce 框架包含三个方面的内容：高度容错的分布式文件系统、并行编程模型和并行执行引擎。MapReduce 并行编程模型的计算过程分解为两个主要阶段，即 Map 阶段和 Reduce 阶段。Map 函数处理 Key-Value 对，产生一系列的中间 Key-Value 对；Reduce 函数合并所有具有相同 Key 值的中间 Key-Value 对，计算最终结果。用户只需编写 Map 函数和 Reduce 函数，MapReduce 框架在大规模集群上自动调度执行编写好的程序，可扩展性、容错性等问题由系统解决，用户不必关心。

自 2004 年 Google 公司首次发布 MapReduce 技术以来，该技术得到了业界的强烈关注。一批新公司围绕 MapReduce 技术创建起来，提供大数据处理分析和可视化的创新技术与解决方案，在并行计算研究领域迎来了第一波研究热潮（2006—2009 年），数据库研究领域紧随其后（2009—2012 年），中国信息通信研究院在 2021 年发布的《数据库发展研究报告》契合《"十四五"数据库发展趋势与挑战》报告，通过 7 个方面的挑战，掀起了另外一波研究热潮。

传统数据库厂家，包括曾经反对 NoSQL/MapReduce 技术的一些厂家（如 VoltDB、微软等），纷纷发布大数据技术和产品战略。各公司和研究机构都基于 MapReduce 框架展开了研究。例如，研发应用编程接口、SQL、统计分析、数据挖掘、机器学习编程接口等，以帮助开发人员方便地使用 MapReduce 平台进行算法编写。

传统关系数据库系统提供了高度的一致性、精确性、系统可恢复性等关键特性，仍然是事务处理系统的核心引擎，无可替代。同时，数据库工作者努力研究，在保持 ACID 特性的同时使其具有 NoSQL 可扩展性的 NewSQL 技术；针对大内存和多核多 CPU 的新型硬件，研发面向实时计算和大数据分析的内存数据库系统；通过列存储技术、数据压缩、多核并行算法、优化的并发控制、查询处理和恢复技术等，提供比传统 RDBMS 快几十倍的性能。

理论界和工业界继续发展已有的技术和平台，同时不断地借鉴其他研究和技术的创新思想，改进自身，或提出兼具若干技术优点的混合技术架构。例如，Aster Data（已被 TeraData 收购）和 Greenplum（已被 EMC 收购）两家公司利用 MapReduce 技术对 PostgreSQL 进行改造，使其可以运行在大规模集群（MPP）上。总之，RDBMS 在向 MapReduce 技术学习。

MapReduce 领域对 RDBMS 技术的借鉴是全方位的，包括存储、索引、查询优化、连接算法、应用接口、算法实现等方面。例如，RCFile 系统在 HDFS（Hadoop 分布式文件系统）的存储框架下，保留了 MapReduce 的可扩展性和容错性，赋予了 HDFS 数据块类似 PAX 的存储结构，通过借鉴 RDBMS 技术，在 Hadoop 平台上实现列存储，提高了 Hadoop 系统的分析处理性能。

各类技术的互相借鉴、融合和发展是未来数据管理领域的发展趋势。

人类已经进入了大数据时代，通过更好地分析可利用的大规模数据，将使许多学科取得更快的进步，使许多企业提高盈利能力并取得成功。然而，所面临的挑战不但包括关于可扩展性这样明显的问题，而且包括异构性、数据非结构化、错误处理、数据隐私、即时性、数据溯源及可视化等问题。这些技术挑战同时横跨多个应用领域，因此仅在一个领域范围内应对这些技术挑战是不够的。

总之，数据库系统已经发展成为一个大家族。推动数据库技术前进的原动力是应用需求和硬件平台的发展。这些需求的提出，以及各种新硬件和网络技术的快速发展，大大推动了文档、图、一体机、内存等各种数据库技术的产生和发展。而新一代数据库技术也在这些数据库中发挥了作用，得到了应用。

习题

1. 试述数据库技术的发展过程，数据库技术发展的特点是什么？
2. 试述数据模型在数据库技术发展中的作用和地位。
3. 请用实例阐述数据库技术与其他计算机技术相结合的成果。
4. 简述常见的非关系数据库。

参考文献

[1] JEFFREY D U, JENNIFER W. 数据库系统基础教程（原书第 3 版）[M]. 岳丽华，金培权，万寿红，等译. 北京：机械工业出版社，2009.

[2] 王珊，萨师煊. 数据库系统概论[M]. 5 版. 北京：高等教育出版社，2018.

[3] 王珊，杜小勇，陈红. 数据库系统概论[M]. 6 版. 北京：高等教育出版社，2023.

[4] 尹志宇，郭晴. 数据库原理与应用教程——SQL Server 2008[M]. 3 版. 北京：清华大学出版社，2021.

[5] 尹志宇，郭晴，李青茹，等. 数据库原理与应用教程——SQL Server 2012[M]. 2 版. 北京：清华大学出版社，2023.

[6] 何玉洁. 数据库系统教程[M]. 2 版. 北京：人民邮电出版社，2023.

[7] 潘勇浩，杨克戎，刘舒婷. 数据库原理[M]. 成都：电子科技大学出版社，2018.

[8] （美）亚伯拉罕·西尔伯沙茨，（美）亨利·F.科思. 数据库系统概念（原书第 7 版）[M]. 北京：机械工业出版社，2021.

[9] 赵文栋，张少娴，徐正芹，等. 数据库原理[M]. 北京：清华大学出版社，2019.

[10] 马俊，徐冰，乔世权. SQL Server 2016 数据库管理与开发[M]. 北京：人民邮电出版社，2023.

[11] 宋金玉，郝建东，陈刚. 数据库原理与应用学习和实验指导[M]. 北京：清华大学出版社，2023.

[12] 蒙祖强，许嘉. 数据库原理与应用[M]. 北京：清华大学出版社，2023.

[13] 王雪梅，李海晨. SQL Server 数据库实用案例教程[M]. 北京：清华大学出版社，2023.

[14] 张乾，王娟，饶彦，等. 数据库原理及应用教程[M]. 北京：清华大学出版社，2023.

[15] 刘亚琦，刘元刚，张习博. 网络数据库[M]. 北京：电子工业出版社，2023.

[16] 陈丽霞，黄淑芬，黄航. 网站数据库应用基础——SQL Server 2017[M]. 2 版. 北京：高等教育出版社，2021.

[17] 李超燕，张启明，章雁宁. SQL Server 数据库技术及应用项目教程[M]. 北京：高等教育出版社，2021.

[18] 李红. 数据库原理与应用[M]. 3 版. 北京：高等教育出版社，2019.

[19] 贾铁军，谷伟. 数据库原理及应用与实践——基于 SQL Server 2016[M]. 3 版. 北京：高等教育出版社，2017.

[20] 蒋辉. SQL Server 2019 数据库应用教程[M]. 重庆：重庆大学出版社，2021.

［21］张保威，朱付保. 数据库系统原理与应用（SQL Server 2019）[M].北京：人民邮电出版社，2023.

［22］赵明渊. SQL Server 数据库实用教程[M]. 北京：人民邮电出版社，2023.

［23］杨云，高玉珍. 数据库管理与开发项目教程[M]. 北京：人民邮电出版社，2023.

［24］马桂婷，梁宇琪，刘明伟. SQL Server 2016 数据库原理及应用[M]. 北京：人民邮电出版社，2023.

［25］吴汝明，辛小霞，陈辑源. 数据库系统原理与应用[M]. 北京：人民邮电出版社，2023.

［26］刘中胜. SQL Server 数据库技术项目化教程[M]. 北京：中国铁道出版社，2019.

［27］陈红顺，黄秋颖，周鹏. 数据库系统原理与实践[M]. 北京：中国铁道出版社，2018.

［28］赵明渊，唐明伟. SQL Server 数据库基础教程[M]. 北京：电子工业出版社，2022.

［29］高玉珍，杨云，王建侠，等. SQL Server 2016 数据库管理与开发项目教程[M]. 北京：人民邮电出版社，2023.